テキスト 理系の数学 4

物理数学

上江洌達也 著

泉屋周一・上江洌達也・小池茂昭・徳永浩雄 編

数学書房

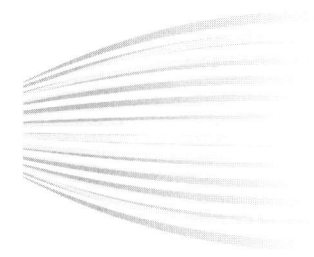

編集

泉屋周一
北海道大学

上江洌達也
奈良女子大学

小池茂昭
東北大学

徳永浩雄
首都大学東京

シリーズ刊行にあたって

数学は数千年の歴史を持つ大変古くから存在する分野です．その起源は，人類が物を数え始めたころにさかのぼると考えることもできますが，学問としての数学が確立したのは，ギリシャ時代の幾何学の公理化以後であると言えます．いわゆるユークリッド幾何学は現在でも決して古ぼけた学問ではありません．実に二千年以上も前の結果が，現在のさまざまな科学技術に適用されていることは驚くべきことです．ましてや，17 世紀のニュートンの微積分発見後の数学の発展とその応用の広がり具合は目を見張るものがあります．そして，現在でも急速に進展しています．

一方，数学は誰に対しても平等な結果とその抽象性がもたらす汎用性により大変自由で豊かな分野です．その影響は科学技術のみにとどまらず人類の社会生活や世界観の本質的な変革をもたらしてきました．たとえば，IT 技術は数学の本質的な寄与なしには発展しえないものであり，その現代社会への影響は絶大なものがあります．また，数学を通した物理学の発展はルネッサンス期の地動説，その後の非ユークリッド幾何学，相対性理論や量子力学などにより，空間概念や物質概念の本質的な変革をもたらし，それぞれの時代に人類の生活空間の拡大や技術革新を引き起こしました．

本シリーズは，21 世紀の大学の理系学部における数学の標準的なテキストを編纂する目的で企画されました．理系学部と言っても，学部の名称が多様化した現在では理学部，工学部を中心にさまざまな教育課程があります．本シリーズは，それらのすべての学部で必要とされる大学 1 年目向けの数学を共通基盤として，2 年目以降に理系学部の専門課程で共通に必要だと思われる数学，さらには数学や物理等の理論系学科で必要とされる内容までを網羅したシリーズとして企画されています．執筆者もその点を考慮して，数学者ばかりではなく，物理学者の方たちにもお願いしました．

読者のみなさんには，このシリーズを通して，現代の標準的な数学の理解のみならず数学の壮大な歴史とロマンに思いを馳せていただければ，編集者一同望外の幸せであります．

2010 年 1 月　　編者

はじめに

この教科書では，大学の理工系の学部二回生の物理関連の講義(力学，電磁気学，熱力学，量子力学等)で用いられる数学の解説を行う．そのため，各論的な色彩が強く，また，記述も数学的厳密さより，直感的理解に主眼を置き，図を多く用いる．したがって，必ずしも厳密ではない議論もあるが，定理の前提となる仮定(主として十分条件)は，なるべく明確に記すことにした．例えば，2階偏微分の順序が交換できる条件などであるが，物理数学を‘使う’ことに主眼をおいて学習したい読者は，あまり気にする必要はない．なお，ストークスの定理やガウスの発散定理に関しては，制限された図形についてではあるが，厳密な証明を巻末の付録に記してある．さらに厳密な理論を学習したい読者のために，微分積分学や線形代数学などの教科書を本文中や巻末に参考文献として挙げてある．

本書の構成は，次の通りである．まず，第1章で，必要となる微分と積分の公式についてまとめる．定義や公式についての証明は，たとえば本シリーズの『微分積分』を参照してほしい．

第2章では，ベクトルについて解説する．一般のベクトル空間(線形空間）については，例えば本シリーズの『線形代数』などの参考文献を読んでもらうことにして，ここでは，主として3次元空間での有向線分について解説する．

第3章では，行列と行列式，行列の固有値と固有ベクトルについて解説する．物理学や工学では，特にエルミート行列やユニタリ行列が重要になるが，主にそれらについて解説する．

第4章では，一般のスカラー，ベクトル，テンソルについて解説する．

第5章は，ベクトル解析で，勾配，発散，回転などについて解説する．また，ストークスの定理やガウスの発散定理の解説を行う．特に，ストークスの定理やガウスの発散定理を電磁気学に適用する際の注意点を少し詳しく記した．

第6章は，曲線座標系におけるベクトル解析である．特に，直交座標系について，勾配，発散，回転などの具体的表式を導く．

第7章は，フーリエ級数とフーリエ変換の解説を行う．ここでは，主として定理を説明し，それらの応用について解説する．

第 8 章では，簡単な偏微分方程式の解法について解説する．

付録には，本文中で証明なしに述べた命題や定理についての証明を載せてある．

また，本文中に適宜，問題を出してあり，巻末にヒントやかなり詳細な解答を載せてあるので，理解を深めるのに有用であると思う．また，付録に，さらに理解を深めるための発展問題を載せてある．巻末の解答を参照してほしい．

本書は，著者が 10 年にわたって奈良女子大学理学部物理科学科において，2 回生の前期に開講した講義「物理数学 1」の内容に，フーリエ級数，フーリエ解析と偏微分方程式の部分を付け加えたものである．

本書の執筆に際しては，巻末に掲載してある参考書のいくつかを参考にしたが，他の本にない内容も含まれている．例えば，上述した積分定理の電磁気学への適用の際の注意点などである．

本書の文中の誤植等については，随時以下の数学書房のホームページに情報を掲載する予定である．

http://www.sugakushobo.co.jp

本書の 3, 5, 6 章は，講義開始の年に受講した山口幸さんが，丁寧にとってくれた講義ノートがもとになっている．ノートを提供してくれた山口さんに感謝したい．また，本書の図の多くは，当時の大学院の学生の皆さん，特に，谷本さわこさん，吉田実加さん，吉田緑さんに描いてもらったものであり，皆さんに感謝したい．また，原稿を読んでコメントをしていただいた狐崎創氏，冨田博之氏，重本和泰氏，椎野正寿氏に感謝したい．特に，狐崎氏は，原稿の最終段階での綿密なチェックにより，ケアレスミスの指摘や有益なコメントを数多くしていただいた．同氏に深く感謝したい．また，柳沢卓氏には，ベクトル解析や偏微分方程式に関して，いろいろご教示いただいたことを感謝する．さらに，本書の執筆を依頼された泉屋周一氏には，本書の執筆がなかなか進まない間も，一度の督促もせずに待っていただいたことに感謝したい．最後に数学書房の横山伸氏には，図の文字や記号の修正，統一などに，多大な労力を割いていただいたことに感謝する．

2013 年 1 月 奈良にて

著　者

目　次

第 1 章

微分と積分

1.1 基礎的な事項のまとめ

まず，基本的な概念についてまとめる．

写像

A と B を集合とする．A の任意の元 a に対して[1]，B の元 b が 1 つ対応しているとき，A から B への**写像**が定義されているという．この写像を f と表すと，写像 f によって，a が b に対応することを

$$b = f(a)$$

と書く．A を**定義域**という．また，f による A の像を**値域**という．また，f が A から B への写像であることを

$$f \,:\, A \to B$$

と書く．特に，値域が実数の集合のときの写像を**関数**とよぶ．このときには，A が実数 $\mathbb{R}$ の部分集合のとき，f を 1 変数の関数といい，A が $\mathbb{R}^n$ の部分集合のとき，f を n 変数の関数という．

$$f : \mathbb{R} \supset A \ \to \mathbb{R} \supset B \quad \Longrightarrow \quad 1 \text{ 変数の関数 } \ y = f(x)$$
$$f : \mathbb{R}^n \supset A \to \mathbb{R} \supset B \quad \Longrightarrow \quad n \text{ 変数の関数 } \ y = f(x_1, x_2, \cdots, x_n)$$

微分係数と導関数

1 変数の関数 $y = f(x)$ を考える．次の極限

---

[1] 数学の記号では，$^\forall a \in A$ のように書く．

$$\lim_{x \to a} \frac{f(x) - f(a)}{x - a}$$

が存在するとき，f は $x = a$ において**微分可能**であるといい，この値を $x = a$ における**微係数**または**微分係数**とよび $f'(a)$ で表す．つまり，

$$\lim_{x \to a} \left| \frac{f(x) - f(a)}{x - a} - f'(a) \right| = 0$$

となる．$f'(a)$ を求めることを，$f(x)$ を $x = a$ において微分するという．x に微分係数 $f'(x)$ を対応させる関数を**導関数**という．導関数は，次のように表す．

$$f',\ \frac{df}{dx},\ Df$$

$$y = f(x) \text{ のときは}\quad y',\ \frac{dy}{dx},\ Dy$$

逆関数の微分

$y = f(x)$ において，ある区間で，x と y が 1 対 1 に対応しているとき，y に対して x が 1 つ決まるが，x を y の関数と考えて，$y = f(x)$ の**逆関数**という．それを $x = g(y)$ する．このとき，$f(x)$ が x で微分可能なら，$g(y)$ も y で微分可能であり，

$$f'(x)g'(y) = 1,\quad \text{あるいは，}\quad \frac{dx}{dy}\frac{dy}{dx} = 1 \tag{1.1}$$

となる．したがって，

$$g'(y) = \frac{1}{f'(x)},\quad \text{あるいは，}\quad \frac{dx}{dy} = \frac{1}{\frac{dy}{dx}} \tag{1.2}$$

である．

合成関数の微分

y が x の関数，$y = f(x)$ で，z が y の関数，$z = g(y)$ のとき，z は，x の関数，$z = g(f(x))$ となる．これを**合成関数**という．z の x での微分は

$$\frac{dg(f(x))}{dx} = \left.\frac{dg(y)}{dy}\right|_{y=f(x)} \frac{df(x)}{dx},\quad \text{あるいは，}\quad \frac{dz}{dx} = \frac{dz}{dy}\frac{dy}{dx} \tag{1.3}$$

で与えられる．

高階導関数

$f'(x)$ が $x=a$ で微分可能なとき，微分係数を $f''(a)$ と書き，a における **2 階微分係数**とよぶ．定義域を I とするとき，$f'(x)$ が I で微分可能なら $f''(x)$ を **2 階導関数**という．2 階導関数は，$\dfrac{d^2f}{dx^2}$，D^2f のように表す．一般に自然数を n としたとき，$\boldsymbol{n}$ **階導関数**も同様に定義され，$f^{(n)}$, $\dfrac{d^nf}{dx^n}$，D^nf のように表す．

左極限と右極限

関数 $f(x)$ において，x を a より小さい値から a に近づけるとき，極限が存在すれば，これを f の a における**左極限**といい，$f(a-0)$ と書く．**右極限** $f(a+0)$ も同様に定義される．

$$f(a-0)=\lim_{h\uparrow 0}f(a+h),\ f(a+0)=\lim_{h\downarrow 0}f(a+h).$$

ここで，$\lim\limits_{h\uparrow 0}$ は，h が 0 の左から 0 に近づく，すなわち，$h<0$ で 0 に近づくことを意味する．また，$\lim\limits_{h\downarrow 0}$ は h が 0 の右から 0 に近づく，すなわち，$h>0$ で 0 に近づくことを意味する．

左微分係数と右微分係数

$\lim\limits_{h\uparrow 0}f'(a+h)$ が存在するとき，これを f の a における**左微分係数**といい，$f'(a-0)$ と書く．**右微分係数** $f'(a+0)$ も同様に定義される．

$$f'(a-0)=\lim_{h\uparrow 0}f'(a+h),\ f'(a+0)=\lim_{h\downarrow 0}f'(a+h).$$

C^k 級関数

k 階までの導関数がすべて存在して連続な関数を，C^k **級関数**という．

区分的に滑らかな関数

$f(x)$ が区間 $[a,b]$ で**区分的に滑らか**であるとは，次の性質をみたすことをいう．

（1）　$[a,b]$ を次のように適当な有限個の部分区間に分割したとき，

$$[a,b]=[x_0,x_1]\cup[x_1,x_2]\cup\cdots\cup[x_{m-1},x_m],$$

$f(x)$ は，各開区間 $(x_i,x_{i+1})(i=0,\cdots,m-1)$ で C^1 級である．ここで，$x_0=a, x_m=b$ である．

（２） 各区間の端点で，導関数が有限な極限値

$$f'(x_j-0)=\lim_{h\uparrow 0}f'(x_j+h) \qquad (j=1,2,\cdots,m),$$

$$f'(x_j+0)=\lim_{h\downarrow 0}f'(x_j+h) \qquad (j=0,1,2,\cdots,m-1)$$

を持つ．

初等的な関数の微分

$$\frac{d}{dx}e^{ax}=ae^{ax}.$$

ここで，e は，$\displaystyle\lim_{n\to\infty}\left(1+\frac{1}{n}\right)^n=e$ で定義される定数(ネイピア数)である．

$$\frac{d}{dx}\ln|x|=\frac{1}{x}.$$

ここで，$\ln x$ は，e を底とする対数で，自然対数とよばれる．この本では，$\ln x$ は自然対数とし，その他の値を底とする対数は，$\log_{10}x, \log_2 x$ のように記す．

$$\frac{d}{dx}\,\mathrm{Sin}^{-1}x=\frac{1}{\sqrt{1-x^2}},$$
$$\frac{d}{dx}\,\mathrm{Cos}^{-1}x=-\frac{1}{\sqrt{1-x^2}},$$
$$\frac{d}{dx}\,\mathrm{Tan}^{-1}x=\frac{1}{1+x^2}.$$

ここで，$\mathrm{Sin}^{-1}x$，$\mathrm{Cos}^{-1}x$，$\mathrm{Tan}^{-1}x$ は，$\sin x$，$\cos x$，$\tan x$ の逆関数の主値である．つまり，$x\in[-1,1]$ に対して，$\mathrm{Sin}^{-1}x\in[-\frac{\pi}{2},\frac{\pi}{2}]$, $\mathrm{Cos}^{-1}x\in[0,\pi]$ であり，$x\in(-\infty,\infty)$ に対して，$\mathrm{Tan}^{-1}x\in(-\frac{\pi}{2},\frac{\pi}{2})$ となる逆関数である．**双曲線関数**は，次のように定義される．

$$\cosh(x)=\frac{e^x+e^{-x}}{2}$$
$$\sinh(x)=\frac{e^x-e^{-x}}{2}$$

$$\tanh(x) = \frac{e^x - e^{-x}}{e^x + e^{-x}}$$

これらの微分は，次のようになる．

$$\frac{d}{dx}\cosh(x) = \sinh(x),$$
$$\frac{d}{dx}\sinh(x) = \cosh(x),$$
$$\frac{d}{dx}\tanh(x) = \frac{1}{(\cosh(x))^2}.$$

テイラー展開

関数 $y = f(x)$ がある区間で何回でも微分可能であるとき，区間内の $x, x + h$ に対して，

$$f(x) + f'(x)h + \frac{f^{(2)}(x)}{2!}h^2 + \cdots = \sum_{n=0}^{\infty} \frac{f^{(n)}(x)}{n!}h^n$$

を f の**テイラー級数**という．この級数が収束して

$$f(x+h) = f(x) + f'(x)h + \frac{f^{(2)}(x)}{2!}h^2 + \cdots = \sum_{n=0}^{\infty} \frac{f^{(n)}(x)}{n!}h^n \tag{1.4}$$

が成り立つとき，f は**テイラー展開可能**であるという[2]．たとえば，任意の x について，

$$e^x = \sum_{n=0}^{\infty} \frac{1}{n!}x^n$$

となるので，e^x は，任意の x についてテイラー展開可能である．

次に，積分についていくつかの公式を示す．

微分積分学の基本公式

$f(x)$ を $[a, b]$ で連続な関数とするとき，

$$\int_a^b f(x)dx = [F(x)]_a^b = F(b) - F(a) \tag{1.5}$$

---

[2] $x = 0$ におけるテイラー級数をマクローリン級数とよぶこともある．

が成り立つ．これを微分積分学の基本公式という．ここで，$F(x)$ は，$f(x)$ の**原始関数**，すなわち，$F'(x)=f(x)$ となる関数である．

部分積分

$$\int f'(x)g(x)dx = f(x)g(x) - \int f(x)g'(x)dx \tag{1.6}$$

置換積分

$x=x(t)$ のとき，

$$\int f(x)dx = \int f(x(t))\frac{dx(t)}{dt}dt \tag{1.7}$$

部分積分を用いると，不定積分が簡単に求まる場合がある．たとえば，

$$\int dx \ln x = x\ln x - x,\ \int dx x\cos x = x\sin x + \cos x$$

などである．

次に，多変数関数について簡単にまとめる．

偏微分

$z=f(x,y)$ とする．点 (a,b) において，

$$\lim_{h\to 0}\frac{f(a+h,b)-f(a,b)}{h}$$

が存在するとき，(a,b) における x に関する f の**偏微分係数**とよぶ．偏微分係数は，$f_x(a,b)$，$\frac{\partial}{\partial x}f(a,b)$ などと表される．偏微分係数がある領域 A で存在するときには，その領域で関数が定義される．これを**偏導関数**という．たとえば，x に関する偏微分係数が領域 A で存在するとき，偏導関数 $f_x(x,y)$ が領域 A で定義される．

$$f_x\ :\ A\to\mathbb{R}$$

合成関数の微分

多変数の場合の合成関数の微分は以下のようになる．

y が x_1, x_2 の関数，$y = f(x_1, x_2)$ で，z が y の関数，$z = g(y)$ のとき，z は，x_1, x_2 の関数，$z = g(f(x_1, x_2))$ となる．$i = 1, 2$ として，z の x_i での偏微分は

$$\frac{\partial}{\partial x_i} g(f(x_1, x_2)) = \left.\frac{dg(y)}{dy}\right|_{y=f(x_1,x_2)} \frac{\partial f(x_1, x_2)}{\partial x_i}$$

で与えられる．これは，

$$\frac{\partial z}{\partial x_i} = \frac{dz}{dy}\frac{\partial y}{\partial x_i}$$

と書くと覚えやすい．別の例をあげよう．y_1, y_2 が x_1, x_2 の関数，$y_i = f_i(x_1, x_2)$ で，z が y_1, y_2 の関数，$z = g(y_1, y_2)$ のとき，z は，x_1, x_2 の関数，$z = g(f_1(x_1, x_2), f_2(x_1, x_2))$ となる．$i = 1, 2$ として，z の x_i での偏微分は

$$\begin{aligned} &\frac{\partial}{\partial x_i} g(f_1(x_1, x_2), f_2(x_1, x_2)) \\ &= \frac{\partial g(y_1, y_2)}{\partial y_1}\frac{\partial f_1(x_1, x_2)}{\partial x_i} + \frac{\partial g(y_1, y_2)}{\partial y_2}\frac{\partial f_2(x_1, x_2)}{\partial x_i} \end{aligned}$$

で与えられる．これは，

$$\frac{\partial z}{\partial x_i} = \frac{\partial z}{\partial y_1}\frac{\partial y_1}{\partial x_i} + \frac{\partial z}{\partial y_2}\frac{\partial y_2}{\partial x_i}$$

と書くと覚えやすい．

高階偏導関数

$f_x(x, y)$ が y に関して偏微分可能なとき，**偏導関数**を

$$f_{xy}\,,\quad \frac{\partial}{\partial y}\left(\frac{\partial}{\partial x} f\right) = \frac{\partial^2}{\partial y \partial x} f$$

などと書く．また，$f_y(x, y)$ が x で偏微分可能なときには，偏導関数を

$$f_{yx}\,,\quad \frac{\partial^2}{\partial x \partial y} f$$

と書く．これらを**第 2 階偏導関数**という．物理学や工学においては，通常，偏

導関数は偏微分の順序によらないとするが，これについては，次の定理が示されている．

定理

f のすべての第 2 階偏導関数 $\left(\dfrac{\partial^2}{\partial x^2}f\ ,\ \dfrac{\partial^2}{\partial y^2}f \text{ も含む}\right)$ が連続ならば，

$$\frac{\partial^2}{\partial x \partial y}f = \frac{\partial^2}{\partial y \partial x}f \qquad (f_{yx} = f_{xy})$$

となる．

この関係式の応用として，後の例で述べるように，熱力学におけるマックスウェルの関係式がある．

テイラー展開

2 変数の関数 $y = f(x_1, x_2)$ がある区間で何回でも偏微分可能であるとき，その区間内の $(x_1, x_2), (x_1 + h_1, x_2 + h_2)$ に対して，

$$f(x_1, x_2) + \frac{\partial f}{\partial x_1}h_1 + \frac{\partial f}{\partial x_2}h_2 + \cdots = \sum_{n=0}^{\infty} \frac{1}{n\,!}\left(h_1 \frac{\partial}{\partial x_1} + h_2 \frac{\partial}{\partial x_2}\right)^n f(x_1, x_2)$$

を f の**テイラー級数**という．この級数が収束して

$$\begin{aligned} f(x_1 + h_1, x_2 + h_2) &= f(x_1, x_2) + \frac{\partial f}{\partial x_1}h_1 + \frac{\partial f}{\partial x_2}h_2 + \cdots \\ &= \sum_{n=0}^{\infty} \frac{1}{n\,!}\left(h_1 \frac{\partial}{\partial x_1} + h_2 \frac{\partial}{\partial x_2}\right)^n f(x_1, x_2) \qquad (1.8) \end{aligned}$$

が成り立つとき，f は**テイラー展開可能**であるという．ここで，

$$h_1 \frac{\partial}{\partial x_1} + h_2 \frac{\partial}{\partial x_2}$$

は**微分演算子**で，

$$\left(h_1 \frac{\partial}{\partial x_1} + h_2 \frac{\partial}{\partial x_2}\right) f = h_1 \frac{\partial f}{\partial x_1} + h_2 \frac{\partial f}{\partial x_2},$$

$$\left(h_1 \frac{\partial}{\partial x_1} + h_2 \frac{\partial}{\partial x_2}\right)^2 f = h_1^2 \frac{\partial^2 f}{\partial x_1^2} + 2h_1 h_2 \frac{\partial^2 f}{\partial x_2 \partial x_1} + h_2^2 \frac{\partial^2 f}{\partial x_2^2}$$

などとなる．

3 変数以上のテイラー展開も同様である．

全微分[3)]

$z=f(x,y)$ とする．dx,dy,dz を数として，z の**全微分** dz を次のように定義する．

$$dz=\frac{\partial f}{\partial x}dx+\frac{\partial f}{\partial y}dy. \tag{1.9}$$

x,y が u,v の関数であるとしよう．つまり，$x=x(u,v)$，$y=y(u,v)$ とする．このとき，

$$\begin{cases} dx=\dfrac{\partial x}{\partial u}du+\dfrac{\partial x}{\partial v}dv \\ dy=\dfrac{\partial y}{\partial u}du+\dfrac{\partial y}{\partial v}dv \end{cases}$$

であるが，合成関数の微分の公式を用いることにより，(1.9) 式は，

$$dz=\left(\frac{\partial f}{\partial u}\right)_v du+\left(\frac{\partial f}{\partial v}\right)_u dv$$

となることが分かる．ここで，$\left(\dfrac{\partial f}{\partial u}\right)_v$ は，v をとめて u で偏微分することを意味する．$\left(\dfrac{\partial f}{\partial v}\right)_u$ も同様．一般の次元の場合の全微分は，たとえば，$z=f(x_1,x_2,\cdots,x_n)$ とすると，

$$dz=\sum_{i=1}^{n}\frac{\partial f}{\partial x_i}dx_i$$

と定義される．

例　熱力学におけるマックスウェルの関係式

熱力学の第一法則は，仕事以外に熱も考慮するとエネルギーが保存するというものである．ある系が 1 つの平衡状態から別の平衡状態に変化したときの内部エネルギーの変化量，吸収した熱量，外部からなされた仕事を，それぞれ

---

3) **完全微分**，あるいは単に**微分**ともいう．

dE, $d'Q$, $d'W$ とすると，可逆的な変化においては，$d'Q = TdS$，また，圧力 p が一定の変化の場合には，$d'W = -pdV$ と表される．ここで，T は絶対温度，S はエントロピーで dS はその変化量，V は体積で dV はその変化量である．したがって，熱力学の第一法則は，

$$dE = d'Q + d'W = \underbrace{TdS}_{\text{熱}} \underbrace{-pdV}_{\text{仕事}} \tag{1.10}$$

と表される．ここで，熱量と仕事の変化量に d' という記号がついているのは，これらの量が状態を決めても定まらず，断熱過程，等温過程など，変化の過程によるためであり，このような微小量を**不完全微分**とよぶ．

熱力学で学ぶように，一様で等方な系の場合には，平衡状態においては，2 つの変数を指定することにより状態が決まる．特に，エントロピーと体積を変数とすると，内部エネルギーはそれらによって決まるので，$E = E(S, V)$ とかける．したがって，E の全微分は，

$$dE = \left(\frac{\partial E}{\partial S}\right)_V dS + \left(\frac{\partial E}{\partial V}\right)_S dV \tag{1.11}$$

と表される．(1.10), (1.11) より，

$$T = \left(\frac{\partial E}{\partial S}\right)_V$$
$$-p = \left(\frac{\partial E}{\partial V}\right)_S$$

となる．通常，物理量の 2 階の偏微分は，偏微分の順序によらない．今の場合には，E をまず S で偏微分した $\left(\frac{\partial E}{\partial S}\right)_V$ を，さらに V で偏微分した $\frac{\partial^2 E}{\partial V \partial S}$ と，逆に V で偏微分した $\left(\frac{\partial E}{\partial V}\right)_S$ を，S で偏微分した $\frac{\partial E}{\partial S \partial V}$ とは等しい．したがって，$\frac{\partial^2 E}{\partial S \partial V} = \frac{\partial^2 E}{\partial V \partial S}$ より，

$$（左辺）は \quad \frac{\partial}{\partial S}\left(\frac{\partial E}{\partial V}\right) = -\left(\frac{\partial p}{\partial S}\right)_V$$
$$（右辺）は \quad \frac{\partial}{\partial V}\left(\frac{\partial E}{\partial S}\right) = \left(\frac{\partial T}{\partial V}\right)_S$$

となり，次のマックスウェルの関係式が求まる．

$$-\left(\frac{\partial p}{\partial S}\right)_V = \left(\frac{\partial T}{\partial V}\right)_S$$

同様の関係式はエントロピーなどからも求められ，それらもマックスウェルの関係式とよばれる．

例　ニュートンの運動方程式

高校の物理で次のニュートンの運動の 3 法則を学ぶ．

第一法則（慣性の法則）：力を受けていない物体は等速直線運動する．

第二法則（運動方程式）：加速度 a は力 F に比例し，$F = ma$ のような関係式が成り立つ．ここで，m は質量である．

第三法則（作用反作用の法則）：物体に力を及ぼすと，大きさが等しく向きが反対の力が物体から及ぼされる．

ここで，第二法則について考えてみよう．例として，直線上を質量 m の物体が力 F を受けて運動する場合を考えよう．直線を x 軸として，時刻 t での物体の位置を $x(t)$ と書く．場所 x における力が $F(x)$ と表されているときの場所 x の時間変化を求めたい．ところで，加速度は時間に対する速度の変化率であり，速度は時間に対する位置の変化率である．力が時々刻々変化しているときには，加速度や速度も時々刻々変化する．このとき，加速度や速度はどのように表されるだろうか?　ある時刻 t から $t + \Delta t$ の間に位置座標が Δx 変化したときの平均の速度は $\dfrac{\Delta x}{\Delta t}$ であるが，今の場合には，瞬間の速度，すなわち $\Delta t \to 0$ のときの $\dfrac{\Delta x}{\Delta t}$ の極限値を考える必要がある．これはまさに，位置 $x(t)$ の時間 t での微分，$\dfrac{dx}{dt}$ に他ならない．同様にして，Δt 間の速度の変化を Δv とすると，平均の加速度は $\dfrac{\Delta v}{\Delta t}$ となるが，瞬間の加速度は $\Delta t \to 0$ のときの $\dfrac{\Delta v}{\Delta t}$ の極限値であるので，速度 $v(t)$ の時間 t での微分，$\dfrac{dv}{dt}$ になる．したがって，瞬間の加速度は

$$a = \frac{dv}{dt} = \frac{d^2x}{dt^2} \tag{1.12}$$

のように，位置の時間での 2 階微分になる．すると，ニュートンの運動方程式は

$$m\frac{d^2x}{dt^2} = F \tag{1.13}$$

となる．ニュートンは第二法則を確立する過程で微分の概念に到達したのである．

力 F は，一般的には，位置だけでなく時刻にも依存するので，

$$m\frac{d^2x(t)}{dt^2} = F(x(t), t) \tag{1.14}$$

となる．これは，位置の時間に関する 2 階の常微分方程式であり，初期条件として，ある時刻での位置と速度が与えられると，この常微分方程式を 2 回積分することにより，任意の時刻の位置と速度が求まる．

以上は直線上の運動の場合である．3 次元空間での運動の場合は，位置ベクトルを $\boldsymbol{r}$ とすると，$\boldsymbol{v}(t) = \dfrac{d\boldsymbol{r}}{dt}$ が速度ベクトル，$\boldsymbol{a}(t) = \dfrac{d^2\boldsymbol{r}}{dt^2}$ が加速度ベクトルであり，物体に働く力は，ベクトル $\boldsymbol{F}$ で表されるので，運動の第二法則は，

$$m\frac{d^2\boldsymbol{r}(t)}{dt^2} = \boldsymbol{F}(\boldsymbol{r}(t), t)$$

となる．

第 2 章

ベクトル

2.1　ベクトル

ベクトルは，任意の次元において定義されるが，ここでは，主に 3 次元の有向線分を考える．基本的な内容は，たとえば，本シリーズ『リメディアル数学』の第 2 章を参照のこと．まず，後で必要となる事柄を簡単に復習する．

3 次元空間内の 2 点 A, B を結ぶ線分で，A から B へ向きをつけたものを A から B への有向線分とよび，$\overrightarrow{\mathrm{AB}}$ と表す．図 2.1 のように，2 つの**有向線分**，$\overrightarrow{\mathrm{AB}}$ と $\overrightarrow{\mathrm{CD}}$ は，平行移動して重なり，向きも等しいとき，等しいと定義する．

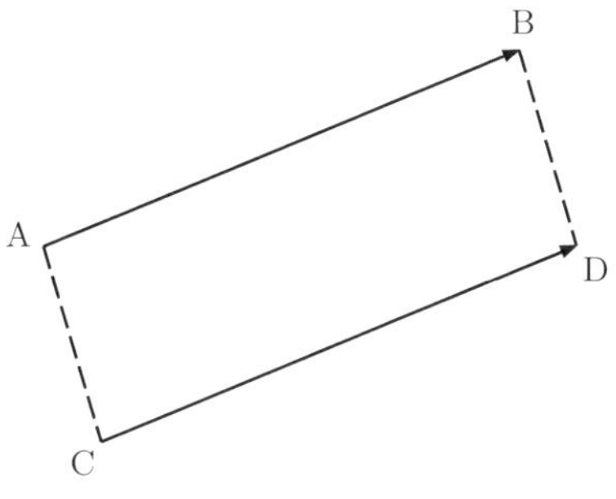

図 2.1　$\overrightarrow{\mathrm{AB}} = \overrightarrow{\mathrm{CD}}$

この有向線分の全体を**ベクトル**とよぶ．ベクトルは，$\overrightarrow{\mathrm{AB}}$, $\boldsymbol{a}$ 等と表す．ベクトルの和，差，定数倍，大きさについては，既知とする．ベクトル全体の集合を**ベクトル空間**，あるいは**線形空間**という[1]．

ここでは，ベクトルの内積と外積について述べる．

---

[1] 厳密な定義は，例えば本シリーズ『線形代数』を参照．

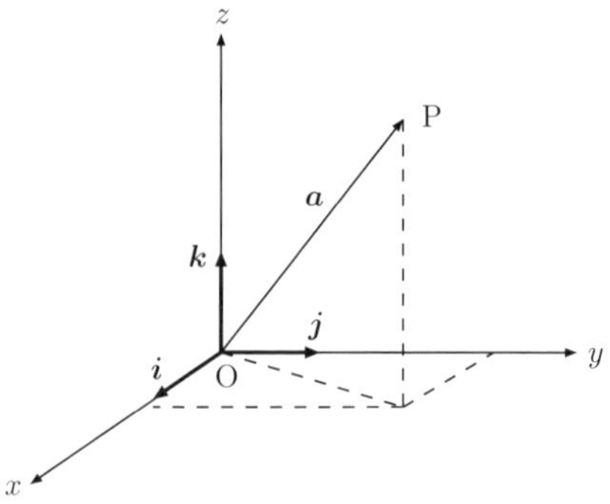

図 **2.2**

直交座標系

3 次元空間で，図 2.2 のように，原点を O とする**直交座標系** (O, x, y, z) を考える[2)]．

x, y, z 軸の正の向きの単位ベクトル，すなわち大きさ 1 のベクトル，をそれぞれ $\boldsymbol{i}, \boldsymbol{j}, \boldsymbol{k}$ とする．これらは，**基底ベクトル**，または単に**基底**とよばれる．原点 O から点 P に向かうベクトル $\overrightarrow{\mathrm{OP}}$ は，点 P の位置ベクトルとよばれる．これを $\boldsymbol{a}$ とすると，$\boldsymbol{a}$ は，基底を用いて

$$\boldsymbol{a} = a_x \boldsymbol{i} + a_y \boldsymbol{j} + a_z \boldsymbol{k}$$

と一意的に表される．右辺を $\boldsymbol{i}, \boldsymbol{j}, \boldsymbol{k}$ の**一次結合**，または，**線形結合**とよぶ．a_x, a_y, a_z を直交座標系における $\boldsymbol{a}$ の**成分**とよぶ．ベクトル $\boldsymbol{a}$ を成分を用いて，

$$\boldsymbol{a} = (a_x, a_y, a_z)$$

のように行ベクトルや，列ベクトルで表すこともある．$\boldsymbol{a}$ の**大きさ**は，$|\boldsymbol{a}|$，あるいは，$\|\boldsymbol{a}\|$ と書き，成分を用いて表すと，$|\boldsymbol{a}| = \sqrt{a_x^2 + a_y^2 + a_z^2}$ となる．$\boldsymbol{a}$ の大きさは，**ノルム**ともよばれる．

2 つのベクトル $\boldsymbol{a}, \boldsymbol{b}$ の内積 $(\boldsymbol{a}, \boldsymbol{b})$，$\boldsymbol{a} \cdot \boldsymbol{b}$

3 次元空間内の 2 つのベクトル $\boldsymbol{a}, \boldsymbol{b}$ に対して，**内積** $(\boldsymbol{a}, \boldsymbol{b})$ を次のように定

[2)] デカルト座標系ともよばれる．

義する.

$$(\boldsymbol{a}, \boldsymbol{b}) = |\boldsymbol{a}||\boldsymbol{b}| \cos\theta. \tag{2.1}$$

ここで，θ は，2 つのベクトルの間の角度である．内積は，$\boldsymbol{a} \cdot \boldsymbol{b}$ と書くこともある．内積が，次の 4 つの性質を満たすことは容易に分かる．

(i) $(\boldsymbol{a}, \boldsymbol{a}) \geq 0$, かつ $(\boldsymbol{a}, \boldsymbol{a}) = 0 \Leftrightarrow \boldsymbol{a} = \boldsymbol{0}$

(ii) $(\boldsymbol{a}, \boldsymbol{b}) = (\boldsymbol{b}, \boldsymbol{a})$

(iii) $(\boldsymbol{a}_1 + \boldsymbol{a}_2, \boldsymbol{b}) = (\boldsymbol{a}_1, \boldsymbol{b}) + (\boldsymbol{a}_2, \boldsymbol{b})$

(iv) 任意の $\lambda \in \mathbb{R}$ に対して，$(\lambda\boldsymbol{a}, \boldsymbol{b}) = \lambda(\boldsymbol{a}, \boldsymbol{b})$

今は，3 次元空間での内積を (2.1) で定義したので，性質 (i), (ii), (iv) は自明である．また，(iii) も容易に示すことができる．

問 2.1.1 (iii) を示せ．

一般の線形空間では，(i)–(iv) を満たすものを内積とよぶ．また，(i) の性質があるので，ベクトル $\boldsymbol{a}$ の大きさ $|\boldsymbol{a}|$ は，$|\boldsymbol{a}| = \sqrt{(\boldsymbol{a}, \boldsymbol{a})}$ で定義される．有向線分の場合にも，(2.1) より，この関係式が成り立っていることが分かる．

2 つのベクトルの内積が 0 の場合，これらは**直交**するという．基底ベクトル $\boldsymbol{i}$, $\boldsymbol{j}$, $\boldsymbol{k}$ は，長さが 1 であり，お互いに直交しているので，**正規直交基底**，あるいは**規格直交基底**とよばれる．

2 つのベクトル $\boldsymbol{a} = (a_x, a_y, a_z), \boldsymbol{b} = (b_x, b_y, b_z)$ の内積を成分で表すと，

$$(\boldsymbol{a}, \boldsymbol{b}) = a_x b_x + a_y b_y + a_z b_z \tag{2.2}$$

となることは，(2.1) より，あるいは，内積の性質を用いて，容易に確かめることができる．

問 2.1.2 内積の性質を用いて (2.2) を示せ．

シュワルツの不等式 $\quad |(\boldsymbol{a}, \boldsymbol{b})| \leq |\boldsymbol{a}|\ |\boldsymbol{b}|$

内積について，シュワルツの不等式を証明することができる．これは，内積

が (2.1) で与えられている場合には自明である．ここでは，性質 (i)-(iv) を用いて証明しよう．

証明　$\boldsymbol{a}=\boldsymbol{0}$ なら等号が成立することがただちに分かるので，$\boldsymbol{a}\neq\boldsymbol{0}$ とする．λ を任意の実数とすると，

$$|\lambda\boldsymbol{a}+\boldsymbol{b}|^2=(\lambda\boldsymbol{a}+\boldsymbol{b},\lambda\boldsymbol{a}+\boldsymbol{b})=\lambda^2|\boldsymbol{a}|^2+|\boldsymbol{b}|^2+2\lambda(\boldsymbol{a},\boldsymbol{b})\geq 0.$$

これは，λ についての 2 次式なので判別式は正にならない．したがって，

$$(\boldsymbol{a},\boldsymbol{b})^2-|\boldsymbol{a}|^2\cdot|\boldsymbol{b}|^2\leq 0,\quad \text{よって，}\quad |\boldsymbol{a}|\;|\boldsymbol{b}|\geq|(\boldsymbol{a},\boldsymbol{b})|.$$

シュワルツの不等式より，次の三角不等式を示すことができる．

三角不等式　$|\boldsymbol{a}+\boldsymbol{b}|\leq|\boldsymbol{a}|+|\boldsymbol{b}|$

証明　左辺の 2 乗を計算すると，

$$|\boldsymbol{a}+\boldsymbol{b}|^2=(\boldsymbol{a}+\boldsymbol{b})^2=|\boldsymbol{a}|^2+|\boldsymbol{b}|^2+2(\boldsymbol{a},\boldsymbol{b})$$

となる．シュワルツの不等式より，

$$|\boldsymbol{a}|^2+|\boldsymbol{b}|^2+2(\boldsymbol{a},\boldsymbol{b})\leq|\boldsymbol{a}|^2+|\boldsymbol{b}|^2+2|\boldsymbol{a}||\boldsymbol{b}|=(|\boldsymbol{a}|+|\boldsymbol{b}|)^2$$

を得る．したがって，

$$|\boldsymbol{a}+\boldsymbol{b}|^2\leq(|\boldsymbol{a}|+|\boldsymbol{b}|)^2,\ \text{よって，}\ |\boldsymbol{a}+\boldsymbol{b}|\leq|\boldsymbol{a}|+|\boldsymbol{b}|$$

となる．

ベクトル積，外積

まず，準備として，**右手系**，**左手系**について説明する．原点を O とし，基底ベクトルを $(\boldsymbol{i},\boldsymbol{j},\boldsymbol{k})$ とする座標系を (O, $\boldsymbol{i},\boldsymbol{j},\boldsymbol{k}$) とすると，図 2.3 の左図のように，右手の親指，人差指，中指の向きと，$(\boldsymbol{i},\boldsymbol{j},\boldsymbol{k})$ の向きが一致している場合を右手系とよび，右図のように，左手の親指，人差し指，中指の向きと $(\boldsymbol{i},\boldsymbol{j},\boldsymbol{k})$ の向きが一致している場合を左手系とよぶ．座標系は通常，右手系を採用する．

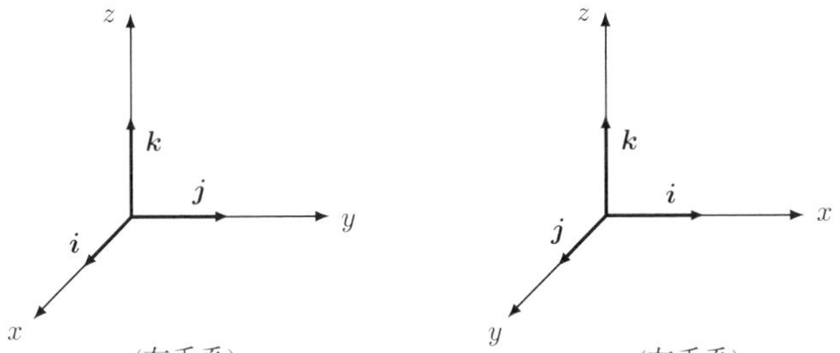

図 2.3

さて，2 つのベクトル $\boldsymbol{a}, \boldsymbol{b}$ の**外積**として，ベクトル $\boldsymbol{a} \times \boldsymbol{b}$ を定義しよう[3)]．これは，**ベクトル積**ともよばれる．

外積　$\boldsymbol{a} \times \boldsymbol{b}$ の定義

1) $\boldsymbol{a}$ と $\boldsymbol{b}$ が平行なとき[4)]は，$\boldsymbol{a} \times \boldsymbol{b} = \boldsymbol{0}$ とする．
2) $\boldsymbol{a}$ と $\boldsymbol{b}$ が平行でないときは，$\boldsymbol{a} \times \boldsymbol{b}$ は，$\boldsymbol{a}$ および $\boldsymbol{b}$ と直交し，$(\boldsymbol{a}, \boldsymbol{b}, \boldsymbol{a} \times \boldsymbol{b})$ は右手系をなすとする[5)]．
3) $\boldsymbol{a} \times \boldsymbol{b}$ の大きさは，$\boldsymbol{a}$ と $\boldsymbol{b}$ のつくる平行四辺形の面積とする．すなわち，$|\boldsymbol{a} \times \boldsymbol{b}| = |\boldsymbol{a}||\boldsymbol{b}| \sin\theta$ である (図 2.4)．ここで，θ は $\boldsymbol{a}$ と $\boldsymbol{b}$ のなす角．

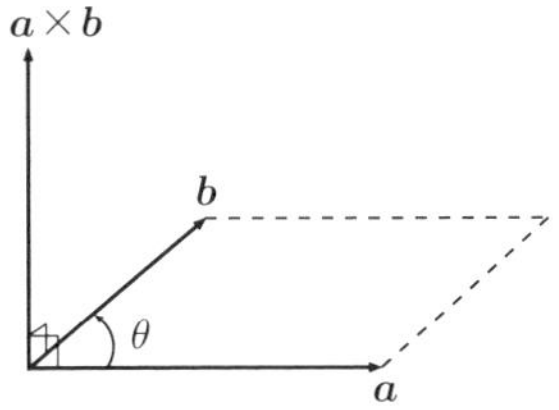

図 2.4　$|\boldsymbol{a} \times \boldsymbol{b}| = \boldsymbol{a}$ と $\boldsymbol{b}$ のつくる平行四辺形の面積 $= |\boldsymbol{a}||\boldsymbol{b}| \sin\theta$

$\boldsymbol{b}$ を図 2.5 のように，$\boldsymbol{a}$ に垂直な成分 $\boldsymbol{b}'$ と平行な成分に分解する．

3) 『リメディアル数学』**2.4** を参照．

4) $\boldsymbol{a}, \boldsymbol{b}$ の少なくとも 1 つが $\boldsymbol{0}$ のときも，この場合に含まれる．

5) $\boldsymbol{a}$ から $\boldsymbol{b}$ の向きに右ネジを回したとき，$\boldsymbol{a} \times \boldsymbol{b}$ は右ネジの進む向きとなっている．

$$\boldsymbol{b} = \boldsymbol{b}' + b\boldsymbol{a}. \tag{2.3}$$

このとき，

$$\boldsymbol{a} \times \boldsymbol{b} = \boldsymbol{a} \times \boldsymbol{b}' \tag{2.4}$$

が成り立つ．

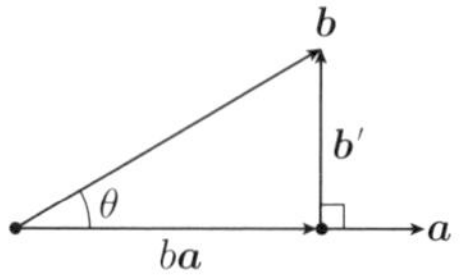

図 2.5

問 2.1.3 (2.4) を示せ．

外積については，次の性質が成り立つことが分かる．

(i) $\boldsymbol{a} \times \boldsymbol{a} = \boldsymbol{0}$

(ii) $\boldsymbol{a} \times \boldsymbol{b} = -\boldsymbol{b} \times \boldsymbol{a}$

(iii) $\lambda(\boldsymbol{a} \times \boldsymbol{b}) = (\lambda\boldsymbol{a}) \times \boldsymbol{b} = \boldsymbol{a} \times (\lambda\boldsymbol{b})$ (λ は実数)

(iv) $\boldsymbol{a} \times (\boldsymbol{b} + \boldsymbol{c}) = \boldsymbol{a} \times \boldsymbol{b} + \boldsymbol{a} \times \boldsymbol{c}$

(v) $(\boldsymbol{b} + \boldsymbol{c}) \times \boldsymbol{a} = \boldsymbol{b} \times \boldsymbol{a} + \boldsymbol{c} \times \boldsymbol{a}$

(v) は (ii) と (iv) より導かれる．

問 2.1.4 (i)–(v) を示せ．

直交座標系 $(\mathrm{O}, \boldsymbol{i}, \boldsymbol{j}, \boldsymbol{k})$ が右手系の場合，次の関係式が成り立つ．

$$\boldsymbol{i} \times \boldsymbol{j} = \boldsymbol{k} = -\boldsymbol{j} \times \boldsymbol{i},\ \boldsymbol{j} \times \boldsymbol{k} = \boldsymbol{i} = -\boldsymbol{k} \times \boldsymbol{j},\ \boldsymbol{k} \times \boldsymbol{i} = \boldsymbol{j} = -\boldsymbol{i} \times \boldsymbol{k}. \tag{2.5}$$

さて，外積を成分で表してみよう．$\boldsymbol{a} = a_x\boldsymbol{i} + a_y\boldsymbol{j} + a_z\boldsymbol{k}$，$\boldsymbol{b} = b_x\boldsymbol{i} + b_y\boldsymbol{j} + b_z\boldsymbol{k}$ とすると，外積の性質を用いて

$$\begin{aligned}
\boldsymbol{a} \times \boldsymbol{b} &= (a_x\boldsymbol{i} + a_y\boldsymbol{j} + a_z\boldsymbol{k}) \times (b_x\boldsymbol{i} + b_y\boldsymbol{j} + b_z\boldsymbol{k}) \\
&= \boldsymbol{i}(a_yb_z - a_zb_y) - \boldsymbol{j}(a_xb_z - a_zb_x) + \boldsymbol{k}(a_xb_y - a_yb_x) \\
&= \boldsymbol{i}\begin{vmatrix} a_y & a_z \\ b_y & b_z \end{vmatrix} - \boldsymbol{j}\begin{vmatrix} a_x & a_z \\ b_x & b_z \end{vmatrix} + \boldsymbol{k}\begin{vmatrix} a_x & a_y \\ b_x & b_y \end{vmatrix}
\end{aligned}$$

$$= \begin{vmatrix} \boldsymbol{i} & \boldsymbol{j} & \boldsymbol{k} \\ a_x & a_y & a_z \\ b_x & b_y & b_z \end{vmatrix}$$

最後の表式は形式的に行列式で表したものであり，外積を成分で表す式を記憶するのに便利である．行列と行列式については，第 3 章で説明する[6)]．

ここで，直交座標系 $(\mathrm{O}, \boldsymbol{i}, \boldsymbol{j}, \boldsymbol{k})$ が左手系の場合を考えてみよう．

$$\boldsymbol{i} \times \boldsymbol{j} = -\boldsymbol{k},\ \boldsymbol{j} \times \boldsymbol{k} = -\boldsymbol{i},\ \boldsymbol{k} \times \boldsymbol{i} = -\boldsymbol{j} \tag{2.6}$$

であるから，

$$\boldsymbol{a} \times \boldsymbol{b} = -\begin{vmatrix} \boldsymbol{i} & \boldsymbol{j} & \boldsymbol{k} \\ a_x & a_y & a_z \\ b_x & b_y & b_z \end{vmatrix}$$

となる．

ベクトルの外積を含んだ計算では，成分がたくさん現れるため計算が繁雑になるが，いくつかの記号を導入することにより計算を簡略化することができる．ここでは，**クロネッカーのデルタ**と**レビ－チビタ記号**を導入する．その準備として，数字の置換や互換について述べよう[7)]．

n を自然数として，1 から n までの数を並べたもの $(1, 2, \cdots, n)$ を考える．これを並べかえたものを $(i_1, i_2, \cdots, i_n)$ とする．このように異なる n 個のものを 1 つの順序から他の順序に並べかえることを**置換**とよぶ．置換は，全部で順列の数，$n!$ 個ある．$(i_1, i_2, \cdots, i_n)$ の任意の 2 つ i_l と i_m を入れ換えることを**互換**という．互換を P 回行って，

$$(i_1, i_2, \cdots, i_n) \to (1, 2, \cdots, n)$$

になったとしよう．このようにするための互換の回数はいろいろありうるが，その偶奇性は一意的に決まる．したがって，置換は，

P が偶数のとき，$(i_1, i_2, \cdots, i_n)$ を**偶置換**，

---

6) また，たとえば本シリーズの『線形代数』を参照．

7) 本シリーズ『リメディアル数学』第 6 章を参照．

$$P \text{ が奇数のとき，} (i_1, i_2, \cdots, i_n) \text{ を}\textbf{奇置換}$$

とよぶ．

さて，**クロネッカーのデルタ** δ_{ij} を次のように定義する．ここで，$i = 1, \cdots, n$, $j = 1, \cdots, n$ とする．

$$\delta_{ij} = \begin{cases} 1 & (i = j \text{ のとき}) \\ 0 & (\text{それ以外のとき}) \end{cases} \tag{2.7}$$

次に，**3 次元のレビ－チビタ記号** ε_{ijk} を次のように定義する．

$$\varepsilon_{ijk} = \begin{cases} 1 & ((i,j,k) \text{ が } (1,2,3) \text{ の偶置換のとき}) \\ -1 & ((i,j,k) \text{ が } (1,2,3) \text{ の奇置換のとき}) \\ 0 & (i,j,k \text{ のうち，2 つ以上が同じであるとき}) \end{cases} \tag{2.8}$$

レビ－チビタ記号について，次の関係式が成り立つ．

1. 任意の 2 つの添字の互換を行うと，符号が反転する[8]．例えば，

$$\varepsilon_{jik} = -\varepsilon_{ijk}. \tag{2.9}$$

2.

$$\sum_{k=1}^{3} \varepsilon_{ijk}\varepsilon_{lmk} = \delta_{il}\delta_{jm} - \delta_{im}\delta_{jl}. \tag{2.10}$$

レビ－チビタ記号 ε_{ijk} を用いて，ベクトル $\boldsymbol{A}, \boldsymbol{B}$ の外積を表そう．表示を簡単にするため，ベクトルを成分を用いて，$\boldsymbol{A} = (A_1, A_2, A_3), \boldsymbol{B} = (B_1, B_2, B_3)$ と表す．このとき，

$$(\boldsymbol{A} \times \boldsymbol{B})_i = \sum_{j=1}^{3} \sum_{k=1}^{3} \varepsilon_{ijk} A_j B_k \tag{2.11}$$

となる．ここで，$(\boldsymbol{A} \times \boldsymbol{B})_i$ は，$\boldsymbol{A} \times \boldsymbol{B}$ の第 i 成分を意味する．

問 2.1.5 (2.9), (2.10), (2.11) を示せ．

---

[8] $\varepsilon_{ijk} = 0$ のときは，$\varepsilon_{jik} = 0$ であるから，$\varepsilon_{jik} = -\varepsilon_{ijk} = 0$ となる．

スカラー三重積

3 つのベクトル $\boldsymbol{A}, \boldsymbol{B}, \boldsymbol{C}$ について，$\boldsymbol{A}\cdot(\boldsymbol{B}\times\boldsymbol{C})$ を**スカラー三重積**という．これは，行列式を用いて次のように表すことができる．

> **スカラー三重積**
>
> $$\boldsymbol{A}\cdot(\boldsymbol{B}\times\boldsymbol{C}) = \begin{vmatrix} A_1 & A_2 & A_3 \\ B_1 & B_2 & B_3 \\ C_1 & C_2 & C_3 \end{vmatrix} \tag{2.12}$$
>
> ただし，基底は右手系とする．

証明

$$\begin{aligned}
\boldsymbol{A}\cdot(\boldsymbol{B}\times\boldsymbol{C}) &= (A_1\boldsymbol{i} + A_2\boldsymbol{j} + A_3\boldsymbol{k})\cdot(\boldsymbol{B}\times\boldsymbol{C}) \\
&= A_1(\boldsymbol{B}\times\boldsymbol{C})_1 + A_2(\boldsymbol{B}\times\boldsymbol{C})_2 + A_3(\boldsymbol{B}\times\boldsymbol{C})_3 \\
&= A_1\begin{vmatrix} B_2 & B_3 \\ C_2 & C_3 \end{vmatrix} - A_2\begin{vmatrix} B_1 & B_3 \\ C_1 & C_3 \end{vmatrix} + A_3\begin{vmatrix} B_1 & B_2 \\ C_1 & C_2 \end{vmatrix} \\
&= \begin{vmatrix} A_1 & A_2 & A_3 \\ B_1 & B_2 & B_3 \\ C_1 & C_2 & B_3 \end{vmatrix}
\end{aligned}$$

なお，基底が左手系のときには，

$$\boldsymbol{A}\cdot(\boldsymbol{B}\times\boldsymbol{C}) = -\begin{vmatrix} A_1 & A_2 & A_3 \\ B_1 & B_2 & B_3 \\ C_1 & C_2 & C_3 \end{vmatrix} \tag{2.13}$$

となる．

図 2.6 から分かるように，$|\boldsymbol{A}\cdot(\boldsymbol{B}\times\boldsymbol{C})|$ は，ベクトル $\boldsymbol{A}, \boldsymbol{B}, \boldsymbol{C}$ が作る平行六面体の体積となっている．

スカラー三重積は行列式で表されるが，行列式は行や列を入れ替えると，も

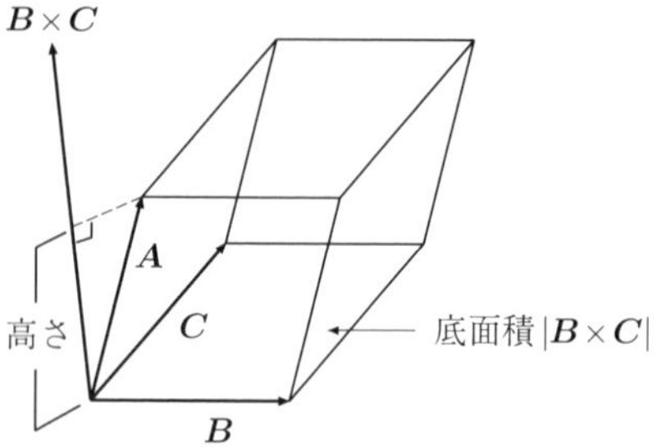

図 2.6　$|\boldsymbol{A}\cdot(\boldsymbol{B}\times\boldsymbol{C})|$ = 平行六面体の体積

との行列式にマイナスをかけたものになるという性質がある．このことより，$\boldsymbol{A},\boldsymbol{B},\boldsymbol{C}$ の互換を偶数回行ったものは不変で，奇数回行ったものは符号が逆になる．したがって，以下の関係式が成り立つ．

$$\begin{aligned}\boldsymbol{A}\cdot(\boldsymbol{B}\times\boldsymbol{C}) &= -\boldsymbol{A}\cdot(\boldsymbol{C}\times\boldsymbol{B}) = \boldsymbol{B}\cdot(\boldsymbol{C}\times\boldsymbol{A}) = -\boldsymbol{B}\cdot(\boldsymbol{A}\times\boldsymbol{C})\\ &= \boldsymbol{C}\cdot(\boldsymbol{A}\times\boldsymbol{B}) = -\boldsymbol{C}\cdot(\boldsymbol{B}\times\boldsymbol{A}) = (\boldsymbol{A}\times\boldsymbol{B})\cdot\boldsymbol{C}. \qquad (2.14)\end{aligned}$$

最後の等式は，外積の性質 (ii) による．この式より，· と × **は入れ換えることができる**ことが分かる．

ベクトル三重積

$\boldsymbol{A}\times(\boldsymbol{B}\times\boldsymbol{C})$ をベクトル三重積という．これに関しては，次の等式が成り立つ．

$$\boldsymbol{A}\times(\boldsymbol{B}\times\boldsymbol{C}) = (\boldsymbol{A}\cdot\boldsymbol{C})\boldsymbol{B} - (\boldsymbol{A}\cdot\boldsymbol{B})\boldsymbol{C} \qquad (2.15)$$

証明　レビ–チビタ記号とクロネッカーのデルタを用いて証明する．

$$\{\boldsymbol{A}\times(\boldsymbol{B}\times\boldsymbol{C})\}_i = \sum_{j,k}\varepsilon_{ijk}A_j(\boldsymbol{B}\times\boldsymbol{C})_k, \qquad (2.16)$$

$$(\boldsymbol{B}\times\boldsymbol{C})_k = \sum_{l,m}\varepsilon_{klm}B_lC_m \qquad (2.17)$$

であるから，

$$\{\boldsymbol{A}\times(\boldsymbol{B}\times\boldsymbol{C})\}_i = \sum_{j,k}\varepsilon_{ijk}A_j\sum_{l,m}\varepsilon_{klm}B_lC_m$$

$$\left(\begin{array}{r} \varepsilon_{klm} = -\varepsilon_{mlk} \\ (k \leftrightarrow m) \end{array} \rightarrow \right) = -\sum_{j,l,m} A_j B_l C_m \sum_k \varepsilon_{ijk}\varepsilon_{mlk}$$

$$= -\sum_{j,l,m} A_j B_l C_m (\delta_{im}\delta_{jl} - \delta_{il}\delta_{jm})$$

$$= -\sum_j A_j B_j C_i + \sum_j A_j B_i C_j$$

$$= -(\boldsymbol{A}\cdot\boldsymbol{B})C_i + (\boldsymbol{A}\cdot\boldsymbol{C})B_i.$$

したがって,

$$\boldsymbol{A}\times(\boldsymbol{B}\times\boldsymbol{C}) = (\boldsymbol{A}\cdot\boldsymbol{C})\boldsymbol{B} - (\boldsymbol{A}\cdot\boldsymbol{B})\boldsymbol{C}$$

となる.

第 3 章

行列と行列式

この章では，行列と行列式の復習を行う．参考書としては，たとえば，本シリーズの『線形代数』参照．

3.1 行列

次のように，数を並べたものを**行列**という．

(1) $\begin{pmatrix} 1 & 2 & 3 \\ 2 & 2 & 4 \end{pmatrix}$ (2) $\begin{pmatrix} 3 & 4 \\ 5 & 7 \end{pmatrix}$ (3) $\begin{pmatrix} 1 \\ 2 \end{pmatrix}$

(4) $\begin{pmatrix} 1 & 2 \end{pmatrix}$

(1) は，2 行 3 列，(2) は，2 行 2 列，(3) は，2 行 1 列，(4) は，1 行 2 列の行列である．(3) や (4) のように，1 列，または 1 行のみの行列は，通常，列ベクトルや行ベクトルとよばれる．一般に，行が m 個，列が n 個の行列は，

$$A = \begin{pmatrix} a_{11} & a_{12} & \cdots & a_{1n} \\ a_{21} & a_{22} & \cdots & a_{2n} \\ \vdots & \vdots & & \vdots \\ a_{m1} & a_{m2} & \cdots & a_{mn} \end{pmatrix}$$

の形のものである．これは，m 行 n 列の行列，(m,n) 型の行列，(m,n) 行列，$m \times n$ 行列などという．a_{ij} は行列の (i,j) 成分とよばれる．行列 A の (i,j) 成分を A_{ij} や $(A)_{ij}$ と書くこともある．行列 A はその成分を用いて，$A = (a_{ij})$ と書く場合もある．2 つの行列 A, B は，行と列の数が同じで，(i,j) 成分がすべて等しいときに，等しいといい，$A = B$ と書く．同じ数の行と同じ数の列を

持つ 2 つの行列 $A=(a_{ij}), B=(b_{ij})$ について，次のように**行列の和** $A+B$ が定義される．

$$A+B=(a_{ij}+b_{ij})$$

すなわち，

$$A+B=\begin{pmatrix} a_{11}+b_{11} & a_{12}+b_{12} & \cdots & a_{1n}+b_{1n} \\ a_{21}+b_{21} & a_{22}+b_{22} & \cdots & a_{2n}+b_{2n} \\ \vdots & \vdots & & \vdots \\ a_{m1}+b_{m1} & a_{m2}+b_{m2} & \cdots & a_{mn}+b_{mn} \end{pmatrix}$$

である．また，行列の定数倍は，定数を c とするとき，$cA=(ca_{ij})$ と定義する．また，すべての成分が 0 の行列は零行列という．これは，数字と同じ記号 0 で表す．(l,m) 行列 A と (m,n) 行列 B の積 $C=AB$ の (i,j) 成分 c_{ij} は次のように定義される．

$$c_{ij}=\sum_{k=1}^{m} a_{ik}b_{kj}$$

積 AB は，(l,n) 行列となる．AB が定義されるとき，BA も定義されるためには，$l=n$ となる必要がある．このとき，AB は (l,l) 型，BA は (m,m) 型の行列となる．一般に，$AB\neq BA$ である．すなわち，一般に，行列の積は交換可能ではない．容易に分かるように，行列については，次のような法則が成立する．

(1) $(AB)C=A(BC)$ 結合法則
(2) $A(B+C)=AB+AC$ 左側分配法則
(3) $(A+B)C=AC+BC$ 右側分配法則

(n,n) 型の行列は，**正方行列**とよばれる．A,B ともに (n,n) 行列なら，AB および BA が定義され，それらも (n,n) 行列となる．対角成分がすべて 1 で，他の成分がすべて 0 の正方行列は**単位行列**とよばれ，E と書く[1]．

---

[1] I と書く場合もある．

$$E = \begin{pmatrix} 1 & 0 & \cdots & 0 \\ 0 & 1 & \cdots & 0 \\ \vdots & \vdots & & \vdots \\ 0 & 0 & \cdots & 1 \end{pmatrix}$$

容易に分かるように，A, E が (n, n) 行列のとき，

$$AE = A, \quad EA = A$$

が成り立つ．A, B, E が (n, n) 行列で，

$$AB = BA = E$$

が成り立つとき，B を A の**逆行列**とよび，A^{-1} と書く．すなわち，$B = A^{-1}$ である．このとき，A は B の逆行列で，$A = B^{-1}$ である．したがって，$(A^{-1})^{-1} = A$ となる．正方行列 A は，逆行列を持つとは限らない．

2 行 2 列の行列 A

$$A = \begin{pmatrix} a & b \\ c & d \end{pmatrix} \tag{3.1}$$

は，$ad - bc \neq 0$ のとき，次の逆行列を持つ．

$$A^{-1} = \frac{1}{ad - bc} \begin{pmatrix} d & -b \\ -c & a \end{pmatrix} \tag{3.2}$$

問 3.1.1 (3.1)，(3.2) の行列について，$AA^{-1} = A^{-1}A = E$ を確かめよ．

3.2 行列式

(3.1) の行列 A について，$ad - bc$ は，A の**行列式**とよばれ，$|A|$ や $\det A$ と書く．行列式は，正方行列に対して定義される．3 行 3 列の行列

$$A = \begin{pmatrix} a_{11} & a_{12} & a_{13} \\ a_{21} & a_{22} & a_{23} \\ a_{31} & a_{32} & a_{33} \end{pmatrix}$$

の場合には,

$$\det A = a_{11}a_{22}a_{33} + a_{12}a_{23}a_{31} + a_{13}a_{21}a_{32} \\ - a_{11}a_{23}a_{32} - a_{12}a_{21}a_{33} - a_{13}a_{22}a_{31} \tag{3.3}$$

となる. ここで, 一般の $n \times n$ 行列の行列式について定義する.

$$A = \begin{pmatrix} a_{11} & a_{12} & \cdots & a_{1n} \\ a_{21} & a_{22} & \cdots & a_{2n} \\ \vdots & \vdots & & \vdots \\ a_{n1} & a_{n2} & \cdots & a_{nn} \end{pmatrix}$$

の第 i 列を列ベクトル $\boldsymbol{a}_i$ として, 行列 A を

$$A = (\boldsymbol{a}_1, \boldsymbol{a}_2, \cdots, \boldsymbol{a}_n), \ \ \boldsymbol{a}_i = \begin{pmatrix} a_{1i} \\ a_{2i} \\ \vdots \\ a_{ni} \end{pmatrix}$$

のように表す. このとき, 行列式 $\det A$ を次の性質を満たすものとして定義する.

(i) $\det(\boldsymbol{a}_1, \cdots, \boldsymbol{a}_{k-1}, \lambda\boldsymbol{a}_k, \boldsymbol{a}_{k+1}, \cdots, \boldsymbol{a}_n)$
$= \lambda \det(\boldsymbol{a}_1, \cdots, \boldsymbol{a}_{k-1}, \boldsymbol{a}_k, \boldsymbol{a}_{k+1}, \cdots, \boldsymbol{a}_n)$ (λ は任意の数)

(ii) $\det(\boldsymbol{a}_1, \cdots, \boldsymbol{a}'_k + \boldsymbol{a}''_k, \cdots, \boldsymbol{a}_n)$
$= \det(\boldsymbol{a}_1, \cdots, \boldsymbol{a}'_k, \cdots, \boldsymbol{a}_n) + \det(\boldsymbol{a}_1, \cdots, \boldsymbol{a}''_k, \cdots, \boldsymbol{a}_n)$

(iii) $\boldsymbol{a}_i = \boldsymbol{a}_j$ $(i \neq j)$ ならば, $\det(\boldsymbol{a}_1, \cdots, \boldsymbol{a}_i, \cdots, \boldsymbol{a}_j, \cdots, \boldsymbol{a}_n) = 0$

(iv) $\det(E) = 1$, E は単位行列, $E = \begin{pmatrix} 1 & & & 0 \\ & 1 & & \\ & & \ddots & \\ 0 & & & 1 \end{pmatrix}$

これらを満たす数は, 一意的に定まり, 次のようになる.

$$\det(\boldsymbol{a}_1, \cdots, \boldsymbol{a}_n) = \sum_{(j_1, \cdots, j_n)} a_{j_1 1} a_{j_2 2} \cdots a_{j_n n} \cdot \mathrm{sgn}(j_1, \cdots, j_n) \tag{3.4}$$

ここで，和は，$1, 2, 3, \cdots, n$ のすべての順列についてとる．また，$\mathrm{sgn}(j_1, \cdots, j_n)$ は，

$$\mathrm{sgn}(j_1, \cdots, j_n) = \begin{cases} 1 & (j_1, \cdots, j_n) \text{ が } (1, 2, \cdots, n) \text{ の偶置換のとき} \\ -1 & (j_1, \cdots, j_n) \text{ が } (1, 2, \cdots, n) \text{ の奇置換のとき} \end{cases} \tag{3.5}$$

で定義される[2)]．

性質 (ii), (iii) より，次の性質を示すことができる．

(v) $i \neq j$ として，

$$\begin{aligned} &\det(\boldsymbol{a}_1, \cdots, \boldsymbol{a}_i, \cdots, \boldsymbol{a}_j, \cdots, \boldsymbol{a}_n) \\ &= -\det(\boldsymbol{a}_1, \cdots, \boldsymbol{a}_j, \cdots, \boldsymbol{a}_i, \cdots, \boldsymbol{a}_n) \end{aligned}$$

(vi) ある列の成分がすべて 0 なら，行列式は 0 となる．

(3.4) より，

$$\det(\boldsymbol{a}_1, \cdots, \boldsymbol{a}_n) = \sum_{(k_1, \cdots, k_n)} a_{1k_1} \cdot \cdots \cdot a_{nk_n} \cdot \mathrm{sgn}(k_1, \cdots, k_n) \tag{3.6}$$

が成り立つことが分かる．ここで，和は，$1, 2, 3, \cdots, n$ のすべての順列についてとる．行列 A の行と列を入れかえた行列を A の**転置行列**とよび，$A^{\mathrm{T}}, {}^{t}A$ 等と表す．すなわち，

$$(A^{\mathrm{T}})_{ij} = (A)_{ji} \tag{3.7}$$

である．また，列ベクトルの転置は行ベクトル，行ベクトルの転置は列ベクトルとなる．

---

2) 順列の偶奇性は一意的に決まる．2.1 節を参照．

問 3.2.1 A, B を行列, $\boldsymbol{a}$ を列ベクトル, $\boldsymbol{b}$ を行ベクトルとする. $(AB)^{\mathrm{T}} = B^{\mathrm{T}}A^{\mathrm{T}}$, $(A\boldsymbol{a})^{\mathrm{T}} = \boldsymbol{a}^{\mathrm{T}}A^{\mathrm{T}}$, $(\boldsymbol{b}A)^{\mathrm{T}} = A^{\mathrm{T}}\boldsymbol{b}^{\mathrm{T}}$ を示せ.

(3.6) より, 行列 A の転置行列 A^{T} について, $\det A^{\mathrm{T}} = \det A$ が成り立つことが分かる.

問 3.2.2 (3.6) を示せ.

問 3.2.3 $\det A^{\mathrm{T}} = \det A$ を示せ.

問 3.2.4 (v), (vi) を示せ.

$\det A^{\mathrm{T}} = \det A$ より, 列についての性質 (i)–(iii), (v), (vi) と同様な性質が, 行についても成立することが分かる.

問 3.2.5 (3.4) を用いて 2 行 2 列の行列の行列式が $a_{11}a_{22} - a_{12}a_{21}$ となることを示せ. また, 3 行 3 列の行列の行列式が (3.3) となることを示せ.

次の性質が成り立つ. 詳しくは参考書を参照.

> A, B が正方行列のとき,
>
> $$\det(AB) = \det A \cdot \det B \tag{3.8}$$
>
> となる.

3.2.1 行列式の展開

行列式の性質 (i), (ii) は, 行列式が列ベクトルや行ベクトルについて線形であることを意味している. この性質を用いて, 行列式の展開の式を求めよう. 3 行 3 列の行列でやってみよう. 1 列目を次のように書き換える.

$$\begin{pmatrix} a_{11} \\ a_{21} \\ a_{31} \end{pmatrix} = \begin{pmatrix} a_{11} \\ 0 \\ 0 \end{pmatrix} + \begin{pmatrix} 0 \\ a_{21} \\ 0 \end{pmatrix} + \begin{pmatrix} 0 \\ 0 \\ a_{31} \end{pmatrix} \tag{3.9}$$

したがって，

$$\det A = \begin{vmatrix} a_{11} & a_{12} & a_{13} \\ a_{21} & a_{22} & a_{23} \\ a_{31} & a_{32} & a_{33} \end{vmatrix} \tag{3.10}$$

$$= a_{11}\begin{vmatrix} 1 & a_{12} & a_{13} \\ 0 & a_{22} & a_{23} \\ 0 & a_{32} & a_{33} \end{vmatrix} + a_{21}\begin{vmatrix} 0 & a_{12} & a_{13} \\ 1 & a_{22} & a_{23} \\ 0 & a_{32} & a_{33} \end{vmatrix} + a_{31}\begin{vmatrix} 0 & a_{12} & a_{13} \\ 0 & a_{22} & a_{23} \\ 1 & a_{32} & a_{33} \end{vmatrix} \tag{3.11}$$

となる．次に，右辺第 1 項で，今度は第 1 行について同様な変形を行うと

$$\begin{vmatrix} 1 & a_{12} & a_{13} \\ 0 & a_{22} & a_{23} \\ 0 & a_{32} & a_{33} \end{vmatrix} = \begin{vmatrix} 1 & 0 & 0 \\ 0 & a_{22} & a_{23} \\ 0 & a_{32} & a_{33} \end{vmatrix} + a_{12}\begin{vmatrix} 0 & 1 & 0 \\ 0 & a_{22} & a_{23} \\ 0 & a_{32} & a_{33} \end{vmatrix} + a_{13}\begin{vmatrix} 0 & 0 & 1 \\ 0 & a_{22} & a_{23} \\ 0 & a_{32} & a_{33} \end{vmatrix}$$

$$= \begin{vmatrix} 1 & 0 & 0 \\ 0 & a_{22} & a_{23} \\ 0 & a_{32} & a_{33} \end{vmatrix} = \begin{vmatrix} a_{22} & a_{23} \\ a_{32} & a_{33} \end{vmatrix}$$

となる．ここで，ある列がゼロベクトルなら，行列式は 0 になるという性質を用いた．また，最後の等号は，(3.4) より従う．他の項も同様に計算でき，

$$\begin{vmatrix} 0 & a_{12} & a_{13} \\ 1 & a_{22} & a_{23} \\ 0 & a_{32} & a_{33} \end{vmatrix} = -\begin{vmatrix} 1 & a_{22} & a_{23} \\ 0 & a_{12} & a_{13} \\ 0 & a_{32} & a_{33} \end{vmatrix} = -\begin{vmatrix} a_{12} & a_{13} \\ a_{32} & a_{33} \end{vmatrix} \tag{3.12}$$

$$\begin{vmatrix} 0 & a_{12} & a_{13} \\ 0 & a_{22} & a_{23} \\ 1 & a_{32} & a_{33} \end{vmatrix} = \begin{vmatrix} 1 & a_{32} & a_{33} \\ 0 & a_{12} & a_{13} \\ 0 & a_{22} & a_{23} \end{vmatrix} = \begin{vmatrix} a_{12} & a_{13} \\ a_{22} & a_{23} \end{vmatrix} \tag{3.13}$$

となる．ここで，式 (3.12) では，2 行目と 1 行目を入れ換えたために，符号が変わり，式 (3.13) では，3 行目を 1 行目に移動させるために二度行を入れ換えたために，符号が 2 度変わって元に戻っている．以上のことより，

$$\det A = a_{11}\begin{vmatrix} a_{22} & a_{23} \\ a_{32} & a_{33} \end{vmatrix} - a_{21}\begin{vmatrix} a_{12} & a_{13} \\ a_{32} & a_{33} \end{vmatrix} + a_{31}\begin{vmatrix} a_{12} & a_{13} \\ a_{22} & a_{23} \end{vmatrix} = \sum_{i=1}^{3} a_{i1}\Delta_{i1} \tag{3.14}$$

となる．ここで，Δ_{i1} は，**行列 A の $(i,1)$ 余因子とよばれる量で，行列 A の i 行と 1 列を除いた行列の行列式に $(-1)^{i+1}$ をかけたものである．**ここで，$(-1)^{i+1} = (-1)^{i-1}$ という因子は，i 行目を 1 行目に移動させるために，$(i-1)$ 回符号が変化するために出てくる．いまの場合は，第 1 列についての展開を求めたが，一般に第 j 列の場合にも同様に計算される．ただし，j 列目で展開するときには，j 列目を 1 列目に移動させるという操作が加わるため，符号がさらに $j-1$ 回変化する．したがって，(i,j) **余因子は，行列 A の i 行と j 列を除いた行列の行列式に $(-1)^{i-1+j-1} = (-1)^{i+j}$ をかけたものである．**つまり，

$$\det A = \sum_{i=1}^{3} a_{ij}\Delta_{ij} \tag{3.15}$$

$$\Delta_{ij} = (-1)^{i+j} \times (A \text{ の } i \text{ 行 } j \text{ 列を除いた行列の行列式}) \tag{3.16}$$

同様にして，行 i に関する展開は次のようになる．

$$\det A = \sum_{j=1}^{3} a_{ij}\Delta_{ij} \tag{3.17}$$

導き方から分かるように，これらの式は任意の (n,n) 行列に対して成立し，和は 1 から n までとなる．

問 3.2.6 (3.17) を示せ．

3.3 連立一次方程式，クラメールの公式

A を (n,n) 行列とするとき，次の形の連立一次方程式

$$\begin{pmatrix} a_{11} & a_{12} & \cdots & a_{1n} \\ a_{21} & a_{22} & \cdots & a_{2n} \\ \vdots & \vdots & & \vdots \\ a_{n1} & a_{n2} & \cdots & a_{nn} \end{pmatrix} \begin{pmatrix} x_1 \\ x_2 \\ \vdots \\ x_n \end{pmatrix} = \begin{pmatrix} b_1 \\ b_2 \\ \vdots \\ b_n \end{pmatrix}$$

を考えよう．簡単のため，これを次のように表す．

$$A\boldsymbol{x} = \boldsymbol{b} \tag{3.18}$$

この方程式の解は，A が逆行列を持つ場合には，(3.18) の両辺に A^{-1} をかけることにより，

$$\boldsymbol{x} = A^{-1}\boldsymbol{b} \tag{3.19}$$

のように求まる．これを具体的に表してみよう．簡単な計算により

$$A\boldsymbol{x} = x_1\boldsymbol{a}_1 + x_2\boldsymbol{a}_2 + \cdots + x_n\boldsymbol{a}_n \tag{3.20}$$

となることが分かる．したがって，(3.18) は

$$x_1\boldsymbol{a}_1 + x_2\boldsymbol{a}_2 + \cdots + x_n\boldsymbol{a}_n = \boldsymbol{b} \tag{3.21}$$

となる．1 列から $(n-1)$ 列が $\boldsymbol{a}_1$ から $\boldsymbol{a}_{n-1}$ で，第 n 列が (3.21) のベクトルである行列を考えると，

$$(\boldsymbol{a}_1, \boldsymbol{a}_2, \cdots, \boldsymbol{a}_{n-1}, x_1\boldsymbol{a}_1 + x_2\boldsymbol{a}_2 + \cdots + x_n\boldsymbol{a}_n) = (\boldsymbol{a}_1, \boldsymbol{a}_2, \cdots, \boldsymbol{a}_{n-1}, \boldsymbol{b})$$

であるから，その行列式について，次式が成り立つ．

$$\begin{aligned} &\det(\boldsymbol{a}_1, \boldsymbol{a}_2, \cdots, \boldsymbol{a}_{n-1}, x_1\boldsymbol{a}_1 + x_2\boldsymbol{a}_2 + \cdots + x_n\boldsymbol{a}_n) \\ &= \det(\boldsymbol{a}_1, \boldsymbol{a}_2, \cdots, \boldsymbol{a}_{n-1}, \boldsymbol{b}) \end{aligned} \tag{3.22}$$

行列式の性質 (i),(ii),(iii) を用いると，左辺は

$$\begin{aligned} &\det(\boldsymbol{a}_1, \boldsymbol{a}_2, \cdots, \boldsymbol{a}_{n-1}, x_1\boldsymbol{a}_1 + x_2\boldsymbol{a}_2 + \cdots + x_n\boldsymbol{a}_n) \\ &= \sum_{k=1}^{n} x_k \det(\boldsymbol{a}_1, \boldsymbol{a}_2, \cdots, \boldsymbol{a}_{n-1}, \boldsymbol{a}_k) = x_n \det(\boldsymbol{a}_1, \boldsymbol{a}_2, \cdots, \boldsymbol{a}_{n-1}, \boldsymbol{a}_n) \end{aligned}$$

となる．したがって，

$$x_n \det(\boldsymbol{a}_1, \boldsymbol{a}_2, \cdots, \boldsymbol{a}_{n-1}, \boldsymbol{a}_n) = \det(\boldsymbol{a}_1, \boldsymbol{a}_2, \cdots, \boldsymbol{a}_{n-1}, \boldsymbol{b}) \tag{3.23}$$

を得る．$\det(\boldsymbol{a}_1, \boldsymbol{a}_2, \cdots, \boldsymbol{a}_{n-1}, \boldsymbol{a}_n) = \det A$ であるから，$\det A \neq 0$ なら，

$$x_n = \frac{\Delta_n}{\det A} \tag{3.24}$$

となる．ここで，

$$\Delta_n = \det(\boldsymbol{a}_1, \boldsymbol{a}_2, \cdots, \boldsymbol{a}_{n-1}, \boldsymbol{b}) \tag{3.25}$$

である．今は，第 n 列に (3.21) を用いた行列式を計算したが，同様にして，第 i 列に用いると，次のクラメールの公式が得られる．

クラメールの公式

$$x_i = \frac{\Delta_i}{\det A} \tag{3.26}$$

$$\Delta_i = \det(\boldsymbol{a}_1, \boldsymbol{a}_2, \cdots, \boldsymbol{a}_{i-1}, \boldsymbol{b}, \boldsymbol{a}_{i+1}, \cdots, \boldsymbol{a}_n) \tag{3.27}$$

が得られる．すなわち，$\det A \neq 0$ のとき (3.18) は解を持ち，x_i は一意的に (3.26) で表されることが分かる．

3.4 逆行列の表式

上の結果を用いて，$\det A \neq 0$ のとき，逆行列の表式を求めよう．行列式 Δ_j の j 列に関する展開を用いると，

$$\Delta_j = \sum_{i=1}^{n} b_i \Delta_{ij} \tag{3.28}$$

であるから，(3.26) は

$$x_j = \frac{\Delta_j}{\det A} = \frac{1}{\det A} \sum_{i=1}^{n} b_i \Delta_{ij} \tag{3.29}$$

となる．ここで Δ_{ij} は，A の第 (i,j) 余因子を表す．ところで，(3.21) より

$$b_i = \sum_{k=1}^{n} a_{ik} x_k \tag{3.30}$$

であるから，b_i を消去すると，

$$\begin{aligned} x_j &= \frac{1}{\det A} \sum_{i=1}^{n} \sum_{k=1}^{n} a_{ik} x_k \Delta_{ij} \\ &= \frac{1}{\det A} \sum_{k=1}^{n} (\sum_{i=1}^{n} a_{ik} \Delta_{ij}) x_k \end{aligned} \tag{3.31}$$

となる．$\boldsymbol{b} = A\boldsymbol{x}$ として $\boldsymbol{b}$ を消去しているので，$\boldsymbol{x}$ は任意である．よって，

$$\frac{1}{\det A}\sum_{i=1}^{n} a_{ik}\varDelta_{ij} = \delta_{jk} \tag{3.32}$$

を得る．したがって，

$$\sum_{i=1}^{n}(\frac{1}{\det A}\varDelta_{ij})a_{ik} = \delta_{jk} \tag{3.33}$$

である．

$$b_{ji} \equiv \frac{1}{\det A}\varDelta_{ij} \tag{3.34}$$

とすると，(3.33) は

$$\sum_{i=1}^{n} b_{ji}a_{ik} = \delta_{jk} \tag{3.35}$$

となる．$B = (b_{ij})$ とすると，

$$BA = E \tag{3.36}$$

となる．したがって，次のことが示された．

$\det A \neq 0$ なら，$BA = E$ となる行列 B が存在する．

このとき，$AB = E$ となることを示そう．$\det(AB) = 1$ より，$\det B \neq 0$. したがって，上の命題より，$CB = E$ となる行列 C が存在する．よって，

$$AB = EAB = (CB)AB = C(BA)B = CEB = CB = E$$

となる．したがって，$AB = BA = E$ なので，B は A の逆行列，$B = A^{-1}$ であり，

$$(A^{-1})_{ij} = \frac{1}{\det A}\varDelta_{ji} \tag{3.37}$$

が導かれる．すなわち，

$$A^{-1} = \frac{1}{\det A}\begin{pmatrix} \varDelta_{11} & \varDelta_{21} & \cdots & \varDelta_{n1} \\ \varDelta_{12} & \varDelta_{22} & \cdots & \varDelta_{n2} \\ \vdots & \vdots & & \vdots \\ \varDelta_{1n} & \varDelta_{2n} & \cdots & \varDelta_{nn} \end{pmatrix} \tag{3.38}$$

つまり，行列 A の逆行列の (i,j) 成分は，A の (j,i) 余因子を A の行列式で割ったものである．

問 3.4.1 有限次元の正方行列 A, B について，$AB = E$ と $BA = E$ は同値であることを示せ.[3]．

3.5 行列の固有値，固有ベクトル

この節では，行列の固有値と固有ベクトルについて説明する．参考書としては，たとえば，本シリーズの『線形代数』を参照．また，行列の成分は，複素数をとる場合も考える．

3.5.1 固有方程式

正方行列 A に対して，ある数 λ と，ゼロベクトルではない，ある列ベクトル $\boldsymbol{e}$ について

$$A\boldsymbol{e} = \lambda\boldsymbol{e} \tag{3.39}$$

の関係式が成り立つとき，λ を A の**固有値**，$\boldsymbol{e}$ を λ に属する A の**固有ベクトル**という．$\boldsymbol{e}$ を定数 $c\ (\neq 0)$ 倍したベクトルも (3.39) を満たすので，それらも固有ベクトルである．(3.39) を変形すると，

$$(A - \lambda E)\boldsymbol{e} = \boldsymbol{0} \tag{3.40}$$

となる．ここで，E は単位行列である．$(A - \lambda E)$ が逆行列を持つとすると，$\boldsymbol{e} = (A - \lambda E)^{-1}\boldsymbol{0} = \boldsymbol{0}$ となって矛盾するので，$(A - \lambda E)$ は，逆行列を持たない．したがって，

$$\det(A - \lambda E) = 0 \tag{3.41}$$

となる．これが，固有値の満たすべき方程式で，**特性方程式**，あるいは**固有方程式**とよばれる．A が (n,n) 行列であれば，(3.41) の左辺は λ についての n 次の多項式である．したがって，固有方程式 (3.41) の根は，複素数まで許せば，

---

[3] 無限次元の場合には，行列の積の成分の収束性が問題となるため，一般的には $AB = E$ と $BA = E$ とは同値でない．

代数学の基本定理により，重複も含めて n 個存在する[4]．固有ベクトルは，線形連立方程式 (3.40) を解くことによって求まる[5]．

問 3.5.1 次の行列の固有値，固有ベクトルを求めよ．

(1) $\begin{pmatrix} 1 & 2 \\ 3 & 2 \end{pmatrix}$ (2) $\begin{pmatrix} 1 & 1 \\ 0 & 1 \end{pmatrix}$

3.5.2 いろいろな行列

ここでは，物理でよく現れる行列とその性質について説明する．まず，成分が複素数の場合の内積について，内積の性質 (ii), (iv) を変更して次のように定義する[6]．

(i) $(\boldsymbol{a},\boldsymbol{a}) \geq 0$, かつ $(\boldsymbol{a},\boldsymbol{a}) = 0 \Longleftrightarrow \boldsymbol{a} = \boldsymbol{0}$

(ii) $(\boldsymbol{a},\boldsymbol{b})^* = (\boldsymbol{b},\boldsymbol{a})$

(iii) $(\boldsymbol{a}_1 + \boldsymbol{a}_2, \boldsymbol{b}) = (\boldsymbol{a}_1, \boldsymbol{b}) + (\boldsymbol{a}_2, \boldsymbol{b})$

(iv) 任意の $\lambda \in \mathbb{C}$ に対して，$(\lambda\boldsymbol{a},\boldsymbol{b}) = \lambda^*(\boldsymbol{a},\boldsymbol{b})$ [7]

したがって，$\lambda \in \mathbb{C}$ に対して，

$$(\boldsymbol{a},\lambda\boldsymbol{b}) = (\lambda\boldsymbol{b},\boldsymbol{a})^* = (\lambda^*(\boldsymbol{b},\boldsymbol{a}))^* = \lambda(\boldsymbol{a},\boldsymbol{b})$$

となる．

$\boldsymbol{a},\boldsymbol{b}$ が n 次元の列ベクトルで，$\boldsymbol{a} = (a_i)$，$\boldsymbol{b} = (b_i)$ とする．

$$(\boldsymbol{a},\boldsymbol{b}) = \sum_{i=1}^{n} a_i^* b_i \tag{3.42}$$

と定義すると，これは内積の性質 (i)-(iv) を満たすことが分かる．この内積は列ベクトルによって次のようにも表される．

$$(\boldsymbol{a},\boldsymbol{b}) = (\boldsymbol{a}^{\mathrm{T}})^*\boldsymbol{b} = \boldsymbol{b}^{\mathrm{T}}\boldsymbol{a}^*. \tag{3.43}$$

---

[4] 例えば，『リメディアル数学』の 4.6 節を参照．

[5] ただし，独立な固有ベクトルが n 個存在するとは限らない．線形代数の教科書を参照．

[6] ここでは，列ベクトルや行ベクトルの内積を定義しているが，一般の複素線形空間のベクトルの内積の定義と考えてよい．

[7] 数学者の定義では，(iv) は，$(\boldsymbol{a},\lambda\boldsymbol{b}) = \lambda^*(\boldsymbol{a},\boldsymbol{b})$ とするので注意．

ここで，$\boldsymbol{a}^*$ は $\boldsymbol{a}$ の成分をすべて複素共役にした列ベクトルである．行ベクトルや行列の複素共役も同様に定義される．

問 3.5.2　(3.42) が内積の性質 (i)-(iv) を満たすこと示せ．

(n,n) 行列 A があたえられたとき，任意の n 次元列ベクトル $\boldsymbol{a},\boldsymbol{b}$ について

$$(A\boldsymbol{a},\boldsymbol{b}) = (\boldsymbol{a}, A^\dagger \boldsymbol{b}) \tag{3.44}$$

となる行列 $A^\dagger$ が存在する[8]．これを行列 A の随伴行列という．(3.44) から，

$$A^\dagger = (A^*)^{\mathrm{T}} = (A^{\mathrm{T}})^* \tag{3.45}$$

となることが分かる．

問 3.5.3　(3.45) を示せ．

よく用いられる行列の定義を以下に記す．それらの行列を表すのによく用いられる記号を使用している (S, O, H, U)．

1. **対角行列**．非対角成分 $a_{ij}, (i \neq j)$ が全て 0 となる行列．
2. **対称行列** S．$S^{\mathrm{T}} = S$ となる行列．S の成分が実数なら実対称行列という．
3. **反対称行列** A．$A^{\mathrm{T}} = -A$ となる行列．**交代行列**，**歪(わい)対称行列**ともいう．
4. **直交行列** O．$O^{\mathrm{T}}O = OO^{\mathrm{T}} = E$ となる行列．O の成分が実数なら実直交行列という．
5. **エルミート行列** H．$H^\dagger = H$ となる行列．
6. **ユニタリ行列** U．$U^\dagger U = UU^\dagger = E$ となる行列．
7. **正規行列**．$A^\dagger A = AA^\dagger$ となる行列．

したがって，実エルミート行列が実対称行列で，実ユニタリ行列が実直交行列である．これらの行列について，以下のことが成立する．

(1)　ユニタリ行列，エルミート行列，対角行列は正規行列である．

(2)　ユニタリ行列の固有値の絶対値は 1 である．

---

[8] † はダガーと読む．

（3） エルミート行列の固有値は実数である．

（4） エルミート行列の異なる固有値に属する固有ベクトルは直交する．

（5） エルミート行列は，ユニタリ行列で対角化される．

（6） (実)対称行列は，(実)直交行列で対角化される．

（7） 正規行列はユニタリ行列で対角化される．

性質 (1) は，定義より明らかである．ここでは，(2)–(6) について，一部は特別な場合について，証明する．一般論，および (7) については，参考書を参照のこと．

（2） ユニタリ行列の固有値の絶対値は 1 である．

証明 $U^\dagger U = UU^\dagger = E$, E は単位行列．$U\boldsymbol{e} = \lambda\boldsymbol{e}, (\boldsymbol{e}, \boldsymbol{e}) = 1$ とする．

$$(U\boldsymbol{e}, U\boldsymbol{e}) = (\lambda\boldsymbol{e}, \lambda\boldsymbol{e}) = \lambda^*(\boldsymbol{e}, \lambda\boldsymbol{e}) = \lambda^*\lambda(\boldsymbol{e}, \boldsymbol{e}) = |\lambda|^2(\boldsymbol{e}, \boldsymbol{e}) = |\lambda|^2,$$

$$(U\boldsymbol{e}, U\boldsymbol{e}) = (\boldsymbol{e}, U^\dagger U\boldsymbol{e}) = (\boldsymbol{e}, E\boldsymbol{e}) = (\boldsymbol{e}, \boldsymbol{e}) = 1,$$

よって，$|\lambda|^2 = 1$, すなわち，$|\lambda| = 1$.

（3） エルミート行列の固有値は実数である．

証明 $H^\dagger = H, H\boldsymbol{e} = \lambda\boldsymbol{e}, (\boldsymbol{e}, \boldsymbol{e}) = 1$ とする．

$$(H\boldsymbol{e}, \boldsymbol{e}) = (\lambda\boldsymbol{e}, \boldsymbol{e}) = \lambda^*(\boldsymbol{e}, \boldsymbol{e}) = \lambda^*,$$

$$(H\boldsymbol{e}, \boldsymbol{e}) = (\boldsymbol{e}, H^\dagger\boldsymbol{e}) = (\boldsymbol{e}, H\boldsymbol{e}) = (\boldsymbol{e}, \lambda\boldsymbol{e}) = \lambda(\boldsymbol{e}, \boldsymbol{e}) = \lambda.$$

よって，$\lambda^* = \lambda$.

（4） エルミート行列の異なる固有値に属する固有ベクトルは直交する．

証明 (3) より，エルミート行列の固有値は実数である．

$$H^\dagger = H,\ H\boldsymbol{e}_i = \lambda_i\boldsymbol{e}_i,\ H\boldsymbol{e}_j = \lambda_j\boldsymbol{e}_j \qquad (\lambda_i \neq \lambda_j)$$

とする．

$$(H\boldsymbol{e}_i, \boldsymbol{e}_j) = (\lambda_i\boldsymbol{e}_i, \boldsymbol{e}_j) = \lambda_i^*(\boldsymbol{e}_i, \boldsymbol{e}_j) = \lambda_i(\boldsymbol{e}_i, \boldsymbol{e}_j),$$

$$(H\boldsymbol{e}_i, \boldsymbol{e}_j) = (\boldsymbol{e}_i, H^\dagger\boldsymbol{e}_j) = (\boldsymbol{e}_i, H\boldsymbol{e}_j) = (\boldsymbol{e}_i, \lambda_j\boldsymbol{e}_j) = \lambda_j(\boldsymbol{e}_i, \boldsymbol{e}_j).$$

よって，

$$\lambda_i(\boldsymbol{e}_i, \boldsymbol{e}_j) - \lambda_j(\boldsymbol{e}_i, \boldsymbol{e}_j) = (\lambda_i - \lambda_j)(\boldsymbol{e}_i, \boldsymbol{e}_j) = 0,$$

$$\lambda_i \neq \lambda_j \text{ より，} (\boldsymbol{e}_i, \boldsymbol{e}_j) = 0.$$

(5) エルミート行列は，ユニタリ行列で対角化される．

証明 H を $n \times n$ のエルミート行列とする．(4) より，異なる固有値に属する固有ベクトルは直交する．簡単のため，エルミート行列の固有値は縮退[9)]していないとする．

$$H\boldsymbol{e}_i = \lambda_i \boldsymbol{e}_i, (\boldsymbol{e}_i, \boldsymbol{e}_i) = 1 \qquad (i = 1, \cdots, n)$$

とする．固有値はすべて異なるので，$(\boldsymbol{e}_i, \boldsymbol{e}_j) = \delta_{ij}$ となる．ここで，第 i 列が列ベクトル $\boldsymbol{e}_i$ からなる行列 U を定義する．すなわち，

$$U = (\boldsymbol{e}_1, \boldsymbol{e}_2, \cdots, \boldsymbol{e}_n)$$

とすると，$U^\dagger U = E$ となる．このとき，$UU^\dagger = E$ も成り立つ．したがって，U はユニタリ行列である．また，

$$HU = (H\boldsymbol{e}_1, H\boldsymbol{e}_2, \cdots, H\boldsymbol{e}_n) = (\lambda_1 \boldsymbol{e}_1, \lambda_2 \boldsymbol{e}_2, \cdots, \lambda_n \boldsymbol{e}_n).$$

となる．よって，

$$U^\dagger H U = \begin{pmatrix} (\boldsymbol{e}_1^*)^{\mathrm{T}} \\ (\boldsymbol{e}_2^*)^{\mathrm{T}} \\ \cdots \\ (\boldsymbol{e}_n^*)^{\mathrm{T}} \end{pmatrix} (\lambda_1 \boldsymbol{e}_1, \lambda_2 \boldsymbol{e}_2, \cdots, \lambda_n \boldsymbol{e}_n)$$

$$= \begin{pmatrix} \lambda_1(\boldsymbol{e}_1, \boldsymbol{e}_1) & \lambda_2(\boldsymbol{e}_1, \boldsymbol{e}_2) & \cdots & \lambda_n(\boldsymbol{e}_1, \boldsymbol{e}_n) \\ \lambda_1(\boldsymbol{e}_2, \boldsymbol{e}_1) & \lambda_2(\boldsymbol{e}_2, \boldsymbol{e}_2) & \cdots & \lambda_n(\boldsymbol{e}_2, \boldsymbol{e}_n) \\ \vdots & \vdots & \ddots & \vdots \\ \lambda_1(\boldsymbol{e}_n, \boldsymbol{e}_1) & \lambda_2(\boldsymbol{e}_n, \boldsymbol{e}_2) & \cdots & \lambda_n(\boldsymbol{e}_n, \boldsymbol{e}_n) \end{pmatrix}$$

$$= \begin{pmatrix} \lambda_1 & 0 & \cdots & 0 \\ 0 & \lambda_2 & \cdots & 0 \\ \vdots & \vdots & \ddots & \vdots \\ 0 & 0 & \cdots & \lambda_n \end{pmatrix}$$

---

9) n 個の固有値 $\lambda_1, \cdots, \lambda_n$ のうち同じものがあるとき，縮退しているという．

となり，H はユニタリ行列 U で対角化される．

(6) （実）対称行列は，（実）直交行列で対角化される．

証明 簡単のため，対称行列の固有値は縮退していないとする．(5) の証明と同様に，対称行列 A の固有ベクトルを横に並べたものを O とすると，O は直交行列となり，$O^{\mathrm{T}}AO$ は，対角行列となる．

行列のトレース（跡）

n 行 n 列の正方行列 A の**トレース（跡）**は，A の対角成分の和として定義され，$\mathrm{Tr}\, A$ と表す．すなわち，

$$\mathrm{Tr}\, A = \sum_{i=1}^{n} A_{ii} \tag{3.46}$$

である．2 つの正方行列 A, B について，

$$\mathrm{Tr}\,(AB) = \mathrm{Tr}\,(BA) \tag{3.47}$$

となる．これより，k 個の正方行列 $A_1, A_2, \cdots, A_k$ について，

$$\begin{aligned} &\mathrm{Tr}\,(A_1A_2\cdots A_k) = \mathrm{Tr}\,(A_2A_3\cdots A_kA_1) \\ &= \mathrm{Tr}\,(A_3A_4\cdots A_kA_1A_2) = \mathrm{Tr}\,(A_kA_1\cdots A_{k-2}A_{k-1}) \end{aligned} \tag{3.48}$$

が成り立つことが分かる．つまり，サイクリックに行列を入れかえてよい．

問 3.5.4 (3.47)，(3.48) を示せ．

第4章

スカラー，ベクトル，テンソル

4.1　ベクトルの別の定義とテンソル

この章では，まずベクトルの別の定義を示す．それを用いて，スカラー，テンソルの定義を行う．まず，座標変換について説明する．

4.1.1　座標変換

原点を O とする 3 次元デカルト座標系を (O, X) と表し，その座標を x_1, x_2, x_3 とする．正規直交基底 $\boldsymbol{e}_1, \boldsymbol{e}_2, \boldsymbol{e}_3$ は，右手系であるとする．この座標系の座標変換を考える．

座標系の平行移動

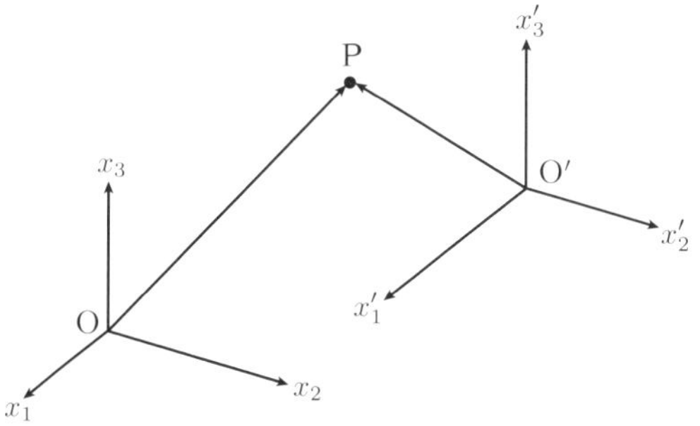

図 4.1

まず，座標軸は平行で，原点を移動する場合を考える (図 4.1 参照)．新しい原点を O′ として，平行移動した座標系を (O′, X′) と表す．$\overrightarrow{\mathrm{OO'}}$ の (O, X) 系での成分を，b_1, b_2, b_3 とする．すなわち，

$$\overrightarrow{\mathrm{OO'}} = b_1\boldsymbol{e}_1 + b_2\boldsymbol{e}_2 + b_3\boldsymbol{e}_3 \tag{4.1}$$

とする．(O′, X′) 系の正規直交基底を $\boldsymbol{e}'_1, \boldsymbol{e}'_2, \boldsymbol{e}'_3$ とすると，

$$\boldsymbol{e}'_i = \boldsymbol{e}_i \qquad (i = 1, 2, 3) \tag{4.2}$$

である．点 P の (O, X) 系および (O′, X′) 系での位置ベクトル $\overrightarrow{\mathrm{OP}}$ および $\overrightarrow{\mathrm{O'P}}$ の成分を x_1, x_2, x_3 および x'_1, x'_2, x'_3 とすると，

$$\overrightarrow{\mathrm{OP}} = x_1\boldsymbol{e}_1 + x_2\boldsymbol{e}_2 + x_3\boldsymbol{e}_3, \tag{4.3}$$

$$\overrightarrow{\mathrm{O'P}} = x'_1\boldsymbol{e}'_1 + x'_2\boldsymbol{e}'_2 + x'_3\boldsymbol{e}'_3 \tag{4.4}$$

である．一方，

$$\overrightarrow{\mathrm{OP}} = \overrightarrow{\mathrm{OO'}} + \overrightarrow{\mathrm{O'P}} \tag{4.5}$$

であるので，次の関係式が成り立つ．

$$x'_i = x_i - b_i \qquad (i = 1, 2, 3). \tag{4.6}$$

これが平行移動の座標変換の変換公式である．次にベクトルの変換則を求めよう．任意のベクトル $\boldsymbol{V}$ の (O, X) および (O′, X′) 系での成分を (V_1, V_2, V_3) および (V'_1, V'_2, V'_3) とすると，定義より，

$$\boldsymbol{V} = V_1\boldsymbol{e}_1 + V_2\boldsymbol{e}_2 + V_3\boldsymbol{e}_3 \tag{4.7}$$

$$= V'_1\boldsymbol{e}'_1 + V'_2\boldsymbol{e}'_2 + V'_3\boldsymbol{e}'_3 \tag{4.8}$$

であるが，(4.2) であるので，

$$V'_1 = V_1,\ V'_2 = V_2,\ V'_3 = V_3 \tag{4.9}$$

となる．

座標系の原点を固定した変換：回転

次に，原点は同じで正規直交基底が $\boldsymbol{e}''_1, \boldsymbol{e}''_2, \boldsymbol{e}''_3$ となる座標系を (O″, X″) とする (図 4.2 参照)．これも右手系であるとする．原点は同じなので，$\mathrm{O''} = \mathrm{O}$ である．点 P の (O, X) 系および (O″, X″) 系での位置ベクトル $\overrightarrow{\mathrm{OP}} = \overrightarrow{\mathrm{O''P}}$ の成分を x_1, x_2, x_3 および x''_1, x''_2, x''_3 とすると，定義より，

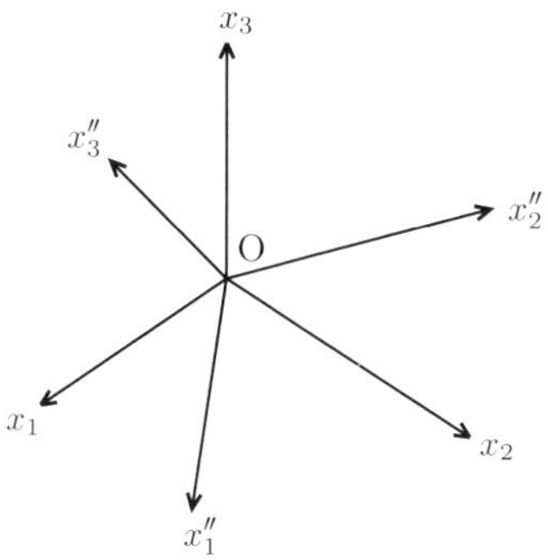

図 4.2

$$\overrightarrow{\mathrm{OP}} = x_1\boldsymbol{e}_1 + x_2\boldsymbol{e}_2 + x_3\boldsymbol{e}_3 \tag{4.10}$$

$$= x''_1\boldsymbol{e}''_1 + x''_2\boldsymbol{e}''_2 + x''_3\boldsymbol{e}''_3 = \overrightarrow{\mathrm{O''P}} \tag{4.11}$$

である．(O$''$, X$''$) 系の基底ベクトルを，次のように (O, X) 系の基底ベクトルで展開する．

$$\boldsymbol{e}''_i = \sum_{k=1}^{3} a_{ik}\boldsymbol{e}_k. \tag{4.12}$$

(4.12) の両辺と $\boldsymbol{e}_j$ との内積をとると，

$$(\boldsymbol{e}''_i, \boldsymbol{e}_j) = \sum_{k=1}^{3} a_{ik}(\boldsymbol{e}_k, \boldsymbol{e}_j) = \sum_{k=1}^{3} a_{ik}\delta_{kj} = a_{ij}$$

であるから，

$$a_{ij} = (\boldsymbol{e}''_i, \boldsymbol{e}_j) \tag{4.13}$$

となる．$A = (a_{ij})$ とすると，(4.12) は，形式的に

$$\begin{pmatrix} \boldsymbol{e}''_1 \\ \boldsymbol{e}''_2 \\ \boldsymbol{e}''_3 \end{pmatrix} = A \begin{pmatrix} \boldsymbol{e}_1 \\ \boldsymbol{e}_2 \\ \boldsymbol{e}_3 \end{pmatrix} \tag{4.14}$$

と表すことができる．A は基底変換の行列とよばれる．このとき，(4.10) および (4.11) と $\boldsymbol{e}''_i$ との内積をとると，

$$x''_i = \sum_{j=1}^{3} x_j(\boldsymbol{e}''_i, \boldsymbol{e}_j) = \sum_{j=1}^{3} a_{ij}x_j \tag{4.15}$$

となる．したがって，座標変換の公式は，

$$x''_i = \sum_{j=1}^{3} a_{ij}x_j \tag{4.16}$$

となる．ここで，$\boldsymbol{x} = (x_1, x_2, x_3)^{\mathrm{T}}$，$\boldsymbol{x}'' = (x''_1, x''_2, x''_3)^{\mathrm{T}}$ とおき，(4.16) を行列で表すと，

$$\boldsymbol{x}'' = A\boldsymbol{x} \tag{4.17}$$

となる．次に，A が直交行列であることを示そう．両系の基底は正規直交基底であるから，(4.12) より，

$$\begin{aligned}(\boldsymbol{e}''_i, \boldsymbol{e}''_j) &= \delta_{ij} \\ &= \sum_k \sum_l a_{ik}a_{jl}(\boldsymbol{e}_k, \boldsymbol{e}_l) = \sum_k \sum_l a_{ik}a_{jl}\delta_{kl} \\ &= \sum_k a_{ik}a_{jk} = (AA^{\mathrm{T}})_{ij}\end{aligned}$$

となる．和は 1 から 3 までであるが，誤解を招かないと思われるので，省略した．したがって

$$AA^{\mathrm{T}} = E = A^{\mathrm{T}}A \tag{4.18}$$

が成り立つ．最後の等号は，第 3.4 節の議論より従う[1)]．この式より，$\det A = \pm 1$ であることが分かる．ここで，座標系が右手系であるという条件を用いると $\det A = 1$ となることが次のようにして分かる．$(\boldsymbol{e}''_1 \times \boldsymbol{e}''_2, \boldsymbol{e}''_3) = 1$ であるが，スカラー三重積の性質 (2.14) より，

$$\begin{aligned}(\boldsymbol{e}''_1 \times \boldsymbol{e}''_2, \boldsymbol{e}''_3) &= (\boldsymbol{e}''_1, \boldsymbol{e}''_2 \times \boldsymbol{e}''_3) \\ &= \begin{vmatrix} a_{11} & a_{12} & a_{13} \\ a_{21} & a_{22} & a_{23} \\ a_{31} & a_{32} & a_{33} \end{vmatrix} = \det A = 1\end{aligned}$$

となる．次にベクトルの変換則を求めよう．任意のベクトル $\boldsymbol{V}$ の (O, X) お

1) 問 3.4.1 参照.

よび (O″, X″) 系での成分を (V_1, V_2, V_3) および (V_1'', V_2'', V_3'') とすると，定義より，

$$\boldsymbol{V} = V_1\boldsymbol{e}_1 + V_2\boldsymbol{e}_2 + V_3\boldsymbol{e}_3 \tag{4.19}$$

$$= V_1''\boldsymbol{e}_1'' + V_2''\boldsymbol{e}_2'' + V_3''\boldsymbol{e}_3'' \tag{4.20}$$

である．(4.19) および (4.20) と $\boldsymbol{e}_i''$ との内積をとると，

$$V_i'' = \sum_{j=1}^{3} V_j(\boldsymbol{e}_i'', \boldsymbol{e}_j) = \sum_{j=1}^{3} a_{ij}V_j$$

となる．したがって，

$$V_i'' = \sum_{j=1}^{3} a_{ij}V_j \tag{4.21}$$

がベクトルの変換則である．行列で書くと

$$(V_1'', V_2'', V_3'')^{\mathrm{T}} = A(V_1, V_2, V_3)^{\mathrm{T}} \tag{4.22}$$

となる．ここで示したように，原点 O を固定し，直交座標系（右手系）を別の直交座標系（右手系）に移す座標変換は，$\det A = 1$ の直交行列 A で表されるが，実は，次の命題にあるように，これはある軸のまわりの座標系の回転で表現できることが分かる[2)]．したがって，以下では原点を固定した座標変換を座標系の回転とよぶ．

原点固定の座標変換：座標系の回転[3)]

直交行列を $A = (a_{ij})$ とし，その行列式が $\det A = 1$ であるとする．

(1) デカルト座標系 (O, X) の正規直交基底を $\boldsymbol{e}_1, \boldsymbol{e}_2, \boldsymbol{e}_3$ とし，右手系であるとする．3 つのベクトル $\boldsymbol{e}_1', \boldsymbol{e}_2', \boldsymbol{e}_3'$ を，それらの成分が $a_{ij} = (\boldsymbol{e}_i', \boldsymbol{e}_j)$, $(i, j = 1, 2, 3)$ となるものとする．このとき，$\boldsymbol{e}_1', \boldsymbol{e}_2', \boldsymbol{e}_3'$ は正規直交基底で，右手系となる．

(2) A の固有値の絶対値は 1 で，固有値は次の 3 つの場合がある．すなわち，3 つとも 1，1 つは 1 で他の 2 つは -1，1 つは 1 で他の 2 つは互いに

---

2) たとえば，山内恭彦『回転群とその表現』（岩波書店）等を参照．

3) 証明は付録を参照のこと．

複素共役の場合である．これら3つの場合について，$\lambda_1 = 1, \lambda_2 = e^{i\theta}, \lambda_3 = e^{-i\theta}$ とする[4)]．複素共役の場合については，λ_i の固有ベクトルを列ベクトル $\boldsymbol{v}_i$ $(i = 1, 2, 3)$ とすると，$\boldsymbol{v}_2^*$ は，λ_3 の固有ベクトルとなる．

（3） 3つの場合について，原点がOで，$\boldsymbol{e}'_1, \boldsymbol{e}'_2, \boldsymbol{e}'_3$ を基底ベクトルとする座標系を (O, X′) とする．(O, X′) は，(O, X) を $\boldsymbol{u}_1$ を回転軸として角度 θ だけ回転したものである．ただし，$\boldsymbol{u}_1$ は λ_1 に属する規格化された実固有ベクトルである．

（4） 3つの場合について，a_{ij} は次式で与えられる．

$$a_{ij} = (1 - \cos\theta)u_i u_j + \cos\theta\ \delta_{ij} + \sin\theta \sum_k \varepsilon_{ijk} u_k \tag{4.23}$$

ここで，$\boldsymbol{u}_1 = (u_1, u_2, u_3)^{\mathrm{T}}$ である．

（5） 3つの場合について，(4.23) より，回転角 θ と回転軸 $\boldsymbol{u}_1$ の成分は，次の式で与えられる．

$$\theta = \mathrm{Cos}^{-1}\left(\frac{\mathrm{Tr}A - 1}{2}\right) \tag{4.24}$$

$\mathrm{Tr}\,A \neq 3, -1$ のとき，$0 < \theta < \pi$ であり，

$$u_1 = \frac{a_{23} - a_{32}}{2\sin\theta},\ u_2 = \frac{a_{31} - a_{13}}{2\sin\theta},\ u_3 = \frac{a_{12} - a_{21}}{2\sin\theta} \tag{4.25}$$

となる．$\mathrm{Tr}\,A = -1$ のとき，$\theta = \pi$ であり，$a_{ii} \neq -1$ として

$$u_i = \pm\sqrt{\frac{1 + a_{ii}}{2}},\ u_j = \frac{a_{ij}}{2u_i} \quad (j \neq i) \tag{4.26}$$

となる．$\mathrm{Tr}\,A = 3$ のとき，$\theta = 0$ であり，

$$A = E \tag{4.27}$$

となる．ここで，$y = \mathrm{Cos}^{-1}x$ は主値で，$y \in [0, \pi]$ である．

一般の座標変換：平行移動と回転

座標系を平行移動したあと，回転させた場合の座標変換則を求めよう．(O, X) を平行移動させた系を (O′, X′)，それを回転させた系を (O″, X″) とする．

[4)] 一般性を失うことなく，$0 \leq \theta \leq \pi$ としてよい．

このとき $\mathrm{O}'' = \mathrm{O}'$ であり，また，以下の式が成り立つ．

$$\boldsymbol{e}_i' = \boldsymbol{e}_i \qquad (i = 1, 2, 3). \tag{4.28}$$

$\overrightarrow{\mathrm{OO}'} = \sum_{i=1}^{3} b_i \boldsymbol{e}_i$，$a_{ij} = (\boldsymbol{e}_i'', \boldsymbol{e}_j')$ とする．すると，上で示したことより，

$$x_i' = x_i - b_i, \tag{4.29}$$

$$x_i'' = \sum_j a_{ij} x_j' = \sum_j a_{ij}(x_j - b_j) \tag{4.30}$$

となる．また，ベクトルは，

$$V_i' = V_i, \tag{4.31}$$

$$V_i'' = \sum_j a_{ij} V_j' = \sum_j a_{ij} V_j \tag{4.32}$$

のように変換される．

次に，順序を入れかえた場合を考えよう．座標系 (O, X) を回転した系を (O$'''$, X$'''$) とし，それを前の場合と同じだけ平行移動する．すると，(O$''$, X$''$) となる．(O$'''$, X$'''$) の基底 $\boldsymbol{e}_1''', \boldsymbol{e}_2''', \boldsymbol{e}_3'''$ について，

$$\boldsymbol{e}_i''' = \boldsymbol{e}_i'' \qquad (i = 1, 2, 3) \tag{4.33}$$

である．したがって，

$$(\boldsymbol{e}_i''', \boldsymbol{e}_j) = (\boldsymbol{e}_i'', \boldsymbol{e}_j) = (\boldsymbol{e}_i'', \boldsymbol{e}_j') = a_{ij} \tag{4.34}$$

となる．

$$\overrightarrow{\mathrm{O}'''\mathrm{P}} = \sum_{i=1}^{3} x_i''' \boldsymbol{e}_i''' = \sum_{i=1}^{3} x_i''' \boldsymbol{e}_i'' = \sum_{j=1}^{3} x_j \boldsymbol{e}_j$$

であるから，座標変換の公式は，

$$x_i''' = \sum_j a_{ij} x_j \tag{4.35}$$

となる．一方，$\overrightarrow{\mathrm{O}'''\mathrm{O}''} = \sum_{i=1}^{3} b_i''' \boldsymbol{e}_i'''$ として，

$$\overrightarrow{\mathrm{O}'''\mathrm{P}} = \overrightarrow{\mathrm{O}'''\mathrm{O}''} + \overrightarrow{\mathrm{O}''\mathrm{P}},$$

$$\overrightarrow{\mathrm{O''P}} = \sum_{j=1}^{3} x''_j \boldsymbol{e}''_j$$

であるから，

$$x''_i = x'''_i - b'''_i = \sum_j a_{ij} x_j - b'''_i \tag{4.36}$$

となる．ところで，

$$\overrightarrow{\mathrm{OO'}} = \sum_{i=1}^{3} b_i \boldsymbol{e}_i = \overrightarrow{\mathrm{O'''O''}} = \sum_{i=1}^{3} b'''_i \boldsymbol{e}'''_i$$

であるから，$b'''_i = \sum_j a_{ij} b_j$ である．したがって，

$$x''_i = \sum_j a_{ij}(x_j - b_j) \tag{4.37}$$

となり，(4.30) と一致する．

一方，ベクトルは，

$$V'''_i = \sum_j a_{ij} V_j, \tag{4.38}$$

$$V''_i = V'''_i = \sum_j a_{ij} V_j \tag{4.39}$$

のように変換されることはただちにに分かる．したがって，座標の変換則もベクトルの変換則も，回転と平行移動の順序によらない．

4.1.2 スカラーやベクトルの別の定義

一般に，座標変換が，

$$x'_i = \sum_j a_{ij} x_j \tag{4.40}$$

と表されるとする[5)]．

座標系の回転のときに，ベクトルは，

$$V'_i = \sum_{j=1}^{3} a_{ij} V_j \tag{4.41}$$

---

5) 後出のように，$\det A = 1$ に制限しない．

のように変換する．ここでは，逆に，(4.41) のように変換される量をベクトルと定義する．すなわち，**式 (4.41) はベクトルの別の定義**である．

また，座標変換によって不変な量は**スカラー**とよばれる．

問 4.1.1　質点の位置ベクトルを $\boldsymbol{r}$ としたとき，速度 $\boldsymbol{v} = \dfrac{d\boldsymbol{r}}{dt}$，加速度 $\boldsymbol{a} = \dfrac{d\boldsymbol{v}}{dt} = \dfrac{d^2\boldsymbol{r}}{dt^2}$ はベクトルであることを示せ[6)].

問 4.1.2 (1)　ベクトル $\boldsymbol{V}, \boldsymbol{W}$ の内積はスカラーであることを示せ．

(2)　ベクトル $\boldsymbol{V}$ の大きさの 2 乗 $|\boldsymbol{V}|^2 = V_1^2 + V_2^2 + V_3^2$ はスカラーであることを示せ．したがって，ベクトル $\boldsymbol{V}$ の大きさ $|\boldsymbol{V}|$ もスカラーである．

上の問題より，位置ベクトルを $\boldsymbol{r}$ とするとき，$\boldsymbol{r}^2, r = |\boldsymbol{r}|$ もスカラーであることが分かる．

座標反転

$x_i' = -x_i$ $(i = 1, 2, 3)$ は，座標反転とよばれる．このとき，正規直交基底は，$\boldsymbol{e}_i'' = -\boldsymbol{e}_i$ $(i = 1, 2, 3)$ となる．これは，右手系を左手系に移す．このとき，$a_{ij} = -\delta_{ij}$ である．また，$\det A = -1$ となる．位置ベクトルや，速度ベクトルは，

$$V_i' = -V_i = \sum_j a_{ij} V_j \qquad (i = 1, 2, 3) \tag{4.42}$$

と (4.41) ように変換するので別の定義の意味でもベクトルである．(4.42) のように変換するベクトルを**極性ベクトル**という．一方，2 つのベクトル $\boldsymbol{A}, \boldsymbol{B}$ の外積 $\boldsymbol{C} = \boldsymbol{A} \times \boldsymbol{B}$ は，

$$C_i' = C_i \qquad (i = 1, 2, 3) \tag{4.43}$$

のように変換する．したがって，定義 (4.41) を満たしていないので，$\boldsymbol{C}$ はベクトルではないが，通常，**偽ベクトル**あるいは**軸性ベクトル**という．

問 4.1.3　角運動量 $\boldsymbol{L} = \boldsymbol{r} \times \boldsymbol{p}$ は，軸性ベクトルであることを示せ．

---

6) ベクトルの微分については，5.1 節を参照．

鏡映

座標系を鏡に映した場合を考える．鏡の面に垂直に x 軸があるとすると，新しい座標系は $x'_1 = -x_1$，$x'_2 = x_2$，$x'_3 = x_3$ となる．これを鏡映という．したがって，$a_{11} = -1$，$a_{22} = 1$，$a_{33} = 1$ で，$i \neq j$ のときには，$a_{ij} = 0$ である．鏡映も，右手系を左手系に移す．このとき，$\det A = -1$ である．位置ベクトルや速度ベクトルなどは，これらを $\boldsymbol{V}$ と書くと，成分は

$$V'_1 = -V_1,\ V'_2 = V_2,\ V'_3 = V_3$$

となるので，ベクトルの変換則を満たす．一方，角運動量 $\boldsymbol{L} = \boldsymbol{r} \times \boldsymbol{p}$ の場合には，

$$L'_1 = x'_2 \times p'_3 - x'_3 \times p'_2 = L_1,$$

$$L'_2 = x'_3 \times p'_1 - x'_1 \times p'_3 = -L_2,$$

$$L'_3 = x'_1 \times p'_2 - x'_2 \times p'_1 = -L_3$$

となり，ベクトルの変換則を満たさない．反転の場合に定義した位置ベクトルなどの極性ベクトルは鏡映によってもベクトルの変換則を満たし，角運動量などの軸性ベクトルはベクトルの変換則を満たさない．

4.2 テンソル

直交座標系から直交座標系への座標変換 $x'_i = \sum_{j=1}^{3} a_{ij} x_j$ によって，2 つの添字を持つ量 T_{ij} が次のように変換されるとき，これを**テンソル**とよぶ．

$$T'_{ij} = \sum_{k=1}^{3} \sum_{l=1}^{3} a_{ik} a_{jl} T_{kl}. \tag{4.44}$$

T_{ij}, T'_{ij} を (i, j) 成分とする 3 行 3 列の行列を T, T' とすると，この式は，

$$T' = ATA^{\mathrm{T}} \tag{4.45}$$

となる．ここで，$A^{\mathrm{T}}A = AA^{\mathrm{T}} = E$ である．テンソルは 9 個の数のセットであるが，簡単のため，テンソルを T_{ij}，あるいは単に T のように表す．

テンソルの性質

(1)　T, S がテンソルなら，$T \pm S$ もテンソルである．

(2)　T がテンソルで，λ がスカラーなら，λT はテンソルである．

ベクトルからテンソルを作ったり，テンソルからベクトルを作ることができる．

(3)　$\boldsymbol{V}, \boldsymbol{W}$ を 2 つのベクトルとするとき，

$$T_{ij} = V_i W_j$$

とすると，T_{ij} はテンソルである．これは，**テンソル積**とよばれる．

(4)　T をテンソル, $\boldsymbol{V}$ をベクトルとするとき，

$$\sum_{j=1}^{3} T_{ij} V_j,\ \ \sum_{j=1}^{3} T_{ji} V_j$$

はベクトルとなる．

(5)　すべての成分が 0 であるテンソルをゼロテンソルという．ゼロテンソルの成分は，任意の座標系で 0 である．

(6)　クロネッカーのデルタ δ_{ij} はテンソルである．

(7)　((4) の逆の命題)．9 つの量 $T_{ij}(i, j = 1, 2, 3)$ について，任意のベクトル V_i に対して，$\sum_{j=1}^{3} T_{ij} V_j$ または $\sum_{j=1}^{3} T_{ji} V_j$ がベクトルならば，T_{ij} はテンソルである．

問 4.2.1　(1)–(7) を示せ．

問 4.2.2　$\boldsymbol{u} = (u_1, u_2, u_3)^{\mathrm{T}}$ を単位ベクトルとする．任意の列ベクトル $\boldsymbol{a}$ を $\boldsymbol{u}$ 方向の成分 $\boldsymbol{a}_{\parallel}$ と $\boldsymbol{u}$ に垂直な成分 $\boldsymbol{a}_{\perp}$ に分解する．

$$\boldsymbol{a} = \boldsymbol{a}_{\parallel} + \boldsymbol{a}_{\perp}, \quad (\boldsymbol{u}, \boldsymbol{a}_{\perp}) = 0$$

$\boldsymbol{u}$ 方向への**射影演算子** P (行列) は次のように定義される．

$$\boldsymbol{a}_{\parallel} = P\boldsymbol{a}$$

P がテンソル積によって

$$(P)_{ij} = u_i u_j$$

と表せることを示せ．また，

$$\boldsymbol{a}_\perp = (E - P)\boldsymbol{a}$$

を示せ．

対称テンソル，反対称テンソル

すべての i, j に対して $T_{ij} = T_{ji}$ が成り立つテンソル T を**対称テンソル**といい，すべての i, j に対して $T_{ij} = -T_{ji}$ が成り立つテンソル T を**反対称テンソル**または**交代テンソル**という．これらの性質は，座標変換によって変わらない．

問 4.2.3 対称テンソル，反対称テンソルという性質が，座標変換によって変わらないことを示せ．

高階テンソル

$T_{i_1 i_2 \cdots i_n}$ が座標変換により

$$T'_{i_1 i_2 \cdots i_n} = \sum_{j_1 i_2 \cdots j_n} a_{i_1 j_1} a_{i_2 j_2} \cdots a_{i_n j_n} T_{j_1 j_2 \cdots j_n} \tag{4.46}$$

のように変換するとき，$T = (T_{i_1 i_2 \cdots i_n})$ を $\boldsymbol{n}$ **階のテンソル**とよぶ．

したがって，スカラーは 0 階テンソル，ベクトルは 1 階テンソル，単にテンソルとよんでいたものは，2 階テンソルである．

偽スカラー，偽ベクトル，偽テンソル

偽ベクトルと同様に，任意の階数のテンソルについて，**偽テンソル**が次のように定義される．$|A|$ を行列 (a_{ij}) の行列式として，**偽スカラー** S，**偽ベクトル** B_i，**偽テンソル** C_{ij} は，次のように変換されるものとして定義される．

$$S' = |A|S, \tag{4.47}$$

$$B'_i = |A| \sum_j a_{ij} B_j, \tag{4.48}$$

$$C'_{ij} = |A| \sum_{kl} a_{ik} a_{jl} C_{kl}. \tag{4.49}$$

高階の場合も同様である．たとえば， 以下に示すように，3 次元レビ–チビタ

記号 ε_{ijk} は 3 階の偽テンソルである.

次の量を考えよう.

$$\sum_l \sum_m \sum_n a_{il} a_{jm} a_{kn} \varepsilon_{lmn}.$$

ε_{lmn} は，(l,m,n) が (1,2,3) の順列のとき以外は 0 だから，和はすべての順列の和となり，このとき，$\varepsilon_{lmn} = \mathrm{sgn}(l,m,n)$ となる (式 (2.8)，(3.5) 参照). したがって，$(i,j,k) = (1,2,3)$ のとき，行列式の定義より，

$$\begin{aligned}\sum_l \sum_m \sum_n a_{1l} a_{2m} a_{3n} \varepsilon_{lmn} &= \sum_{(l,m,n)\ \text{は}\ (1,2,3)\ \text{の順列}} a_{1l} a_{2m} a_{3n} \mathrm{sgn}(l,m,n) \\ &= |A| \end{aligned} \tag{4.50}$$

となる. (i,j,k) が $(1,2,3)$ の偶置換のときも同じである. 一方，$(i,j,k) = (2,1,3)$ のように，$(1,2,3)$ の奇置換のときは，

$$\begin{aligned}&\sum_l \sum_m \sum_n a_{2l} a_{1m} a_{3n} \mathrm{sgn}(l,m,n) \\ &= -\sum_{(l,m,n)\ \text{は}\ (1,2,3)\ \text{の順列}} a_{1m} a_{2l} a_{3n} \mathrm{sgn}(m,l,n) \\ &= -|A| \end{aligned} \tag{4.51}$$

となる. したがって，

$$\sum_l \sum_m \sum_n a_{il} a_{jm} a_{kn} \varepsilon_{lmn} = \begin{cases} |A| & (i,j,k)\ \text{が}\ (1,2,3)\ \text{の偶置換の場合} \\ -|A| & (i,j,k)\ \text{が}\ (1,2,3)\ \text{の奇置換の場合} \\ 0 & \text{その他の場合} \end{cases} \tag{4.52}$$

となるが，$|A| = \pm 1$ であるから，これに $|A|$ をかけたものは，新しい座標系でのレビ–チビタ記号 ε'_{ijk} と一致し，

$$\varepsilon'_{ijk} = |A| \sum_l \sum_m \sum_n a_{il} a_{jm} a_{kn} \varepsilon_{lmn} \tag{4.53}$$

となる. よって，3 次元レビ–チビタ記号 ε_{ijk} は 3 階の偽テンソルである.

問 4.2.4 固定点 O のまわりの剛体の回転を考える. 回転軸の向きを持ち，回転の角速度の大きさと同じ大きさのベクトルを $\boldsymbol{\omega}$ で表し，角速度ベクトルと

よぶ．すると，剛体に固定した位置ベクトル $\boldsymbol{r}$ の速度 $\boldsymbol{v}$ は，

$$\boldsymbol{v} = \boldsymbol{\omega} \times \boldsymbol{r} \tag{4.54}$$

となる (式 (5.75) 参照).

（1）
$$(\omega_{ij}) = \begin{pmatrix} 0 & \omega_3 & -\omega_2 \\ -\omega_3 & 0 & \omega_1 \\ \omega_2 & -\omega_1 & 0 \end{pmatrix}$$
とすると，$v_i = \sum_j \omega_{ji} x_j$ となることを示せ．ただし，$\boldsymbol{r} = (x_1, x_2, x_3)$，$\boldsymbol{v} = (v_1, v_2, v_3)$ とする．

（2） (ω_{ij}) が 2 階反対称テンソルであることを示せ．

（3） $\omega_i = \dfrac{1}{2} \sum_{jk} \varepsilon_{ijk} \omega_{jk}$ となることを示せ．

（4） (3) で示したことより，角速度ベクトル $\boldsymbol{\omega}$ が軸性ベクトルであることを示せ．

テンソルの物理例

ある点 O のまわりの剛体の回転を考える．角速度ベクトルを $\boldsymbol{\omega}$ で表す．剛体を N 個の微小部分の和と考え，それらの位置ベクトルを $\boldsymbol{r}_k$，速度ベクトルを $\boldsymbol{v}_k$，質量を m_k $(k = 1, 2, \cdots, N)$ とする．すると，(4.54) より $\boldsymbol{v}_k = \boldsymbol{\omega} \times \boldsymbol{r}_k$ であるから，剛体の角運動量 $\boldsymbol{L}$ は

$$\begin{aligned} \boldsymbol{L} &= \sum_k \boldsymbol{r}_k \times \boldsymbol{p}_k = \sum_k m_k \boldsymbol{r}_k \times \boldsymbol{v}_k = \sum_k m_k \boldsymbol{r}_k \times (\boldsymbol{\omega} \times \boldsymbol{r}_k) \\ &= \sum_k m_k (\boldsymbol{r}_k^2 \boldsymbol{\omega} - (\boldsymbol{r}_k, \boldsymbol{\omega}) \boldsymbol{r}_k) \end{aligned} \tag{4.55}$$

となる．成分で書くと，

$$L_i = \sum_k m_k (\boldsymbol{r}_k^2 \omega_i - \sum_j x_{k,j} \omega_j x_{k,i}) = \sum_j I_{ij} \omega_j \tag{4.56}$$

となる．ここで，$\boldsymbol{r}_k = (x_{k,1}, x_{k,2}, x_{k,3})$ とおき，また，

$$I_{ij} = \sum_k m_k (\boldsymbol{r}_k^2 \delta_{ij} - x_{k,i} x_{k,j}) \tag{4.57}$$

と定義した．(4.57) は，**慣性テンソル**または**慣性モーメント**とよばれる．した

がって，剛体の角運動量 $\boldsymbol{L}$ は，慣性モーメント $I=(I_{ij})$，角速度ベクトル $\boldsymbol{\omega}$ を用いて，

$$\boldsymbol{L}=I\boldsymbol{\omega} \tag{4.58}$$

と表せる．見やすくするために，$x_{k,1}=x_k, x_{k,2}=y_k, x_{k,3}=z_k$ として具体的に成分を書くと，

$$I_{11}=\sum_k m_k(y_k^2+z_k^2), \tag{4.59}$$

$$I_{12}=-\sum_k m_k x_k y_k=I_{21}, \tag{4.60}$$

$$I_{13}=-\sum_k m_k x_k z_k=I_{31}, \tag{4.61}$$

$$I_{22}=\sum_k m_k(x_k^2+z_k^2), \tag{4.62}$$

$$I_{23}=-\sum_k m_k y_k z_k=I_{32}, \tag{4.63}$$

$$I_{33}=\sum_k m_k(x_k^2+y_k^2) \tag{4.64}$$

となる．$I_{ij}=I_{ji}$ である．これらの式より，I_{ii} は，（微小部分の質量）×（x_i 軸から微小部分までの距離の 2 乗）の和となっていることが分かる．これは，x_i 軸のまわりの慣性モーメントとよばれる．

問 4.2.5 $I=(I_{ij})$ はテンソルであることを示せ．したがって，対称テンソルとなる．

いろいろな形状の剛体の慣性モーメントの計算は，5.3 節を参照のこと．

次に運動エネルギー K を計算してみよう．剛体の運動エネルギー K は微小部分の運動エネルギーの和であるから，

$$K=\sum_k \frac{m_k}{2}\boldsymbol{v}_k^2=\sum_k \frac{m_k}{2}(\boldsymbol{\omega}\times\boldsymbol{r}_k)^2 \tag{4.65}$$

であるが，$(\boldsymbol{\omega}\times\boldsymbol{r}_k)_i=\sum_{l,n}\varepsilon_{iln}\omega_l x_{k,n}$ を代入して計算すると，

$$K=\sum_k \frac{m_k}{2}\sum_i\Big(\sum_{l,n}\varepsilon_{iln}\omega_l x_{k,n}\Big)^2$$

$$
\begin{aligned}
&= \sum_k \frac{m_k}{2} \sum_i \sum_{l,n} \varepsilon_{iln} \omega_l x_{k,n} \sum_{l',n'} \varepsilon_{il'n'} \omega_{l'} x_{k,n'} \\
&= \sum_k \frac{m_k}{2} \sum_{l,n} \omega_l x_{k,n} \sum_{l',n'} \omega_{l'} x_{k,n'} \sum_i \varepsilon_{iln} \varepsilon_{il'n'} \\
&= \sum_k \frac{m_k}{2} \sum_{l,n} \omega_l x_{k,n} \sum_{l',n'} \omega_{l'} x_{k,n'} (\delta_{ll'} \delta_{nn'} - \delta_{ln'} \delta_{nl'}) \\
&= \sum_k \frac{m_k}{2} \sum_{l,n} (x_{k,n}^2 \omega_l^2 - x_{k,l} x_{k,n} \omega_l \omega_n) \\
&= \sum_{l,n} \sum_k \frac{m_k}{2} (\boldsymbol{r}_k^2 \delta_{ln} - x_{k,l} x_{k,n}) \omega_l \omega_n \\
&= \frac{1}{2} \sum_{l,n} I_{ln} \omega_l \omega_n
\end{aligned} \tag{4.66}
$$

となる．したがって，剛体の運動エネルギー K は，慣性モーメント I と角速度ベクトル $\boldsymbol{\omega}$ を用いて

$$
K = \frac{1}{2}(\boldsymbol{\omega}, I\boldsymbol{\omega}) \tag{4.67}
$$

と内積で表すことができる．

問 4.2.6 (4.67) より，剛体の運動エネルギー K がスカラーであることを示せ．

主軸変換

慣性モーメント I は実対称行列と考えることができる．3.5.2 節の (6) より，実対称行列 I は実直交行列で対角化できる．そこで，慣性モーメントの固有値，固有ベクトルを用いて，I が対角的になる座標変換を求めよう．I の固有値 I_i に属する固有ベクトルを $\boldsymbol{u}_i = (u_{1i}, u_{2i}, u_{3i})^{\mathrm{T}}$ $(i = 1, 2, 3)$ とする．

$$
I\boldsymbol{u}_i = I_i \boldsymbol{u}_i \tag{4.68}
$$

固有値はすべて実数で，規格化された固有ベクトルは互いに直交するようにとれる．すなわち，

$$
(\boldsymbol{u}_i, \boldsymbol{u}_j) = \delta_{ij} \tag{4.69}
$$

ととれる．このとき，$\boldsymbol{e}'_i$ を

$$\boldsymbol{e}'_i = \sum_j u_{ji}\boldsymbol{e}_j \qquad (i = 1, 2, 3) \tag{4.70}$$

と定義すると，

$$(\boldsymbol{e}'_i, \boldsymbol{e}'_j) = (\boldsymbol{u}_i, \boldsymbol{u}_j) = \delta_{ij} \tag{4.71}$$

となる．もとの座標系を右手系とし，新しい座標系も $\boldsymbol{e}'_1 \times \boldsymbol{e}'_2 = \boldsymbol{e}'_3$ と右手系になるようにとる．$U = (u_{ij})$ とすると，基底変換行列 A は，$a_{ij} = (\boldsymbol{e}'_i, \boldsymbol{e}_j) = u_{ji}$ より，

$$A = U^{\mathrm{T}} \tag{4.72}$$

となる．(4.69) より，U は直交行列となる．このとき，I は直交行列 U で対角化される．実際，

$$IU = I(\boldsymbol{u}_1, \boldsymbol{u}_2, \boldsymbol{u}_3) = (I_1\boldsymbol{u}_1, I_2\boldsymbol{u}_2, I_3\boldsymbol{u}_3), \tag{4.73}$$

$$U^{\mathrm{T}}IU = U^{\mathrm{T}}(I_1\boldsymbol{u}_1, I_2\boldsymbol{u}_2, I_3\boldsymbol{u}_3) = \begin{pmatrix} I_1 & 0 & 0 \\ 0 & I_2 & 0 \\ 0 & 0 & I_3 \end{pmatrix} \tag{4.74}$$

となる．一方，新しい座標系での慣性モーメント I' は，

$$I' = AIA^{\mathrm{T}} = U^{\mathrm{T}}IU \tag{4.75}$$

であるから，対角行列となる．

問 4.2.7 (4.71) を示せ．

I を対角行列に変換する座標変換を**主軸変換**とよび，新しい座標軸を**主軸**とよぶ．また，対角要素 I_1, I_2, I_3 を**主軸モーメント**とよぶ．このとき，剛体の角運動量や運動エネルギーは，

$$L'_1 = I_1\omega'_1,\ L'_2 = I_2\omega'_2,\ L'_3 = I_3\omega'_3, \tag{4.76}$$

$$K' = K = \frac{1}{2}I_1(\omega'_1)^2 + \frac{1}{2}I_2(\omega'_2)^2 + \frac{1}{2}I_3(\omega'_3)^2 \tag{4.77}$$

となる．ここで，$'$ をつけた量は新しい座標系での成分である．

第 5 章

ベクトル解析

5.1　ベクトルの微分

この章では，ベクトルの微分について解説する．ベクトルは何次元でもいいが有限次元とする．ここでは，2 次元のベクトルを例にとる[1]．デカルト座標系を (x_1, x_2) とし，正規直交基底を $\boldsymbol{i}_1, \boldsymbol{i}_2$ とする．任意のベクトル $\boldsymbol{A}$ が，あるパラメータ t に依存して変化する場合を考える．パラメータ依存性をあらわに書くときは，$\boldsymbol{A}(t)$ とする．$\boldsymbol{A}(t)$ は，基底ベクトルによって次のように一意的に表される．

$$\boldsymbol{A}(t) = A_1(t)\boldsymbol{i}_1 + A_2(t)\boldsymbol{i}_2 \tag{5.1}$$

簡単のために，$\boldsymbol{A} = (A_1, A_2)$ のように，行ベクトルで表す．ベクトル $\boldsymbol{A}(t)$ の t に関する微分を次のように定義する．

$$\frac{d\boldsymbol{A}}{dt} = \boldsymbol{a} \Longleftrightarrow \lim_{h\to 0}\left|\frac{\boldsymbol{A}(t+h) - \boldsymbol{A}(t)}{h} - \boldsymbol{a}\right| = 0$$

ここで，$|\boldsymbol{A}| = \sqrt{A_1^2 + A_2^2}$ はベクトルの大きさ．

$$\boldsymbol{a} = a_1\boldsymbol{i}_1 + a_2\boldsymbol{i}_2 \tag{5.2}$$

とすると，

$$\frac{dA_1}{dt} = a_1, \quad \frac{dA_2}{dt} = a_2 \tag{5.3}$$

となる．つまり，ベクトルの微分の成分は，ベクトルの成分の微分であり，

$$\frac{d}{dt}(A_1\boldsymbol{i}_1 + A_2\boldsymbol{i}_2) = \frac{dA_1}{dt}\boldsymbol{i}_1 + \frac{dA_2}{dt}\boldsymbol{i}_2 \tag{5.4}$$

---

[1] 一般の場合でもまったく同様に議論でき，公式もただちに一般化できる．

となる．

(5.4) の証明　任意のベクトル $\boldsymbol{a}, \boldsymbol{b}$ についての三角不等式 $|\boldsymbol{a}+\boldsymbol{b}| \leq |\boldsymbol{a}| + |\boldsymbol{b}|$ において，$\boldsymbol{a} = A_1\boldsymbol{i}_1$，$\boldsymbol{b} = A_2\boldsymbol{i}_2$ とすると，$|\boldsymbol{A}| \leq |A_1| + |A_2|$ となる．また，$i = 1, 2$ について，$|A_i| \leq |\boldsymbol{A}| = \sqrt{A_1^2 + A_2^2}$ である．したがって，

$$|\boldsymbol{A}| \leq |A_1| + |A_2| \tag{5.5}$$

$$|A_i| \leq |\boldsymbol{A}| \qquad (i = 1, 2) \tag{5.6}$$

となる．(5.5)，(5.6) の $\boldsymbol{A}$ に $\dfrac{\boldsymbol{A}(t+h) - \boldsymbol{A}(t)}{h} - \boldsymbol{a}$ を代入すると，

$$\left|\frac{\boldsymbol{A}(t+h) - \boldsymbol{A}(t)}{h} - \boldsymbol{a}\right| \leq \sum_{i=1}^{2}\left|\frac{A_i(t+h) - A_i(t)}{h} - a_i\right| \tag{5.7}$$

$$\left|\frac{A_i(t+h) - A_i(t)}{h} - a_i\right| \leq \left|\frac{\boldsymbol{A}(t+h) - \boldsymbol{A}(t)}{h} - \boldsymbol{a}\right| \qquad (i = 1, 2) \tag{5.8}$$

が成り立つ．したがって，$\dfrac{d\boldsymbol{A}}{dt} = \boldsymbol{a}$ ならば，$h \to 0$ のとき，(5.8) の右辺が 0 になるので，$i = 1, 2$ について，左辺も 0 になり $\dfrac{dA_i}{dt} = a_i$ となる．逆に $i = 1, 2$ について $\dfrac{dA_i}{dt} = a_i$ なら，$h \to 0$ のとき，(5.7) の右辺が 0 になるので，左辺も 0 となり，$\dfrac{d\boldsymbol{A}}{dt} = \boldsymbol{a}$ となる．よって，$\dfrac{d\boldsymbol{A}}{dt} = \boldsymbol{a} = \dfrac{dA_1}{dt}\boldsymbol{i}_1 + \dfrac{dA_2}{dt}\boldsymbol{i}_2$ が成り立つ．

したがって，$\boldsymbol{A} = (A_1, A_2)$ なら $\dfrac{d\boldsymbol{A}}{dt} = (\dfrac{dA_1}{dt}, \dfrac{dA_2}{dt})$ である．これを用いて以下の微分の公式を示すことができる．ただし，$f(t)$ は微分可能な関数，$\boldsymbol{A}(t), \boldsymbol{B}(t)$ は微分可能なベクトルとする．

$$\frac{d}{dt}(\boldsymbol{A}(t) + \boldsymbol{B}(t)) = \frac{d\boldsymbol{A}(t)}{dt} + \frac{d\boldsymbol{B}(t)}{dt} \tag{5.9}$$

$$\frac{d}{dt}(f(t)\boldsymbol{A}(t)) = \frac{df(t)}{dt}\boldsymbol{A}(t) + f(t)\frac{d\boldsymbol{A}(t)}{dt} \tag{5.10}$$

$$\frac{d}{dt}(\boldsymbol{A}(t), \boldsymbol{B}(t)) = (\frac{d\boldsymbol{A}(t)}{dt}, \boldsymbol{B}(t)) + (\boldsymbol{A}(t), \frac{d\boldsymbol{B}(t)}{dt}),\ \text{内積の微分} \tag{5.11}$$

$$\frac{d}{dt}(\boldsymbol{A}(t) \times \boldsymbol{B}(t)) = \frac{d\boldsymbol{A}(t)}{dt} \times \boldsymbol{B}(t) + \boldsymbol{A}(t) \times \frac{d\boldsymbol{B}(t)}{dt},\ \text{外積の微分} \tag{5.12}$$

問 5.1.1 (5.9)～(5.12) を示せ．

ベクトルの 2 階微分も同様に定義される．$\dfrac{d\boldsymbol{A}}{dt}$ が t で微分可能なら，その微分を $\dfrac{d^2\boldsymbol{A}}{dt^2}$ と書く．たとえば，位置ベクトルを $\boldsymbol{r}(t)$ とし，t を時刻とすると，速度ベクトル $\boldsymbol{v}(t)$ は，$\boldsymbol{v}(t)=\dfrac{d\boldsymbol{r}}{dt}$，加速度ベクトル $\boldsymbol{a}(t)$ は，$\boldsymbol{a}(t)=\dfrac{d\boldsymbol{v}}{dt}=\dfrac{d^2\boldsymbol{r}}{dt^2}$ である．3 階以上の微分も同様に定義される．

問 5.1.2 $\boldsymbol{A}$ の大きさが一定，つまり，$|\boldsymbol{A}|=$ 一定 のとき，

$$\left(\boldsymbol{A},\frac{d\boldsymbol{A}}{dt}\right)=0$$

を示せ．たとえば，半径 a の円周上を運動するとき，位置ベクトル $\boldsymbol{r}$ と速度ベクトル $\boldsymbol{v}$ は，直交する．

例（角運動量の保存則） 質量 m の質点の位置ベクトルを $\boldsymbol{r}$ とする．速度ベクトルを $\boldsymbol{v}$ とすると，運動量ベクトルは $\boldsymbol{p}=m\boldsymbol{v}$，角運動量ベクトルは $\boldsymbol{L}=\boldsymbol{r}\times\boldsymbol{p}$ である．

この質点に中心力が働くとき，角運動量が保存されることを示そう．中心力とは，力が動径方向に働く場合をいう[2)]．つまり，

$$\boldsymbol{F}(\boldsymbol{r})=F(r)\hat{\boldsymbol{r}},\quad \hat{\boldsymbol{r}}=\frac{\boldsymbol{r}}{r},\quad r=|\boldsymbol{r}|$$

のように表される場合である．

ニュートンの運動方程式は，

$$m\frac{d^2\boldsymbol{r}}{dt^2}=\boldsymbol{F}=F(r)\hat{\boldsymbol{r}}$$

であるが，これは，

$$\frac{d\boldsymbol{p}}{dt}=F(r)\hat{\boldsymbol{r}} \tag{5.13}$$

と書ける．これらより $\dfrac{d\boldsymbol{L}}{dt}=\boldsymbol{0}$ を示そう．

---

2) 中心力には，2 つの質量間に働く万有引力や，2 つの電荷の間に働くクーロン力等がある．

$$\frac{d\boldsymbol{L}}{dt} = \frac{d}{dt}(\boldsymbol{r} \times \boldsymbol{p}) = \frac{d\boldsymbol{r}}{dt} \times \boldsymbol{p} + \boldsymbol{r} \times \frac{d\boldsymbol{p}}{dt} \tag{5.14}$$

であるが，(5.13) を代入して，

$$\frac{d\boldsymbol{L}}{dt} = \frac{d\boldsymbol{r}}{dt} \times \boldsymbol{p} + \boldsymbol{r} \times (F(r)\hat{\boldsymbol{r}}) = m\ \boldsymbol{v} \times \boldsymbol{v} + \frac{F(r)}{r}\ \boldsymbol{r} \times \boldsymbol{r} = \boldsymbol{0} \tag{5.15}$$

となる．最後の等式は，同じベクトルの外積は $\boldsymbol{0}$ であることより従う．

例 5.1.1 具体例として，太陽のまわりの惑星の運動を考えよう．簡単のため，太陽は静止しているとし，また，他の天体の影響は無視して，太陽と惑星の 2 つの天体のみを考える．太陽の位置を原点 O とし，惑星の位置ベクトルを $\boldsymbol{r}$ とする．このとき，惑星に働く万有引力は，

$$\boldsymbol{F}(\boldsymbol{r}) = -\frac{GMm}{r^2}\hat{\boldsymbol{r}} \tag{5.16}$$

と表される．すなわち，$F(r) = -\dfrac{GMm}{r^2}$ である．ここで，G は万有引力定数，M, m は太陽と惑星の質量である．前の例で示したことより，惑星の角運動量 $\boldsymbol{L}$ は保存される．それを定ベクトル $\boldsymbol{L}_0$ としよう．$\boldsymbol{L} = \boldsymbol{L}_0$．したがって，$\boldsymbol{r}$ と $\boldsymbol{v}$ は，常に $\boldsymbol{L}_0$ に垂直である．一方，$\boldsymbol{r}$ は原点 O を始点とする位置ベクトルである．$\boldsymbol{L}_0$ に垂直で，原点 O を含む平面はただ 1 つ定まるので，$\boldsymbol{r}$ と $\boldsymbol{v}$ は，常にこの平面上になければならない (図 5.1 参照)．すなわち，惑星は同一平面内を運動する．この平面を Σ としよう．図 5.2 のように $t = 0$ における位置 $\boldsymbol{r}(0)$ から t における位置 $\boldsymbol{r}(t)$ に移動する間に惑星が ‘掃く’ 面積を $S(t)$ としよう．ケプラーは，この面積の増加率，‘面積速度’，が一定であることを，ティコ・ブラーへの観測結果を解析することにより示した．ここでは，理論的にそれを示そう．角度 θ' を図 5.2 のように定義すると，微小時間 $(t, t + \Delta t)$ の間に掃く

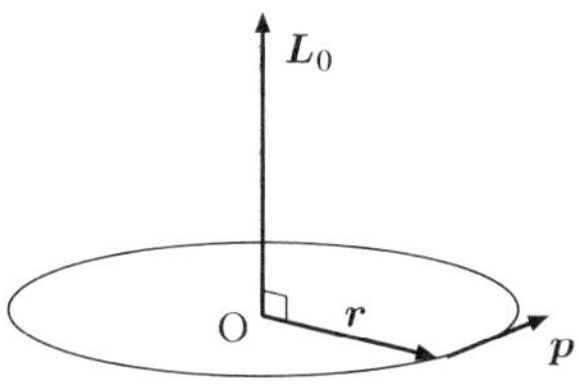

図 5.1

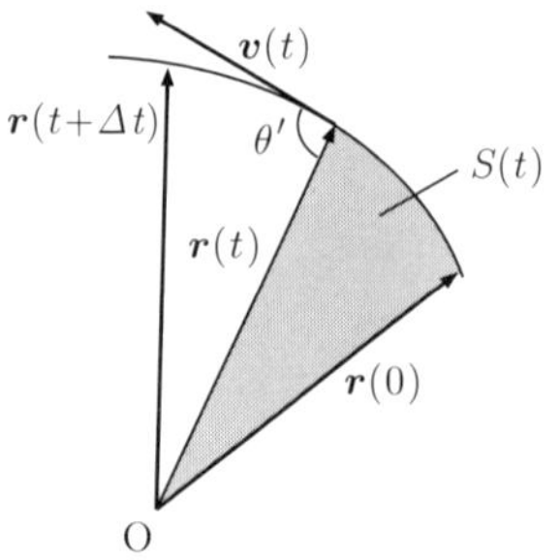

図 **5.2**

面積は,

$$\Delta S = S(t+\Delta t) - S(t)$$
$$\simeq \frac{1}{2}|\boldsymbol{v}(t)\Delta t||\boldsymbol{r}(t)|\sin\theta' = \frac{1}{2}|\boldsymbol{v}(t)||\boldsymbol{r}(t)|\sin\theta\Delta t$$

となる．ここで，$\theta = \pi - \theta'$ は，$\boldsymbol{r}(t)$ と $\boldsymbol{v}(t)$ のなす角である．したがって，$\Delta S \simeq \dfrac{1}{2}|\boldsymbol{r}(t)\times\boldsymbol{v}(t)|\Delta t$ である．よって，$\Delta t \to 0$ として，

$$\frac{dS}{dt} = \frac{1}{2}|\boldsymbol{r}(t)\times\boldsymbol{v}(t)| = \frac{1}{2m}|\boldsymbol{L}| = \frac{1}{2m}|\boldsymbol{L}_0|. \tag{5.17}$$

つまり，惑星が掃く面積の増加率，面積速度，は一定であり，$\dfrac{1}{2m}|\boldsymbol{L}_0|$ に等しい．ケプラーの発見した面積速度一定の法則は，角運動量の保存則にほかならない．

極座標系

平面上の運動を考える．図 5.3 のように，極座標 r, θ をとる．$\boldsymbol{r} = r\boldsymbol{e}_r$ とする．すなわち，$\boldsymbol{e}_r = \dfrac{\boldsymbol{r}}{r}$ である．

$\boldsymbol{r} = r\boldsymbol{e}_r$ を t で微分すると

$$\frac{d\boldsymbol{r}}{dt} = \frac{dr}{dt}\boldsymbol{e}_r + r\frac{d\boldsymbol{e}_r}{dt} \tag{5.18}$$

となる．簡単のため，t での微分 $\dfrac{d\boldsymbol{r}}{dt}$ を $\dot{\boldsymbol{r}}$ と表す．$\boldsymbol{e}_r = (\cos\theta, \sin\theta)$ であるから，

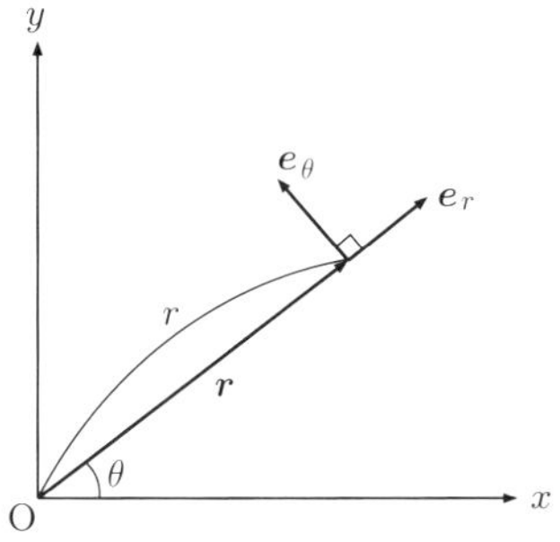

図 5.3

$$\dot{\boldsymbol{e}}_r = \left(\frac{d}{dt}\cos\theta, \frac{d}{dt}\sin\theta\right) = (-\dot{\theta}\sin\theta, \dot{\theta}\cos\theta)$$
$$= \dot{\theta}(-\sin\theta, \cos\theta) = \dot{\theta}\boldsymbol{e}_\theta$$

となる[3)]．ここで，$\boldsymbol{e}_\theta = (-\sin\theta, \cos\theta)$ である（図 5.3 参照）．よって，

$$\dot{\boldsymbol{r}} = \dot{r}\boldsymbol{e}_r + r\dot{\theta}\boldsymbol{e}_\theta$$

が成り立つ．また，

$$\dot{\boldsymbol{e}}_\theta = (-\dot{\theta}\cos\theta, -\dot{\theta}\sin\theta) = -\dot{\theta}\boldsymbol{e}_r$$

である．$\dot{\boldsymbol{r}}$ をもう一度微分すると，

$$\ddot{\boldsymbol{r}} = (\ddot{r} - r\dot{\theta}^2)\boldsymbol{e}_r + (2\dot{r}\dot{\theta} + r\ddot{\theta})\boldsymbol{e}_\theta$$

となる．

質量 m の質点に力 $\boldsymbol{F}$ が働いているとき，$\boldsymbol{F} = F_r\boldsymbol{e}_r + F_\theta\boldsymbol{e}_\theta$ とすると，ニュートンの運動方程式は，

$$m\ddot{\boldsymbol{r}} = \boldsymbol{F} \tag{5.19}$$

より，

$$m\{(\ddot{r} - r\dot{\theta}^2)\boldsymbol{e}_r + (2\dot{r}\dot{\theta} + r\ddot{\theta})\boldsymbol{e}_\theta\} = F_r\boldsymbol{e}_r + F_\theta\boldsymbol{e}_\theta \tag{5.20}$$

となるから，

---

3) ここで，$\dot{\theta} = \dfrac{d\theta}{dt}$ とした．また $\dot{r} = \dfrac{dr}{dt}$ とする．

$$m(\ddot{r} - r\dot{\theta}^2) = F_r \tag{5.21}$$

$$m(2\dot{r}\dot{\theta} + r\ddot{\theta}) = F_\theta \tag{5.22}$$

となる．

例（単振り子） 図 5.4 のように質量 m の質点が，長さ l の糸の一端につながれて吊るされており，鉛直面内を運動する場合を考える．これは，単振り子とよばれる．

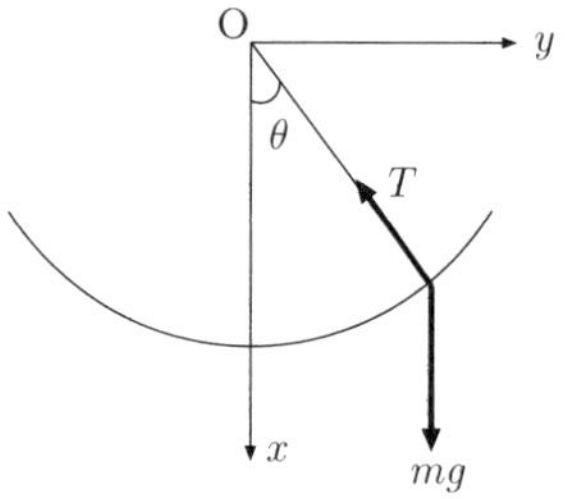

図 5.4

図 5.4 のように座標系をとる．質点 m に働く力 $\boldsymbol{F}$ は，鉛直下方の重力 mg と糸方向の糸の張力 T であるから，

$$\boldsymbol{F} = (mg\cos\theta - T)\boldsymbol{e}_r - mg\sin\theta\boldsymbol{e}_\theta$$

となるので，運動方程式は

$$m(\ddot{r} - r\dot{\theta}^2) = mg\cos\theta - T, \tag{5.23}$$

$$m(2\dot{r}\dot{\theta} + r\ddot{\theta}) = -mg\sin\theta \tag{5.24}$$

となる．$r = l =$ 一定 なので，$\dot{r} = \ddot{r} = 0$ である．よって，

$$-ml\dot{\theta}^2 = mg\cos\theta - T, \tag{5.25}$$

$$ml\ddot{\theta} = -mg\sin\theta \tag{5.26}$$

である．振れ角 θ が小さいとして，$\sin\theta \approx \theta$ とすると，式 (5.26) より，

$$\ddot{\theta} = -\frac{g}{l}\theta \tag{5.27}$$

となり，これは単振動の微分方程式で，解は

$$\theta = A\cos(\omega t + \phi) \tag{5.28}$$

となる．ここで，$\omega = \sqrt{\dfrac{g}{l}}$ で，A, ϕ は任意定数である．式 (5.28) を式 (5.25) に代入することにより，張力が求まる．

$$T = mg\cos\theta + ml\dot{\theta}^2 \approx mg + mgA^2\sin^2(\omega t + \phi) \tag{5.29}$$

ここで，θ が小さいとして，$\cos\theta \approx 1$ とした．

合成関数の微分に対応する公式

ベクトル $\boldsymbol{A}$ が変数 x に依存し，さらに，x が変数 t に応じて変化する場合を考えよう[4]．$\boldsymbol{A}(x(t))$ は t に応じて変化するので，t についての微分を考えることができる．このとき，

$$\frac{d}{dt}\boldsymbol{A}(x(t)) = \frac{d\boldsymbol{A}}{dx}\frac{dx}{dt} \tag{5.30}$$

となる．

証明　直交座標系を用いて，$\boldsymbol{A} = (A_1, A_2)$ と表されているとする．このとき，

$$\frac{d}{dt}\boldsymbol{A}(x(t)) = \left(\frac{dA_1}{dt}, \frac{dA_2}{dt}\right) \tag{5.31}$$

である．A_i $(i = 1, 2)$ について，合成関数の微分より，

$$\frac{dA_i(x(t))}{dt} = \frac{dA_i(x)}{dx}\frac{dx}{dt}$$

であるから，

$$\begin{aligned}\frac{d}{dt}\boldsymbol{A}(x(t)) &= \left(\frac{dA_1}{dx}\frac{dx}{dt}, \frac{dA_2}{dx}\frac{dx}{dt}\right)\\ &= \left(\frac{dA_1}{dx}, \frac{dA_2}{dt}\right)\frac{dx}{dt} = \frac{d\boldsymbol{A}}{dx}\frac{dx}{dt}\end{aligned} \tag{5.32}$$

となる．

ベクトル $\boldsymbol{A}$ が複数の変数に依存しているとき，関数のときと同様に偏微分を

---

[4] x や t は，一般的な変数で，位置や時間とはかぎらない．

定義することができる．簡単のため，2 変数の場合を考え，$\boldsymbol{A} = \boldsymbol{A}(x, y)$ とする．ベクトル $\boldsymbol{A}(x, y)$ の x に関する偏微分を次のように定義する．

$$\frac{\partial \boldsymbol{A}}{\partial x} = \boldsymbol{a} \Longleftrightarrow \lim_{h \to 0} \left| \frac{\boldsymbol{A}(x+h, y) - \boldsymbol{A}(x, y)}{h} - \boldsymbol{a} \right| = 0$$

1 変数のときのベクトルの微分と同様に，

$$\frac{\partial \boldsymbol{A}}{\partial x} = \left(\frac{\partial A_1}{\partial x}, \frac{\partial A_2}{\partial x} \right), \tag{5.33}$$

$$\frac{\partial \boldsymbol{A}}{\partial y} = \left(\frac{\partial A_1}{\partial y}, \frac{\partial A_2}{\partial y} \right) \tag{5.34}$$

となる．高階の偏微分も同様である．

いまの場合，さらに，x, y が t に依存している場合を考える．$\boldsymbol{A} = \boldsymbol{A}(x(t), y(t))$ とする．このとき

$$\frac{d}{dt}\boldsymbol{A}(x(t), y(t)) = \frac{\partial \boldsymbol{A}}{\partial x}\frac{dx}{dt} + \frac{\partial \boldsymbol{A}}{\partial y}\frac{dy}{dt} \tag{5.35}$$

となる．

証明　成分で書くと，

$$\begin{aligned}
\text{左辺} &= \left(\frac{dA_1}{dt}, \frac{dA_2}{dt} \right) = \left(\frac{\partial A_1}{\partial x}\frac{dx}{dt} + \frac{\partial A_1}{\partial y}\frac{dy}{dt}, \frac{\partial A_2}{\partial x}\frac{dx}{dt} + \frac{\partial A_2}{\partial y}\frac{dy}{dt} \right) \\
&= \left(\frac{\partial A_1}{\partial x}\frac{dx}{dt}, \frac{\partial A_2}{\partial x}\frac{dx}{dt} \right) + \left(\frac{\partial A_1}{\partial y}\frac{dy}{dt}, \frac{\partial A_2}{\partial y}\frac{dy}{dt} \right) \\
&= \frac{\partial \boldsymbol{A}}{\partial x}\frac{dx}{dt} + \frac{\partial \boldsymbol{A}}{\partial y}\frac{dy}{dt} = \text{右辺}
\end{aligned} \tag{5.36}$$

となる．

5.1.1　3 次元空間における運動，フレネ–セレの公式

ここでは，3 次元空間における運動を考える．

パラメータとして時間 t をとり，運動の軌道を位置ベクトル $\boldsymbol{r}(t)$ で表す．$\boldsymbol{r}(t)$ の終点の軌跡は，3 次元空間内の曲線 C となる．時刻 t で点 P にいるとすると，時刻 t における速度ベクトル $\boldsymbol{v}(t) = \dfrac{d\boldsymbol{r}(t)}{dt}$ は，点 P における曲線 C の接線方向を向く．したがって，単位接線ベクトルは，

$$\boldsymbol{t} = \frac{\dot{\boldsymbol{r}}}{|\dot{\boldsymbol{r}}|} \tag{5.37}$$

で表される[5)]．ここで，$\boldsymbol{r}$ の時間微分を $\dot{\boldsymbol{r}}$ で表した．次に，別のパラメータとして，ある基準点からはかった曲線の長さをとる．基準点を $\boldsymbol{r}(t_0)$ とし，点 P までの長さを $s(t)$ とすると，

$$s(t) = \int_{t_0}^{t} |\dot{\boldsymbol{r}}(t')| dt' \tag{5.38}$$

で与えられる (式 (5.133) 参照)．したがって，

$$\frac{ds}{dt} = |\dot{\boldsymbol{r}}(t)| \tag{5.39}$$

となる．以後，時刻 t での微分を $\dot{\boldsymbol{r}}$，長さ s での微分を $\boldsymbol{r}'$ 等と表す．すると，

$$\boldsymbol{r}' = \dot{\boldsymbol{r}} \frac{dt}{ds} = \frac{\dot{\boldsymbol{r}}}{|\dot{\boldsymbol{r}}|} = \boldsymbol{t} \tag{5.40}$$

である．以後，t の変わりに s をパラメータとする．

$$|\boldsymbol{r}'| = \frac{|\dot{\boldsymbol{r}}|}{|\dot{\boldsymbol{r}}|} = 1 \tag{5.41}$$

であり，$\boldsymbol{r}'$ の大きさは一定であるから，

$$(\boldsymbol{r}', \boldsymbol{r}'') = (\boldsymbol{t}, \boldsymbol{t}') = 0 \tag{5.42}$$

となる．

$$|\boldsymbol{r}''| = \kappa(s)$$

とおき，$\kappa(s) \neq 0$ のときを考える．

$$\boldsymbol{n}(s) = \frac{1}{\kappa(s)} \boldsymbol{r}'' = \frac{1}{\kappa(s)} \boldsymbol{t}'$$

とおくと，

$$\boldsymbol{r}''(s) = \boldsymbol{t}'(s) = \kappa(s) \boldsymbol{n}(s) \tag{5.43}$$

となる．(5.42) より，$\boldsymbol{n}$ は接線方向のベクトル $\boldsymbol{t}$ と直交していることが分かる

5) 時刻 t と接線ベクトル $\boldsymbol{t}$ を混同しないように注意すること．

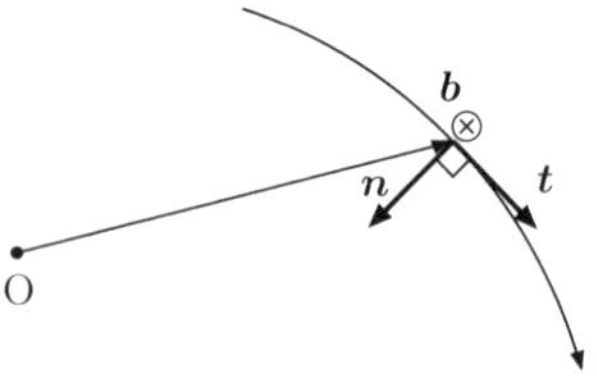

図 **5.5**

(図 5.5 参照). $\boldsymbol{n}$ の方向を**主法線方向**といい，$\boldsymbol{n}$ を**主法線ベクトル**という．$\boldsymbol{t}(s)$ の始点を O′ とすると，s の変化とともに，終点は半径 1 の円周上を動く．図 5.6 のように，$\boldsymbol{t}(s+\Delta s)$ と $\boldsymbol{t}(s)$ のなす角を $\Delta\theta$ とすると，

$$\left|\frac{\Delta\theta}{\Delta s}\right| = \left|\frac{\boldsymbol{t}(s+\Delta s)-\boldsymbol{t}(s)}{\Delta s}\right|\frac{|\Delta\theta|}{|\boldsymbol{t}(s+\Delta s)-\boldsymbol{t}(s)|} \tag{5.44}$$

である[6]．

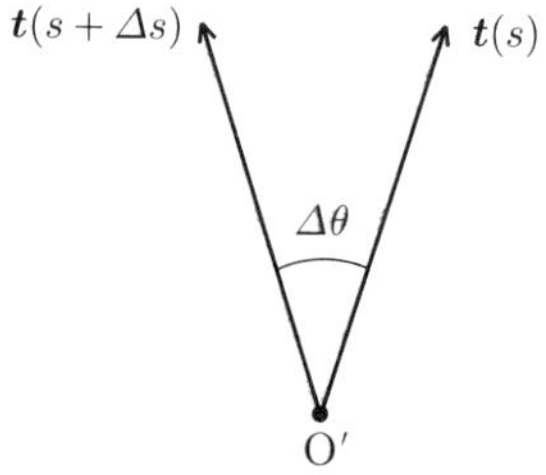

図 **5.6**

$\Delta s \to 1$ の極限をとると，弧長 $\Delta\theta$ と弦の長さ $|\boldsymbol{t}(s+\Delta s)-\boldsymbol{t}(s)|$ の比は 1 になるから，

$$\lim_{\Delta s\to 0}\left|\frac{\Delta\theta}{\Delta s}\right| = |\boldsymbol{t}'(s)| = |\boldsymbol{r}''(s)| = \kappa(s) \tag{5.45}$$

となる．したがって，κ は，曲線 C にそった長さに対する接線の方向の変化率を表し，この値が大きいと曲線の曲がりかたは大きくなる．これを**曲率**という．また，曲率の逆数 $\rho(s) = \dfrac{1}{\kappa(s)}$ を**曲率半径**という．微小時間では，軌道は近似

[6] $\kappa \neq 0$ なので，微小変化 Δs について，$|\boldsymbol{t}(s+\Delta s)-\boldsymbol{t}(s)| \neq 0$ である．

的に半径 ρ の円運動となる.

例題 円運動の場合には, ρ は円運動の半径 a と一致することを示せ. また, $\boldsymbol{n}$ は, 円の中心向きになることを示せ.

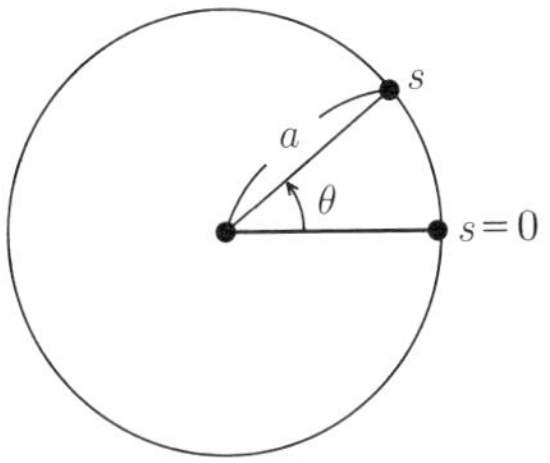

図 **5.7**

解答 図 5.7 より, $\theta = \dfrac{s}{a}$ であるから, $\boldsymbol{r} = a\left(\cos\dfrac{s}{a},\ \sin\dfrac{s}{a}\right)$ とすると,

$$\boldsymbol{r}' = \left(-\sin\frac{s}{a},\ \cos\frac{s}{a}\right),\ \boldsymbol{r}'' = -\frac{1}{a}\left(\cos\frac{s}{a},\ \sin\frac{s}{a}\right) = -\frac{1}{a^2}\boldsymbol{r}$$

となるから, $|\boldsymbol{r}''| = \dfrac{1}{a} = \kappa$ より, $\rho = a$ となる. また, $\boldsymbol{n} = \dfrac{1}{\kappa}\boldsymbol{r}'' = -\dfrac{1}{a}\boldsymbol{r}$ となるから, $\boldsymbol{n}$ は円の中心を向いている.

次に, $\boldsymbol{b}$ を

$$\boldsymbol{b} = \boldsymbol{r}' \times \boldsymbol{n} = \boldsymbol{t} \times \boldsymbol{n} \tag{5.46}$$

と定義する. $\boldsymbol{b}$ の方向を**陪法線方向**という. 定義より, $\boldsymbol{b}$ は $\boldsymbol{t}$ と $\boldsymbol{n}$ に直交する. したがって, $\boldsymbol{b}, \boldsymbol{t}, \boldsymbol{n}$ はお互いに直交している. 円運動の場合には, $\boldsymbol{b}$ は運動平面に垂直である. $\boldsymbol{t}$ と $\boldsymbol{n}$ は直交するから $\boldsymbol{b}$ の大きさは 1 である. さらに,

$$\boldsymbol{b}' = \boldsymbol{t}' \times \boldsymbol{n} + \boldsymbol{t} \times \boldsymbol{n}' = \kappa\boldsymbol{n} \times \boldsymbol{n} + \boldsymbol{t} \times \boldsymbol{n}' = \boldsymbol{t} \times \boldsymbol{n}' \tag{5.47}$$

となるので, $\boldsymbol{b}'$ は $\boldsymbol{t}$ と直交する. 一方, $\boldsymbol{b}$ の大きさは 1 であるから,

$$(\boldsymbol{b},\ \boldsymbol{b}') = 0 \tag{5.48}$$

で, $\boldsymbol{b}'$ は $\boldsymbol{b}$ とも直交する. したがって, $\boldsymbol{b}'$ は $\boldsymbol{n}$ に比例する.

$$\boldsymbol{b}' = -\mu \boldsymbol{n} \tag{5.49}$$

とおくと，$|\mu| = |\boldsymbol{b}'|$ であるから，$|\mu|$ は長さに対する陪法線方向の変化率である．μ は曲線の**捩率** (れいりつ) とよばれ，その逆数 $\tau = \dfrac{1}{\mu}$ は，**捩率半径**とよばれる．(5.46) より，$\boldsymbol{n} = \boldsymbol{b} \times \boldsymbol{t}$ であるから，

$$\boldsymbol{n}' = \boldsymbol{b}' \times \boldsymbol{t} + \boldsymbol{b} \times \boldsymbol{t}' = -\mu \boldsymbol{n} \times \boldsymbol{t} + \boldsymbol{b} \times \kappa \boldsymbol{n} = \mu \boldsymbol{b} - \kappa \boldsymbol{t} \tag{5.50}$$

となる．したがって，次の**フレネ–セレ**の公式を得る．

$$\frac{d\boldsymbol{t}}{ds} = \kappa \boldsymbol{n}, \tag{5.51}$$

$$\frac{d\boldsymbol{n}}{ds} = -\kappa \boldsymbol{t} + \mu \boldsymbol{b}, \tag{5.52}$$

$$\frac{d\boldsymbol{b}}{ds} = -\mu \boldsymbol{n}. \tag{5.53}$$

5.1.2 回転系での微分

図 5.8 のように，3 次元空間において，原点を O として空間に固定した直交座標系 (x_1, x_2, x_3) と，原点は同じで，(x_1, x_2, x_3) に対して運動している直交座標系 (y_1, y_2, y_3) を考える．この系を回転系とよぼう．これらはいずれも右手系とする．直交座標系 (x_1, x_2, x_3) の正規直交基底ベクトルを $\boldsymbol{i}_1, \boldsymbol{i}_2, \boldsymbol{i}_3$ とし，直交座標系 (y_1, y_2, y_3) の正規直交基底ベクトルを $\boldsymbol{j}_1, \boldsymbol{j}_2, \boldsymbol{j}_3$ とする．$\boldsymbol{j}_1, \boldsymbol{j}_2, \boldsymbol{j}_3$

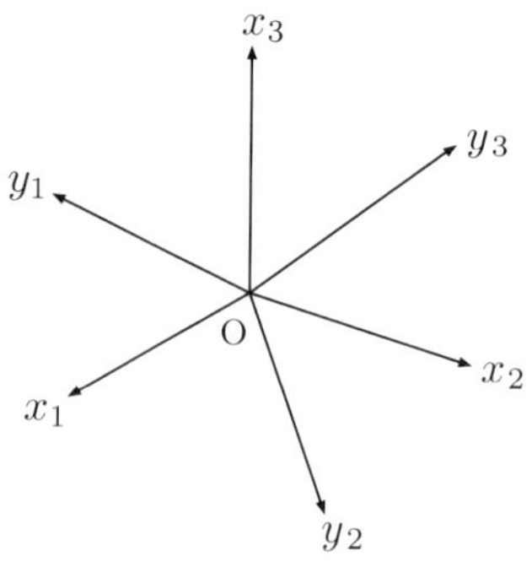

図 5.8

は時間に依存して変化する．ある質点の位置ベクトル $\boldsymbol{r}$ が次のように表されているとする．

$$\boldsymbol{r} = x_1\boldsymbol{i}_1 + x_2\boldsymbol{i}_2 + x_3\boldsymbol{i}_3 \tag{5.54}$$

$$= y_1\boldsymbol{j}_1 + y_2\boldsymbol{j}_2 + y_3\boldsymbol{j}_3 \tag{5.55}$$

つまり，x_k は固定系でみた座標，y_k は回転系でみた座標である．このとき，$\boldsymbol{r}$ の時間微分は，

$$\frac{d\boldsymbol{r}}{dt} = \sum_{k=1}^{3} \frac{dx_k}{dt}\boldsymbol{i}_k = \sum_{k=1}^{3} \left(\frac{dy_k}{dt}\boldsymbol{j}_k + y_k\frac{d\boldsymbol{j}_k}{dt}\right) \tag{5.56}$$

となる．$\sum_k \frac{dy_k}{dt}\boldsymbol{j}_k$ は，回転系での時間微分を表している．したがって，固定系での時間微分を $\left(\frac{d\boldsymbol{r}}{dt}\right)_{\mathrm{f}}$，回転系での時間微分を $\left(\frac{d\boldsymbol{r}}{dt}\right)_{\mathrm{r}}$ と表すと，

$$\left(\frac{d\boldsymbol{r}}{dt}\right)_{\mathrm{f}} = \sum_{k=1}^{3} \frac{dx_k}{dt}\boldsymbol{i}_k, \tag{5.57}$$

$$\left(\frac{d\boldsymbol{r}}{dt}\right)_{\mathrm{r}} = \sum_{k=1}^{3} \frac{dy_k}{dt}\boldsymbol{j}_k \tag{5.58}$$

となる．次に，$\sum_{k=1}^{3} y_k\frac{d\boldsymbol{j}_k}{dt}$ を計算しよう．$\boldsymbol{j}_k$ の時間微分を次のように表す．

$$\frac{d\boldsymbol{j}_1}{dt} = \sum_{k=1}^{3} \omega_{1k}\boldsymbol{j}_k, \tag{5.59}$$

$$\frac{d\boldsymbol{j}_2}{dt} = \sum_{k=1}^{3} \omega_{2k}\boldsymbol{j}_k, \tag{5.60}$$

$$\frac{d\boldsymbol{j}_3}{dt} = \sum_{k=1}^{3} \omega_{3k}\boldsymbol{j}_k. \tag{5.61}$$

これをまとめて次のように書く．

$$\frac{d\boldsymbol{j}_k}{dt} = \sum_{l=1}^{3} \omega_{kl}\boldsymbol{j}_l. \tag{5.62}$$

$(\boldsymbol{j}_k, \boldsymbol{j}_l) = \delta_{kl}$ であるから，この式を微分して

$$\left(\frac{d\boldsymbol{j}_k}{dt}, \boldsymbol{j}_l\right) + \left(\boldsymbol{j}_k, \frac{d\boldsymbol{j}_l}{dt}\right) = 0 \tag{5.63}$$

を得る．(5.62) を用いて計算すると，

$$\omega_{kk} = 0, \tag{5.64}$$

$$\omega_{kl} + \omega_{lk} = 0 \qquad (k \neq l) \tag{5.65}$$

となる．これらの式から，独立なものは 3 個であることが分かるが，それらを

$$\omega_1 = \omega_{23} = -\omega_{32}, \tag{5.66}$$

$$\omega_2 = \omega_{31} = -\omega_{13}, \tag{5.67}$$

$$\omega_3 = \omega_{12} = -\omega_{21} \tag{5.68}$$

とおくと，

$$\frac{d\boldsymbol{j}_1}{dt} = \omega_3 \boldsymbol{j}_2 - \omega_2 \boldsymbol{j}_3, \tag{5.69}$$

$$\frac{d\boldsymbol{j}_2}{dt} = -\omega_3 \boldsymbol{j}_1 + \omega_1 \boldsymbol{j}_3, \tag{5.70}$$

$$\frac{d\boldsymbol{j}_3}{dt} = \omega_2 \boldsymbol{j}_1 - \omega_1 \boldsymbol{j}_2 \tag{5.71}$$

となる．したがって，

$$\sum_{k=1}^{3} y_k \frac{d\boldsymbol{j}_k}{dt} = (\omega_2 y_3 - \omega_3 y_2)\boldsymbol{j}_1 + (\omega_3 y_1 - \omega_1 y_3)\boldsymbol{j}_2 + (\omega_1 y_2 - \omega_2 y_1)\boldsymbol{j}_3$$

となる．ここで，

$$\boldsymbol{\omega} = \sum_{k=1}^{3} \omega_k \boldsymbol{j}_k \tag{5.72}$$

と定義すると，

$$\sum_{k=1}^{3} y_k \frac{d\boldsymbol{j}_k}{dt} = \boldsymbol{\omega} \times \boldsymbol{r} \tag{5.73}$$

となる．(5.56), (5.57), (5.58), (5.73) より，

$$\left(\frac{d\boldsymbol{r}}{dt}\right)_{\mathrm{f}} = \left(\frac{d\boldsymbol{r}}{dt}\right)_{\mathrm{r}} + \boldsymbol{\omega} \times \boldsymbol{r} \tag{5.74}$$

となる．$\displaystyle\sum_{k=1}^{3} y_k \frac{d\boldsymbol{j}_k}{dt}$ の意味を考えるために，$\boldsymbol{r}$ が回転系に固定されている場合を考えよう． このとき，$\dfrac{dy_k}{dt} = 0$ であるから，$\left(\dfrac{d\boldsymbol{r}}{dt}\right)_{\mathrm{r}} = \boldsymbol{0}$ である．したがって，

$$\left(\frac{d\boldsymbol{r}}{dt}\right)_{\mathrm{f}} = \boldsymbol{\omega} \times \boldsymbol{r} \tag{5.75}$$

となる．この式より，Δt 秒間における固定系での $\boldsymbol{r}$ の変化 $\Delta\boldsymbol{r}$ は，$\Delta\boldsymbol{r} \simeq \boldsymbol{\omega} \times \boldsymbol{r}\Delta t$ であるから，$\Delta\boldsymbol{r}$ は $\boldsymbol{\omega}$ と $\boldsymbol{r}$ にほぼ垂直で図 5.9 の向きとなる．

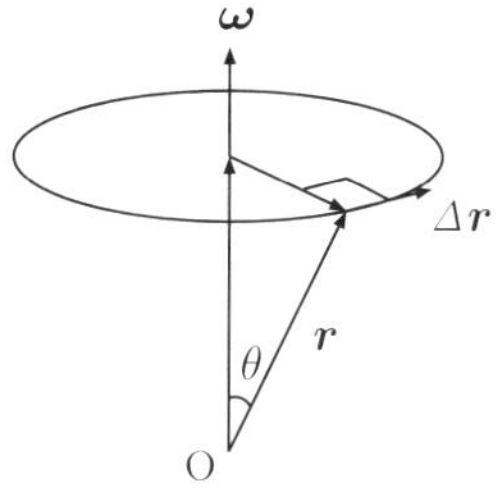

図 5.9

したがって，$\boldsymbol{r}$ は $\boldsymbol{\omega}$ を軸として回転しており，$|\Delta\boldsymbol{r}| \simeq \omega r \sin\theta \Delta t$ であるから，回転角 $\Delta\phi$ は，

$$\Delta\phi = \frac{|\Delta\boldsymbol{r}|}{r\sin\theta} \simeq \omega\Delta t$$

となる．ここで，$\omega = |\boldsymbol{\omega}|$ で，θ は $\boldsymbol{r}$ と $\boldsymbol{\omega}$ のなす角である．つまり，回転の角速度の大きさ $\displaystyle\lim_{\Delta t \to 0} \frac{\Delta\phi}{\Delta t}$ は ω に等しい．すなわち，$\boldsymbol{r}$ は $\boldsymbol{\omega}$ のまわりに角速度 ω で回転する．よって，$\displaystyle\sum_{k=1}^{3} y_k \frac{d\boldsymbol{j}_k}{dt}$ は回転系の固定系に対する回転運動を表しており，$\boldsymbol{\omega}$ は**瞬間の角速度**である．

以上は位置ベクトル $\boldsymbol{r}$ についての式であるが，一般にベクトル $\boldsymbol{A}$ についても同様の議論により，

$$\left(\frac{d\boldsymbol{A}}{dt}\right)_{\mathrm{f}} = \left(\frac{d\boldsymbol{A}}{dt}\right)_{\mathrm{r}} + \boldsymbol{\omega} \times \boldsymbol{A} \tag{5.76}$$

となる．

5.1.3 回転系における運動方程式

ここでは，回転系におけるニュートンの運動方程式を導こう．ニュートンの運動方程式が成り立つ系を**慣性系**とよぶ．空間に固定した座標系を慣性系とし

よう．前節と同様に，原点を O とする直交座標系 (x_1, x_2, x_3) をとる．

まず，原点は同じで，(x_1, x_2, x_3) に対して回転している直交座標系 (y_1, y_2, y_3) を考えよう．(5.76) の $\boldsymbol{A}$ に $\left(\dfrac{d\boldsymbol{r}}{dt}\right)_{\mathrm{f}}$ を代入すると，

$$\begin{aligned}\left(\frac{d^2\boldsymbol{r}}{dt^2}\right)_{\mathrm{f}} &= \left(\frac{d}{dt}\left(\frac{d\boldsymbol{r}}{dt}\right)_{\mathrm{f}}\right)_{\mathrm{r}} + \boldsymbol{\omega}\times\left(\frac{d\boldsymbol{r}}{dt}\right)_{\mathrm{f}} \\ &= \left(\frac{d}{dt}\left\{\left(\frac{d\boldsymbol{r}}{dt}\right)_{\mathrm{r}} + \boldsymbol{\omega}\times\boldsymbol{r}\right\}\right)_{\mathrm{r}} + \boldsymbol{\omega}\times\left(\left(\frac{d\boldsymbol{r}}{dt}\right)_{\mathrm{r}} + \boldsymbol{\omega}\times\boldsymbol{r}\right) \\ &= \left(\frac{d^2\boldsymbol{r}}{dt^2}\right)_{\mathrm{r}} + \left(\frac{d\boldsymbol{\omega}}{dt}\right)_{\mathrm{r}}\times\boldsymbol{r} + 2\boldsymbol{\omega}\times\left(\frac{d\boldsymbol{r}}{dt}\right)_{\mathrm{r}} + \boldsymbol{\omega}\times(\boldsymbol{\omega}\times\boldsymbol{r}) \end{aligned} \tag{5.77}$$

となる．慣性系では，運動方程式 $\dfrac{d^2\boldsymbol{r}}{dt^2} = \boldsymbol{F}$ が成り立つので，回転系における運動方程式は

$$\begin{aligned} &m\left(\frac{d^2\boldsymbol{r}}{dt^2}\right)_{\mathrm{r}} \\ &= \boldsymbol{F} + m\boldsymbol{r}\times\left(\frac{d\boldsymbol{\omega}}{dt}\right)_{\mathrm{r}} + 2m\left(\frac{d\boldsymbol{r}}{dt}\right)_{\mathrm{r}}\times\boldsymbol{\omega} + m\boldsymbol{\omega}\times(\boldsymbol{r}\times\boldsymbol{\omega}) \end{aligned} \tag{5.78}$$

となる．右辺の第 2 項から 4 項までは，座標系が回転していることによって生じる．これらを**慣性力**という．$m\boldsymbol{r}\times\left(\dfrac{d\boldsymbol{\omega}}{dt}\right)_{\mathrm{r}}$ は回転運動が一様でない場合の寄与で，$2m\left(\dfrac{d\boldsymbol{r}}{dt}\right)_{\mathrm{r}}\times\boldsymbol{\omega}$ は，いわゆる**コリオリ力**である．北半球で発生する台風の渦が反時計回りになるのはこの力のためである．つまり，低気圧の中心に風が吹き込むときに進行方向右向きにコリオリ力が働くため，風が中心より右側にそれ，渦が反時計まわりになる．$m\boldsymbol{\omega}\times(\boldsymbol{r}\times\boldsymbol{\omega})$ は**遠心力**で，回転軸からの距離を ρ とすると，大きさが $m\rho\omega^2$ で $\boldsymbol{r}$ と $\boldsymbol{\omega}$ のつくる平面内にあり，$\boldsymbol{\omega}$ に垂直な向きで，$\boldsymbol{r}$ の位置から見ると軸から外向きを向く．

次に，回転系が，慣性系に対して並進運動している場合を考えよう．すなわち，回転系の原点 O′ がある直線上を運動する場合を考える．O′ の位置ベクトルを $\boldsymbol{R}$ とする．回転系における位置ベクトルを $\boldsymbol{r}'$ とすると，

$$\boldsymbol{r} = \boldsymbol{R} + \boldsymbol{r}' \tag{5.79}$$

であるから，

$$\left(\frac{d\boldsymbol{r}}{dt}\right)_{\mathrm{f}} = \boldsymbol{V} + \left(\frac{d\boldsymbol{r}'}{dt}\right)_{\mathrm{r}} + \boldsymbol{\omega} \times \boldsymbol{r}' \tag{5.80}$$

となる．ここで，$\left(\dfrac{d\boldsymbol{R}}{dt}\right)_{\mathrm{f}} = \boldsymbol{V}$ は，回転系の並進運動の速度である．回転系での運動方程式は，回転運動のみの場合に $\boldsymbol{r}$ に関して行った操作を $\boldsymbol{r}'$ について行えばよいので，

$$\begin{aligned} & m\left(\frac{d^2\boldsymbol{r}'}{dt^2}\right)_{\mathrm{r}} \\ & = \boldsymbol{F} - m\left(\frac{d\boldsymbol{V}}{dt}\right)_{\mathrm{f}} + m\boldsymbol{r}' \times \left(\frac{d\boldsymbol{\omega}}{dt}\right)_{\mathrm{r}} + 2m\left(\frac{d\boldsymbol{r}'}{dt}\right)_{\mathrm{r}} \times \boldsymbol{\omega} + \boldsymbol{\omega} \times (\boldsymbol{r}' \times \boldsymbol{\omega}) \end{aligned} \tag{5.81}$$

となる．この結果より，並進運動の効果は右辺第 2 項で表され，並進運動の加速度に比例し，それと逆向きの力が働いているのと同じであることが分かる．これは**慣性力**とよばれる．電車が加速しながら直線運動をしているときに，つり革が進行方向と逆向きに傾き，進行方向と逆向きの力が働いているように見えるが，それはこの項によって説明される．

5.2 スカラー場やベクトル場の微分

この節では，スカラー場やベクトル場の微分について説明する．ここでは，主として 3 次元空間で考える．

3 次元空間に原点を O とする直交座標系 (O, x, y, z) をとる．正規直交基底を $(\boldsymbol{i}, \boldsymbol{j}, \boldsymbol{k})$ として，点 P での位置ベクトル $\overrightarrow{\mathrm{OP}}$ を $\boldsymbol{x}$ とする．$\boldsymbol{x} = (x, y, z)$ とする．

まず，場の定義を述べる．$\mathbb{R}^3$ 内のある領域を D とする．

スカラー場

D 内の各点 $\boldsymbol{x}$ において，スカラー[7] $\phi(\boldsymbol{x})$ が定義されているとき，$\phi(\boldsymbol{x})$ を**スカラー場**とよぶ．すなわち，D から $\mathbb{R}$ への関数がスカラー場である．

---

7) スカラーやベクトルについては，4.1.2 節参照.

たとえば，部屋の各点における温度 T や，空間に質量をもった質点系が配置されているときの空間の各点における重力の位置エネルギーなどはスカラー場である．

ベクトル場

D 内の各点 $\boldsymbol{x}$ において，ベクトル $\boldsymbol{A}(\boldsymbol{x})$ が定義されているとき，$\boldsymbol{A}(\boldsymbol{x})$ を**ベクトル場**とよぶ．値域が $\mathbb{R}^3$(の部分集合) となる写像を (3 次元の) **ベクトル値関数**という．したがって，D から $\mathbb{R}^3$ へのベクトル値関数がベクトル場である．

たとえば，室内の空気の流れや，川の水の流れにおける流れの速度ベクトル $\boldsymbol{v}(\boldsymbol{x})$ や，点電荷が分布しているとき，点 $\boldsymbol{x}$ に単位電荷をおいたときに働く力，すなわち電場 $\boldsymbol{E}(\boldsymbol{x})$ などである．

スカラー場の勾配，グラディエント，grad

スカラー場 $\phi(\boldsymbol{x})$ の**勾配**を次のように定義する．

$$\begin{aligned}\mathrm{grad}\ \phi(\boldsymbol{x}) = \nabla\phi(\boldsymbol{x}) &= \left(\boldsymbol{i}\frac{\partial}{\partial x} + \boldsymbol{j}\frac{\partial}{\partial y} + \boldsymbol{k}\frac{\partial}{\partial z}\right)\phi(\boldsymbol{x}) \\ &= \frac{\partial\phi}{\partial x}\boldsymbol{i} + \frac{\partial\phi}{\partial y}\boldsymbol{j} + \frac{\partial\phi}{\partial z}\boldsymbol{k}.\end{aligned}$$

ここで，

$$\nabla = \boldsymbol{i}\frac{\partial}{\partial x} + \boldsymbol{j}\frac{\partial}{\partial y} + \boldsymbol{k}\frac{\partial}{\partial z}$$

は，**ナブラ**とよばれる微分演算子で，スカラー場 ϕ に作用してベクトル場 $\nabla\phi$ を生成する．勾配は，**グラディエント**ともよばれる．

問 5.2.1 (1) スカラー場 $\phi(\boldsymbol{x})$ の勾配 $\nabla\phi(\boldsymbol{x})$ は，ベクトル場となることを示せ．

(2) ナブラ演算子は，ベクトルの変換則を満たすことを示せ．

$\nabla\phi$ の意味を考える前に，まずスカラー場の方向微分を考えよう．

方向微分

x, y などの軸方向の偏微分は第 1 章で定義したが，ここでは一般の直線の方向の偏微分，**方向微分**を定義する．$\boldsymbol{u}=(u_x,u_y,u_z)$ を単位ベクトルとする．スカラー場 $\phi(\boldsymbol{x})$ の $\boldsymbol{u}$ の向きへの方向微分とは，$\boldsymbol{u}$ の向きへの ϕ の変化率で定義される．すなわち，

$$\lim_{h\to 0}\frac{\phi(\boldsymbol{x}+h\boldsymbol{u})-\phi(\boldsymbol{x})}{h}$$

が存在するとき，これを $D_{\boldsymbol{u}}\phi$ と書く．合成関数の微分法により

$$D_{\boldsymbol{u}}\phi=\frac{\partial\phi}{\partial x}u_x+\frac{\partial\phi}{\partial y}u_y+\frac{\partial\phi}{\partial z}u_z=(\nabla\phi,\boldsymbol{u}) \tag{5.82}$$

となる．

さて，スカラー場 ϕ の勾配の意味を考えるために，$\phi=C$(一定) の曲面を考えよう．この曲面上の 2 つの曲線のパラメータ表示が次のように与えられているとする (図 5.10 参照).

$$\boldsymbol{x}(t)=(x(t),y(t),z(t))\,, \tag{5.83}$$

$$\bar{\boldsymbol{x}}(t)=(\bar{x}(t),\bar{y}(t),\bar{z}(t))\,. \tag{5.84}$$

2 つの曲線は，$t=t_0$ のとき有限の角度で交差するとし，この点を $\boldsymbol{x}_0$ とする．

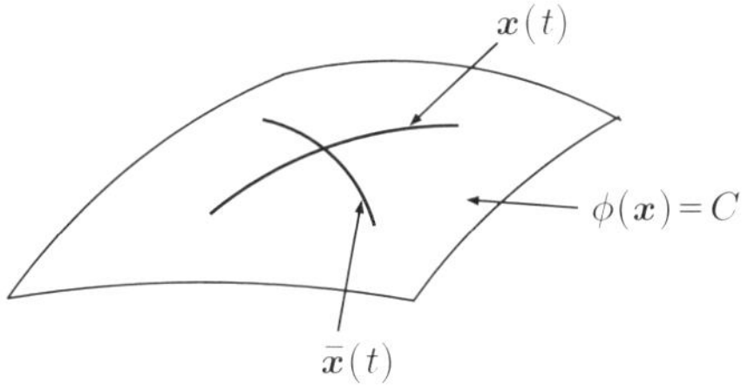

図 **5.10**

このとき，交点における接線ベクトルは，$\left.\dfrac{d\boldsymbol{x}}{dt}\right|_{t=t_0}$, $\left.\dfrac{d\bar{\boldsymbol{x}}}{dt}\right|_{t=t_0}$ となり，この 2 つの接線ベクトルで張られる平面が曲面上の点 $\boldsymbol{x}_0$ における接平面である．一方，2 つの曲線は，$\phi=C$(一定) の曲面上にあるから，

$$\phi(\boldsymbol{x}(t))=C, \tag{5.85}$$

$$\phi(\bar{\boldsymbol{x}}(t))=C \tag{5.86}$$

である．これらを t で微分すると，

$$\frac{d}{dt}\phi(\boldsymbol{x}(t)) = \frac{\partial\phi}{\partial x}\frac{dx}{dt} + \frac{\partial\phi}{\partial y}\frac{dy}{dt} + \frac{\partial\phi}{\partial z}\frac{dz}{dt} = \left(\nabla\phi(\boldsymbol{x}(t)), \frac{d\boldsymbol{x}}{dt}\right) = 0, \qquad (5.87)$$

$$\frac{d}{dt}\phi(\bar{\boldsymbol{x}}(t)) = \left(\nabla\phi(\bar{\boldsymbol{x}}(t)), \frac{d\bar{\boldsymbol{x}}}{dt}\right) = 0 \qquad (5.88)$$

となる．したがって，$\nabla\phi(\boldsymbol{x}(t_0)) = \nabla\phi(\bar{\boldsymbol{x}}(t_0))$ は，交点における接平面に直交する．すなわち，$\nabla\phi$ は，$\phi =$ 一定 の面の法線方向を向いている (図 5.11 参照).

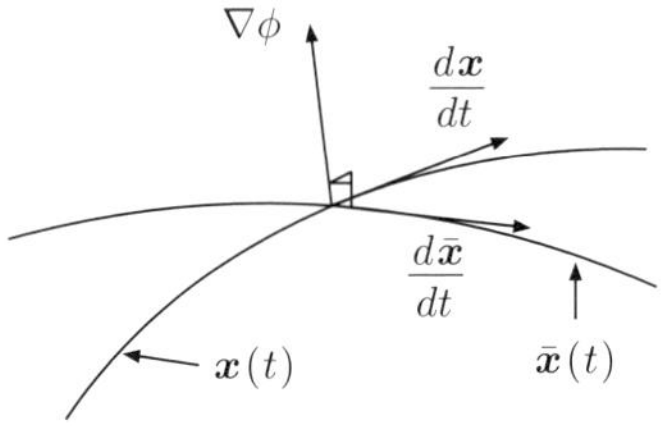

図 5.11

また，ϕ の $\boldsymbol{u}$ の向きへの方向微分は，(5.82) より，$D_{\boldsymbol{u}}\phi = (\nabla\,\phi, \boldsymbol{u})$ であるが，この値は $\boldsymbol{u}$ が $\nabla\,\phi$ の向きに一致するとき最大になる．したがって，$\nabla\,\phi$ は，ϕ がもっとも急激に増加する向きを向いている．

例　点電荷 $q(>0)$ が原点 O に置かれているときに，点 P における電位 ϕ は，P の位置ベクトルを $\boldsymbol{r}$ とすると，

$$\phi(\boldsymbol{r}) = k\frac{q}{r} \qquad (5.89)$$

で与えられる．ここで，$k(>0)$ は正の定数で，$r = |\boldsymbol{r}|$ である．このとき，

$$\nabla\phi(\boldsymbol{r}) = -k\frac{q}{r^3}\boldsymbol{r} \qquad (5.90)$$

となる．これは，$-\boldsymbol{r}$ の向きを持つので，O を中心とする球面，すなわち $\phi =$ 一定 の面に垂直である．また，$\nabla\phi$ の向きに ϕ がもっとも急激に増加することもわかる．一方，点 P での電場 $\boldsymbol{E}(\boldsymbol{r})$ は，

$$\boldsymbol{E}(\boldsymbol{r}) = k\frac{q}{r^3}\boldsymbol{r} \qquad (5.91)$$

であるから，$\boldsymbol{E} = -\nabla\phi$ となる．

ベクトル場の発散，ダイバージェンス，湧きだし，div

ベクトル場 $\boldsymbol{A}(\boldsymbol{x}) = (A_x(\boldsymbol{x}), A_y(\boldsymbol{x}), A_z(\boldsymbol{x}))$ の**発散**は，次式で定義される．

$$\nabla \cdot \boldsymbol{A} = \mathrm{div}\boldsymbol{A} = \frac{\partial}{\partial x}A_x + \frac{\partial}{\partial y}A_y + \frac{\partial}{\partial z}A_z. \tag{5.92}$$

発散は，**ダイバージェンス**，**湧きだし**ともよばれる．記号 $\nabla \cdot \boldsymbol{A}$ は，ナブラ演算子 $\nabla = \boldsymbol{i}\dfrac{\partial}{\partial x} + \boldsymbol{j}\dfrac{\partial}{\partial y} + \boldsymbol{k}\dfrac{\partial}{\partial z}$ とベクトル $\boldsymbol{A}$ との形式的な内積を表している．

問 5.2.2 ベクトル場 $\boldsymbol{A}(\boldsymbol{x})$ の発散はスカラー場となることを示せ．

発散 $\nabla \cdot \boldsymbol{A}$ の意味を考えるために，点 $\boldsymbol{x}$ におけるベクトル $\boldsymbol{A}(\boldsymbol{x})$ が，なんらかの量の単位時間あたりの流れの密度を表していると考える．つまり，$\boldsymbol{A}$ の向きが流れの向きであり，$\boldsymbol{A}$ に垂直な面の単位面積，単位時間あたりに通過する量が $|\boldsymbol{A}|$ であるとする．図 5.12 のように，原点 O を中心とする体積 $\Delta V = \Delta x \Delta y \Delta z$ の直方体 ABCDEFGH から出ていく流れの量を計算する．面 ABCD から Δt 時間に出ていく流れの量を ΔX_1 とすると，これは，体積 $A_x \Delta t \Delta y \Delta z$ 内にある流れの量である (図 5.13 参照)．直方体の体積が十分小さいとして，ベクトルの成分の値を面の中心での値で近似すると，

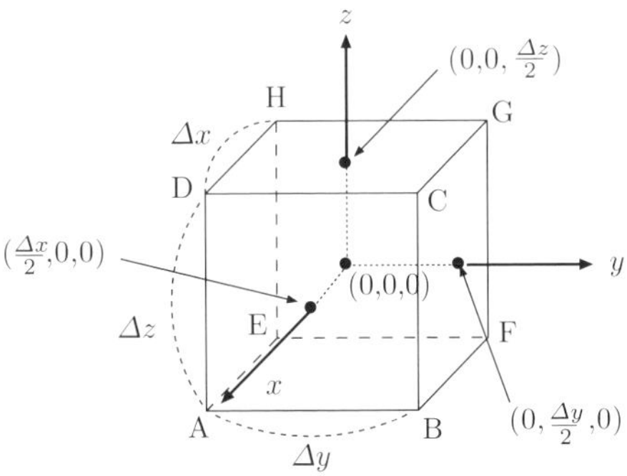

図 **5.12**

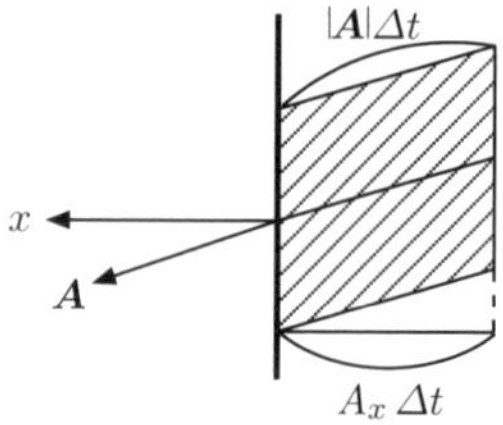

図 5.13　x 方向に出ていく流れの量 $A_x \Delta t \cdot \Delta y \Delta z$.
y 軸の正の方向から見た側面図

$$\begin{aligned}\Delta X_1 &\simeq A_x(\frac{\Delta x}{2}, 0, 0)\Delta t \Delta y \Delta z \\ &\simeq \left\{ A_x(0,0,0) + \frac{\Delta x}{2}\frac{\partial A_x}{\partial x}\bigg|_{(0,0,0)} \right\} \Delta t \Delta y \Delta z\end{aligned}$$

となる．ここで，テイラー展開の 1 次の項までとった．同様にして，面 EFGH から Δt 時間に流れ込む量 ΔX_2 は，

$$\begin{aligned}\Delta X_2 &\simeq A_x(-\frac{\Delta x}{2}, 0, 0)\Delta t \Delta y \Delta z \\ &= \left\{ A_x(0,0,0) - \frac{\Delta x}{2}\frac{\partial A_x}{\partial x}\bigg|_{(0,0,0)} \right\} \Delta t \Delta y \Delta z\end{aligned}$$

となる．よって，x 軸に垂直な面から単位時間あたりに出ていく量 ΔX は，

$$\Delta X \simeq \frac{X_1 - X_2}{\Delta t} = \frac{\partial}{\partial x} A_x \bigg|_{(0,0,0)} \Delta x \Delta y \Delta z$$

となる．他の面も同様に考え，単位時間あたりに y 軸，z 軸に垂直な面から出ていく流れの量を，それぞれ $\Delta Y, \Delta Z$ とすると，

$$\Delta Y \simeq \frac{\partial}{\partial y} A_y \bigg|_{(0,0,0)} \Delta x \Delta y \Delta z$$

$$\Delta Z \simeq \frac{\partial}{\partial z} A_z \bigg|_{(0,0,0)} \Delta x \Delta y \Delta z$$

となる．したがって，単位時間あたりに直方体から出ていく流れの量は

$$\Delta X + \Delta Y + \Delta Z \simeq \left\{ \frac{\partial}{\partial x} A_x + \frac{\partial}{\partial y} A_y + \frac{\partial}{\partial z} A_z \right\}\bigg|_{(0,0,0)} \Delta V$$

となる．ここで $\varDelta V = \varDelta x \varDelta y \varDelta z$ は直方体の体積である．よって，点 $(0,0,0)$ のまわりの単位体積あたりから単位時間に出ていく流れの量は，

$$\lim_{\varDelta V \to 0} \frac{\varDelta X + \varDelta Y + \varDelta Z}{\varDelta V} = \operatorname{div} \boldsymbol{A}\big|_{(0,0,0)} \tag{5.93}$$

となり，ベクトル場 $\boldsymbol{A}$ の発散で与えられる．発散が湧きだしとよばれるのはこのような理由による．

例として，流体の速度場 $\boldsymbol{v}(\boldsymbol{x},t)$ と密度場 $\rho(\boldsymbol{x},t)$ を考えよう．上の説明の際には，時間 t はあらわに記さなかったが，ここではそれも明記する．$\boldsymbol{A} = \rho \boldsymbol{v}$ とおくと，$\boldsymbol{A}$ は，単位時間あたりの流体の質量の流れを表す．上と同様に，$\varDelta t$ 時間に直方体から出ていく質量 $\varDelta J$ は，

$$\varDelta J \simeq \operatorname{div}(\rho \boldsymbol{v})\big|_{(0,0,0,t)} \varDelta V \varDelta t$$

である．一方，直方体内の質量の変化 $\varDelta M$ は，

$$\varDelta M \simeq \rho(0,0,0,t+\varDelta t)\varDelta V - \rho(0,0,0,t)\varDelta V \simeq \left.\frac{\partial \rho}{\partial t}\right|_{(0,0,0,t)} \varDelta t \varDelta V$$

となる．質量は保存されるから，$\varDelta J + \varDelta M = 0$ となる． 各々の量を $\varDelta t \varDelta V$ で割って $\varDelta t \to 0$，$\varDelta V \to 0$ の極限をとると，次式を得る．

$$\left.\frac{\partial \rho}{\partial t}\right|_{(0,0,0,t)} + \operatorname{div}(\rho \boldsymbol{v})\big|_{(0,0,0,t)} = 0.$$

時刻と場所は任意であるから，任意の $\boldsymbol{x}, t$ で

$$\frac{\partial \rho}{\partial t} + \operatorname{div}(\rho \boldsymbol{v}) = 0$$

となる．これは，**連続の式**とよばれ，**質量の保存則**を表している．

ある領域で $\nabla \cdot \boldsymbol{A} = 0$ となるとき，その領域内の任意の点からの湧きだしはない．このようなベクトル場を**ソレノイダル**という．たとえば，電磁気学における磁束密度 $\boldsymbol{B}$ は，$\operatorname{div} \boldsymbol{B} = 0$ である．これは，正または負の単独の磁荷 (モノポール) が存在しないことを意味している．

問 5.2.3 点電荷 $q(>0)$ が原点にあるときの電場 $\boldsymbol{E}(\boldsymbol{x})$ は，(5.91) のようにクーロンの法則より

$$\boldsymbol{E}(\boldsymbol{x}) = kq\frac{\boldsymbol{x}}{|\boldsymbol{x}|^3}$$

で与えられる．ここで k は正の定数．$\boldsymbol{x} \neq \boldsymbol{0}$ のとき，

$$\nabla \cdot \frac{\boldsymbol{x}}{|\boldsymbol{x}|^3} = 0$$

を示せ．したがって，$\nabla \cdot \boldsymbol{E} = 0$ となる．

問 5.2.4 前問で，電場 $\boldsymbol{E}$ について，$\boldsymbol{x} \neq 0$ のとき，$\mathrm{div}\boldsymbol{E} = 0$ となることを示したが，原点を中心とする半径 r の球面 S_r を考えると，$\boldsymbol{E}$ は S_r の上で大きさが一定で，その向きは S_r に垂直で外向きである．したがって，S_r からの $\boldsymbol{E}$ の湧きだしは正である．したがって，$\mathrm{div}\boldsymbol{E} = 0$ と矛盾するようにも思える．これについて考察せよ．

ベクトル場の回転，循環，ローテーション，rot，curl

ベクトル場 $\boldsymbol{A}$ の**回転**は次式で定義される．

$$\nabla \times \boldsymbol{A} = \mathrm{rot}\boldsymbol{A} = \mathrm{curl}\boldsymbol{A} = \left(\boldsymbol{i}\frac{\partial}{\partial x} + \boldsymbol{j}\frac{\partial}{\partial y} + \boldsymbol{k}\frac{\partial}{\partial z}\right) \times (A_x\boldsymbol{i} + A_y\boldsymbol{j} + A_z\boldsymbol{k})$$

$$= \left(\frac{\partial}{\partial y}A_z - \frac{\partial}{\partial z}A_y\right)\boldsymbol{i} + \left(\frac{\partial}{\partial z}A_x - \frac{\partial}{\partial x}A_z\right)\boldsymbol{j} + \left(\frac{\partial}{\partial x}A_y - \frac{\partial}{\partial y}A_x\right)\boldsymbol{k}.$$

これは，形式的に，

$$\nabla \times \boldsymbol{A} = \begin{vmatrix} \boldsymbol{i} & \boldsymbol{j} & \boldsymbol{k} \\ \dfrac{\partial}{\partial x} & \dfrac{\partial}{\partial y} & \dfrac{\partial}{\partial z} \\ A_x & A_y & A_z \end{vmatrix}$$

と書くことができる．回転は，**循環**，**ローテーション**ともよばれる．

問 5.2.5 ベクトル場 $\boldsymbol{A}$ の回転，$\nabla \times \boldsymbol{A}$ は，**偽ベクトル場**であることを示せ．

ベクトル場の回転の意味を考えるために，流体の速度場 $\boldsymbol{v}$ を考える．図 5.14 のように，$z = 0$ の x, y 平面内で，原点 O を中心とする長方形 ABCD を考える．$z = 0$ の面内で考えるので，以下では，x, y 成分のみをあらわに書く．図の向きに長方形の 4 つの辺にそって一周するときの $\boldsymbol{v}$ の循環量を，経路に沿っ

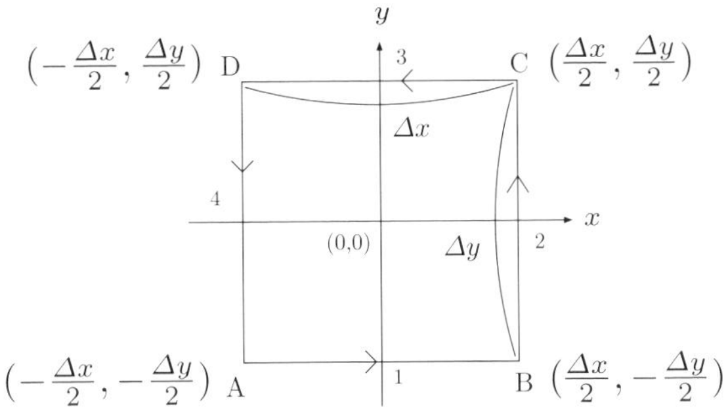

図 **5.14**

た $\boldsymbol{v}$ の線積分[8]で定義する．長方形の辺 AB, CD の長さを Δx，辺 BC, DA の長さを Δy とし，その面積を $\Delta S = \Delta x \Delta y$ とする．長方形は十分小さいとすると，各辺に沿った循環は，近似的に

(辺の中心における速度場の辺方向の成分) $\times$ 辺の長さ

と表されるので，辺 AB, BC, CD, DA の寄与を $\Delta X_1, \Delta X_2, \Delta X_3, \Delta X_4$ とすると，それらは以下のようになる．

$$\begin{aligned}
\mathrm{AB} : \Delta X_1 &\simeq v_x\left(0, -\frac{\Delta y}{2}\right)\Delta x, \\
\mathrm{BC} : \Delta X_2 &\simeq v_y\left(\frac{\Delta x}{2}, 0\right)\Delta y, \\
\mathrm{CD} : \Delta X_3 &\simeq -v_x\left(0, \frac{\Delta y}{2}\right)\Delta x, \\
\mathrm{DA} : \Delta X_4 &\simeq -v_y\left(-\frac{\Delta x}{2}, 0\right)\Delta y.
\end{aligned}$$

テイラー展開の 1 次の項まで求めると，

$$\begin{aligned}
v_x\left(0, \pm\frac{\Delta y}{2}\right) &\simeq v_x(0,0) \pm \frac{\Delta y}{2}\frac{\partial}{\partial y}v_x\bigg|_{(0,0)}, \\
v_y\left(\pm\frac{\Delta x}{2}, 0\right) &\simeq v_y(0,0) \pm \frac{\Delta x}{2}\frac{\partial}{\partial x}v_y\bigg|_{(0,0)}
\end{aligned}$$

となるので，

8) 線積分については，5.3 節参照.

$$\Delta X_1 + \Delta X_3 \simeq -\frac{\partial}{\partial y} v_x \bigg|_{(0,0)} \Delta x \Delta y,$$
$$\Delta X_2 + \Delta X_4 \simeq \frac{\partial}{\partial x} v_y \bigg|_{(0,0)} \Delta x \Delta y$$

となる．したがって，x, y 平面内の原点のまわりの単位面積当たりの循環量は，

$$\lim_{\Delta S \to 0} \frac{\Delta X_1 + \Delta X_2 + \Delta X_3 + \Delta X_4}{\Delta S} = \left\{ \frac{\partial v_y}{\partial x} - \frac{\partial v_x}{\partial y} \right\} \bigg|_{(0,0)}$$
$$= (\nabla \times \boldsymbol{v})_z|_{(0,0)}$$

となり，$\nabla \times \boldsymbol{v}$ の z 成分となる．これが，$\nabla \times \boldsymbol{v}$ が循環とよばれる理由である．

ここでは，xy 平面内での循環量を考えたが，以下で示すように，任意の平面で同様の議論を行うことができる．すなわち，任意の平面内における単位面積当たりの循環は，$(\nabla \times \boldsymbol{v}, \boldsymbol{n})$ となる．ここで，$\boldsymbol{n}$ は，その平面の法線ベクトルであり，その向きは，閉曲線の向きに右ネジを回したときの右ネジの進む向きである．

任意の平面上での単位面積当たりの循環を求めよう．

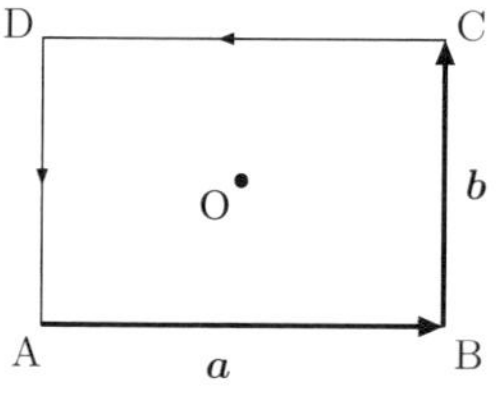

図 5.15

図 5.15 のように，任意の平面内の微小長方形 ABCD を考え，その中心を O とする．ベクトル $\overrightarrow{\mathrm{AB}}$, $\overrightarrow{\mathrm{BC}}$ を，ベクトル $\boldsymbol{a}, \boldsymbol{b}$ とする．辺 AB, BC, CD, DA の循環への寄与を $\Delta X_1, \Delta X_2, \Delta X_3, \Delta X_4$ とすると，それらは以下のようになる．

$$\mathrm{AB} : \Delta X_1 \simeq \boldsymbol{v}\left(-\frac{1}{2}\boldsymbol{b}\right) \cdot \boldsymbol{a}, \quad \mathrm{BC} : \Delta X_2 \simeq \boldsymbol{v}\left(\frac{1}{2}\boldsymbol{a}\right) \cdot \boldsymbol{b},$$
$$\mathrm{CD} : \Delta X_3 \simeq -\boldsymbol{v}\left(\frac{1}{2}\boldsymbol{b}\right) \cdot \boldsymbol{a}, \quad \mathrm{DA} : \Delta X_4 \simeq -\boldsymbol{v}\left(-\frac{1}{2}\boldsymbol{a}\right) \cdot \boldsymbol{b}.$$

ここで，$\boldsymbol{v}\left(\frac{1}{2}\boldsymbol{a}\right)$ は，位置ベクトルが $\frac{1}{2}\boldsymbol{a}$ の点における $\boldsymbol{v}$ の値を意味する．

他も同様．記述を簡単にするために，$\boldsymbol{x} = (x_1, x_2, x_3), \boldsymbol{a} = (a_1, a_2, a_3), \boldsymbol{b} = (b_1, b_2, b_3), \boldsymbol{0} = (0, 0, 0)$ とする．$a = |\boldsymbol{a}|, b = |\boldsymbol{b}|$ とし，a, b が小さいとして，テイラー展開の 1 次の項まで求めると，

$$\boldsymbol{v}\left(\pm\frac{1}{2}\boldsymbol{b}\right)\cdot\boldsymbol{a} \simeq \sum_i \left\{v_i(\boldsymbol{0}) \pm \sum_j \frac{\partial v_i}{\partial x_j}(\boldsymbol{0})\frac{1}{2}b_j\right\}a_i,$$
$$\boldsymbol{v}\left(\pm\frac{1}{2}\boldsymbol{a}\right)\cdot\boldsymbol{b} \simeq \sum_i \left\{v_i(\boldsymbol{0}) \pm \sum_j \frac{\partial v_i}{\partial x_j}(\boldsymbol{0})\frac{1}{2}a_j\right\}b_i$$

となる．したがって，平面内の原点のまわりの循環量は，

$$\Delta X_1 + \Delta X_2 + \Delta X_3 + \Delta X_4 \simeq \sum_i \sum_j \frac{\partial v_i}{\partial x_j}(\boldsymbol{0})(a_j b_i - a_i b_j)$$

となる．一方，$\boldsymbol{n} = \dfrac{1}{ab}\boldsymbol{a}\times\boldsymbol{b}$ であるから，

$$\begin{aligned}
ab(\nabla\times\boldsymbol{v}, \boldsymbol{n}) &= (\nabla\times\boldsymbol{v}, \boldsymbol{a}\times\boldsymbol{b}) \\
&= \sum_i \left(\sum_{jk}\varepsilon_{ijk}\frac{\partial v_k}{\partial x_j}\right)\left(\sum_{lm}\varepsilon_{ilm}a_l b_m\right) \\
&= \sum_{jklm}\frac{\partial v_k}{\partial x_j}\ a_l b_m \sum_i \varepsilon_{ijk}\varepsilon_{ilm} \\
&= \sum_{jklm}\frac{\partial v_k}{\partial x_j}\ a_l b_m(\delta_{jl}\delta_{km} - \delta_{jm}\delta_{kl}) \\
&= \sum_{jk}\frac{\partial v_k}{\partial x_j}\ (a_j b_k - a_k b_j)
\end{aligned}$$

となる．したがって，

$$\Delta X_1 + \Delta X_2 + \Delta X_3 + \Delta X_4 \simeq ab(\nabla\times\boldsymbol{v}, \boldsymbol{n}) \tag{5.94}$$

である．長方形の面積は $\Delta S = ab$ であるから，原点のまわりの単位面積当たりの循環は，

$$\lim_{\Delta S\to 0}\frac{\Delta X_1 + \Delta X_2 + \Delta X_3 + \Delta X_4}{\Delta S} = (\nabla\times\boldsymbol{v}, \boldsymbol{n}) \tag{5.95}$$

となる．

例　流体の速度場 $\boldsymbol{v}$ において，$\nabla\times\boldsymbol{v}$ は，**渦度**とよばれる．$\nabla\times\boldsymbol{v} = \boldsymbol{0}$ を満たすとき，$\boldsymbol{v}$ は**渦無し**という．

問 5.2.6 万有引力や電磁気力では，2 つの質点間あるいは電荷間に働く力 $\boldsymbol{F}$ は $\boldsymbol{F} = c\dfrac{\hat{\boldsymbol{r}}}{r^2}$ で与えられる．ここで，c は定数で，$\boldsymbol{r} = (x, y, z)$ とする．また，$r = |\boldsymbol{r}|$，$\hat{\boldsymbol{r}} = \dfrac{\boldsymbol{r}}{r}$ である．$\nabla \times \boldsymbol{F} = \boldsymbol{0}$，つまり，$\nabla \times \dfrac{\hat{\boldsymbol{r}}}{r^2} = \boldsymbol{0}$ を示せ．すなわち，万有引力や電磁気力の場は渦無しである．

grad, rot, div の合成

$\mathrm{grad}, \mathrm{rot}, \mathrm{div}$ を組み合わせた関係式を導く．$\boldsymbol{x} = (x_1, x_2, x_3)$ とする．

ϕ が C^2 級のスカラー場とすると，

$$\nabla \times (\nabla\phi) = \boldsymbol{0}, \quad (\mathrm{rot}(\mathrm{grad}\ \phi) = \boldsymbol{0}) \tag{5.96}$$

となる．

証明 $$\{\nabla \times (\nabla\phi)\}_1 = \frac{\partial}{\partial x_2}\frac{\partial}{\partial x_3}\phi - \frac{\partial}{\partial x_3}\frac{\partial}{\partial x_2}\phi.$$

ϕ は C^2 級のスカラー場なので，偏微分の順序を交換できる．したがって 0 となる．他の成分も同様である．

$\boldsymbol{A}$ が C^2 級のベクトル場とすると，

$$\nabla \cdot (\nabla \times \boldsymbol{A}) = 0, \quad (\mathrm{div}(\mathrm{rot}\ \boldsymbol{A}) = 0) \tag{5.97}$$

となる．

証明 $\boldsymbol{A}$ の成分を (A_1, A_2, A_3) とする．レビ–チビタ記号を用いて計算すると，

$$\begin{aligned}
\nabla \cdot (\nabla \times \boldsymbol{A}) &= \sum_{i=1}^{3} \frac{\partial}{\partial x_i}(\nabla \times \boldsymbol{A})_i = \sum_{i} \frac{\partial}{\partial x_i} \sum_{jk} \varepsilon_{ijk} \frac{\partial}{\partial x_j} A_k \\
&= \sum_{ijk} \varepsilon_{ijk} \frac{\partial}{\partial x_i}\frac{\partial}{\partial x_j} A_k = \sum_{ijk} \varepsilon_{jik} \frac{\partial}{\partial x_j}\frac{\partial}{\partial x_i} A_k \\
&= -\sum_{ijk} \varepsilon_{ijk} \frac{\partial}{\partial x_i}\frac{\partial}{\partial x_j} A_k = -\nabla \cdot (\nabla \times \boldsymbol{A}) = 0
\end{aligned}$$

となる．ここで，番号のつけ換えと 2 階偏微分の順序の入れ換えを行い，レビ–チビタ記号の性質を用いた．

他にも，次のような関係式が成り立つ．ただし，スカラー場 ϕ, ψ，ベクトル場 $\boldsymbol{A}, \boldsymbol{B}$ は適当な回数微分可能であるとする．

$$\nabla(\phi\psi) = (\nabla\phi)\psi + \phi\nabla\psi \tag{5.98}$$

$$\nabla \cdot (\phi\boldsymbol{A}) = (\nabla\phi) \cdot \boldsymbol{A} + \phi(\nabla \cdot \boldsymbol{A}) \tag{5.99}$$

$$\nabla \times (\phi\boldsymbol{A}) = (\nabla\phi) \times \boldsymbol{A} + \phi(\nabla \times \boldsymbol{A}) \tag{5.100}$$

$$\nabla \cdot (\boldsymbol{A} \times \boldsymbol{B}) = (\nabla \times \boldsymbol{A}) \cdot \boldsymbol{B} - \boldsymbol{A} \cdot (\nabla \times \boldsymbol{B}) \tag{5.101}$$

$$\nabla(\boldsymbol{A} \cdot \boldsymbol{B}) = (\boldsymbol{B} \cdot \nabla)\boldsymbol{A} + (\boldsymbol{A} \cdot \nabla)\boldsymbol{B} + \boldsymbol{B} \times (\nabla \times \boldsymbol{A}) + \boldsymbol{A} \times (\nabla \times \boldsymbol{B}) \tag{5.102}$$

$$\nabla \times (\boldsymbol{A} \times \boldsymbol{B}) = (\boldsymbol{B} \cdot \nabla)\boldsymbol{A} - \boldsymbol{B}(\nabla \cdot \boldsymbol{A}) - (\boldsymbol{A} \cdot \nabla)\boldsymbol{B} + \boldsymbol{A}(\nabla \cdot \boldsymbol{B}) \tag{5.103}$$

ただし，直交座標系の成分を $\boldsymbol{A} = (A_1, A_2, A_3)$ とするとき，

$$\{(\boldsymbol{B} \cdot \nabla)\boldsymbol{A}\}_i \equiv (\boldsymbol{B} \cdot \nabla)A_i$$

とする．

問 5.2.7　上の公式を証明せよ．

応用例 1　電磁気学において，磁束密度 $\boldsymbol{B}$ は $\mathrm{div}\ \boldsymbol{B} = 0$ を満たす．$\boldsymbol{B} = \mathrm{rot}\ \boldsymbol{A}$ とすると，$\mathrm{div}\ \boldsymbol{B} = \mathrm{div}\ \mathrm{rot}\ \boldsymbol{A} = 0$ であるから，$\mathrm{div}\ \boldsymbol{B} = 0$ を満たす．このような $\boldsymbol{A}$ を**ベクトルポテンシャル**という．これは，一意的には定まらない．実際，任意のスカラー場を ψ として，$\boldsymbol{A}$ に $\nabla\psi$ を付け加えた $\boldsymbol{A}' = \boldsymbol{A} + \nabla\psi$ について，$\mathrm{rot}\ \boldsymbol{A}' = \mathrm{rot}\ \boldsymbol{A} + \mathrm{rot}\ \mathrm{grad}\ \psi = \mathrm{rot}\ \boldsymbol{A}$ となる．

ラプラシアン $\nabla^2 = \triangle$

$$\mathrm{div}(\mathrm{grad}) = \nabla \cdot \nabla = \nabla^2 = \Delta = \frac{\partial^2}{\partial x^2} + \frac{\partial^2}{\partial y^2} + \frac{\partial^2}{\partial z^2}$$

は**ラプラシアン**とよばれ，電磁気学や量子力学で頻繁に使用される．これらは，スカラー場に作用してスカラー場を生成するが，また，次の等式から分かるように，ベクトル場に作用して，ベクトル場を生成する．

$\boldsymbol{A}$ を C^2 級のベクトル場とする.

$$\nabla \times (\nabla \times \boldsymbol{A}) = \nabla(\nabla \cdot \boldsymbol{A}) - \nabla^2 \boldsymbol{A}. \tag{5.104}$$

$$\mathrm{rot}\ (\mathrm{rot}\boldsymbol{A}) = \mathrm{grad}\ (\mathrm{div}\boldsymbol{A}) - \nabla^2 \boldsymbol{A} \tag{5.105}$$

となる.

証明

$$\{\nabla \times (\nabla \times \boldsymbol{A})\}_i = \sum_{jk} \varepsilon_{ijk} \frac{\partial}{\partial x_j} (\nabla \times \boldsymbol{A})_k = \sum_{jk} \underline{\varepsilon_{ijk}} \frac{\partial}{\partial x_j} \sum_{lm} \varepsilon_{klm} \frac{\partial}{\partial x_l} A_m$$

$$= \sum_{jlm} \sum_{k} \underline{\varepsilon_{kij}} \varepsilon_{klm} \frac{\partial}{\partial x_j} \frac{\partial}{\partial x_l} A_m \tag{**}$$

ここで, $\varepsilon_{ijk} = -\varepsilon_{kji} = \varepsilon_{kij}$ を用いた. また, $\sum_{k} \varepsilon_{kij}\varepsilon_{klm} = \delta_{il}\delta_{jm} - \delta_{im}\delta_{jl}$ であるから

$$(**)\ 式 = \sum_{jlm} (\delta_{il}\delta_{jm} - \delta_{im}\delta_{jl}) \frac{\partial^2}{\partial x_j \partial x_l} A_m$$

$$= \sum_{j} \left\{ \frac{\partial^2}{\partial x_j \partial x_i} A_j - \frac{\partial^2}{\partial x_j \partial x_j} A_i \right\} = \frac{\partial}{\partial x_i} \sum_{j} \frac{\partial A_j}{\partial x_j} - \sum_{j} \frac{\partial^2}{\partial {x_j}^2} A_i,$$

$$\therefore \quad \{\nabla \times (\nabla \times \boldsymbol{A})\}_i = \frac{\partial}{\partial x_i} (\nabla \cdot \boldsymbol{A}) - \nabla^2 A_i.$$

証明から分かるように, ベクトル場 $\boldsymbol{A}$ のデカルト座標を (A_1, A_2, A_3) とすると, ラプラシアンはベクトル場 $\boldsymbol{A}$ に作用して, つぎのようなベクトル場を生成する.

$$\nabla^2 \boldsymbol{A} = \nabla^2 A_1\ \boldsymbol{i} + \nabla^2 A_2\ \boldsymbol{j} + \nabla^2 A_3\ \boldsymbol{k}. \tag{5.106}$$

ただし, 一般の曲線座標系では, 第 6 章で学ぶように, $\nabla^2 \boldsymbol{A}$ の成分は, $\boldsymbol{A}$ の成分にラプラシアンを作用させた形にはならない.

応用例 2（電信方程式） 真空中のマックスウェルの方程式は,

$$\mathrm{div}\ \boldsymbol{E} = 0 \tag{5.107}$$

$$\mathrm{div}\ \boldsymbol{H} = 0 \tag{5.108}$$

$$\varepsilon_0 \frac{\partial \boldsymbol{E}}{\partial t} = \mathrm{rot}\ \boldsymbol{H} \tag{5.109}$$

$$-\mu_0 \frac{\partial \boldsymbol{H}}{\partial t} = \mathrm{rot}\ \boldsymbol{E} \tag{5.110}$$

となる．ここで，ε_0, μ_0 は，真空中の誘電率と透磁率である．(5.109) を t で偏微分して，(5.110)，(5.105)，(5.107) を用いると，

$$\begin{aligned}\varepsilon_0 \frac{\partial^2 \boldsymbol{E}}{\partial t^2} &= \mathrm{rot}\left(\frac{\partial \boldsymbol{H}}{\partial t}\right) = -\frac{1}{\mu_0}\mathrm{rot}\ \mathrm{rot}\ \boldsymbol{E} \\ &= -\frac{1}{\mu_0}\left(\mathrm{grad}(\mathrm{div}\boldsymbol{E}) - \nabla^2 \boldsymbol{E}\right) = \frac{1}{\mu_0}\nabla^2 \boldsymbol{E}\end{aligned}$$

となり，次の電信方程式を得る．

$$\frac{1}{c^2}\frac{\partial^2 \boldsymbol{E}}{\partial t^2} = \nabla^2 \boldsymbol{E}. \tag{5.111}$$

同様にして，

$$\frac{1}{c^2}\frac{\partial^2 \boldsymbol{H}}{\partial t^2} = \nabla^2 \boldsymbol{H} \tag{5.112}$$

を得る．ここで，$c = \dfrac{1}{\sqrt{\varepsilon_0 \mu_0}}$ は光速である．第 8 章で学ぶように，(5.111)，(5.112) は波動方程式であり，c は波の伝わる速さを表す．したがって，これらの式は電磁波が光速で伝わることを示している．逆に，光も電磁波であることが分かる．

以下では，簡単のため，D は球の内部とする[9)]

定理　領域 D における C^1 級のベクトル場 $\boldsymbol{B}$ について，$\mathrm{div}\ \boldsymbol{B} = 0$ なら，C^2 級のベクトル場 $\boldsymbol{A}$（ベクトルポテンシャル）が存在して，$\boldsymbol{B} = \mathrm{rot}\ \boldsymbol{A}$ となる．

証明　$\boldsymbol{x} = (x, y, z)$ とし，$\boldsymbol{B} = (B_1, B_2, B_3)$ とする．$\boldsymbol{A} = (0, A_2, A_3)$ のような解を求めよう．$\mathrm{rot}\ \boldsymbol{A} = \boldsymbol{B}$ であるから，

$$B_1 = \frac{\partial A_3}{\partial y} - \frac{\partial A_2}{\partial z}, \tag{5.113}$$

---

9) 証明をみると分かるように，D 内の任意の 2 点を結ぶ直線が D に含まれていることを用いている．一般には，D 内の任意の閉曲面の内部が D に含まれていればよい．

$$B_2 = -\frac{\partial A_3}{\partial x}, \tag{5.114}$$

$$B_3 = \frac{\partial A_2}{\partial x} \tag{5.115}$$

でなければならない．そこで，

$$\tilde{A}_3(x,y,z) = -\int_{x_0}^{x} B_2(x',y,z)dx', \tag{5.116}$$

$$\tilde{A}_2(x,y,z) = \int_{x_0}^{x} B_3(x',y,z)dx' \tag{5.117}$$

とすると，

$$B_2 = -\frac{\partial \tilde{A}_3}{\partial x}, \tag{5.118}$$

$$B_3 = \frac{\partial \tilde{A}_2}{\partial x} \tag{5.119}$$

となる．ここで，(x_0, y_0, z_0) は D 内の任意の基準点とする．$\tilde{\boldsymbol{A}} = (0, \tilde{A}_2, \tilde{A}_3)$ とおくと，$\tilde{\boldsymbol{A}}$ は C^2 級であり，

$$\boldsymbol{B} - \mathrm{rot}\ \tilde{\boldsymbol{A}} = (B_1 - \frac{\partial \tilde{A}_3}{\partial y} + \frac{\partial \tilde{A}_2}{\partial z}, 0, 0) \tag{5.120}$$

となる．この x 成分を $P = B_1 - \dfrac{\partial \tilde{A}_3}{\partial y} + \dfrac{\partial \tilde{A}_2}{\partial z}$ とすると，

$$\begin{aligned}\frac{\partial P}{\partial x} &= \frac{\partial B_1}{\partial x} - \frac{\partial^2 \tilde{A}_3}{\partial x \partial y} + \frac{\partial^2 \tilde{A}_2}{\partial x \partial z} = \frac{\partial B_1}{\partial x} - \frac{\partial^2 \tilde{A}_3}{\partial y \partial x} + \frac{\partial^2 \tilde{A}_2}{\partial z \partial x} \\ &= \frac{\partial B_1}{\partial x} + \frac{\partial B_2}{\partial y} + \frac{\partial B_3}{\partial z} = \mathrm{div}\ \boldsymbol{B} = 0\end{aligned}$$

となる．したがって，P は x に依存しない．$Q(y,z)$ を，

$$Q(y,z) = \int_{y_0}^{y} P(y',z)dy' \tag{5.121}$$

とする．また，Q は C^2 級となる．このとき，

$$\frac{\partial Q}{\partial y} = P(y,z)$$

となる．これを用いて，

$$\hat{\boldsymbol{A}} = (0, 0, Q) \tag{5.122}$$

とおくと,

$$\mathrm{rot}\ \hat{\boldsymbol{A}} = (P, 0, 0) \tag{5.123}$$

となる．したがって，$\boldsymbol{A} = \tilde{\boldsymbol{A}} + \hat{\boldsymbol{A}}$ とすると，$\boldsymbol{A}$ は C^2 級で,

$$\boldsymbol{B} = \mathrm{rot}\ \boldsymbol{A} \tag{5.124}$$

となる．A_2 は,

$$A_2 = \tilde{A}_2 = \int_{x_0}^{x} B_3(x', y, z)dx' \tag{5.125}$$

となる．$A_3 = \tilde{A}_3 + Q$ であるから，Q を計算しよう.

$$\begin{aligned} Q(y, z) &= \int_{y_0}^{y} P(y', z)dy' \\ &= \int_{y_0}^{y} \left\{ B_1(x, y', z) - \frac{\partial \tilde{A}_3}{\partial y}(x, y', z) + \frac{\partial \tilde{A}_2}{\partial z}(x, y', z) \right\} dy' \end{aligned}$$

であるが,

$$\begin{aligned} \frac{\partial \tilde{A}_3}{\partial y}(x, y, z) &= -\int_{x_0}^{x} \frac{\partial B_2}{\partial y}(x', y, z)dx', \\ \frac{\partial \tilde{A}_2}{\partial z}(x, y, z) &= \int_{x_0}^{x} \frac{\partial B_3}{\partial z}(x', y, z)dx' \end{aligned}$$

を代入して,

$$\begin{aligned} Q(y, z) &= \int_{y_0}^{y} \left\{ B_1(x, y', z) + \int_{x_0}^{x} \left[\frac{\partial B_2}{\partial y}(x', y', z) + \frac{\partial B_3}{\partial z}(x', y', z) \right] dx' \right\} dy' \\ &= \int_{y_0}^{y} \left\{ B_1(x, y', z)dy' - \int_{x_0}^{x} \frac{\partial B_1}{\partial x}(x', y', z)dx' \right\} dy' \\ &= \int_{y_0}^{y} \{ B_1(x, y', z) - B_1(x, y', z) + B_1(x_0, y', z) \} dy' \\ &= \int_{y_0}^{y} B_1(x_0, y', z)dy' \end{aligned}$$

となる．ここで，$\mathrm{div}\ \boldsymbol{B} = 0$ を用いた．したがって,

$$A_3 = \tilde{A}_3 + Q = -\int_{x_0}^{x} B_2(x', y, z)dx' + \int_{y_0}^{y} B_1(x_0, y', z)dy' \tag{5.126}$$

となる．

ヘルムホルツの定理　$\boldsymbol{B}$ を D およびその表面で C^2 級のベクトル場とする[10]．このとき，

$$\boldsymbol{B} = \mathrm{grad}\, f + \mathrm{rot}\, \boldsymbol{A} \tag{5.127}$$

と分解できる．ここで，$\boldsymbol{A}, f$ は D で C^2 級である．

証明　(5.127) の両辺のダイバージェンスをとることにより，

$$\Delta f = \mathrm{div}\, \boldsymbol{B} \tag{5.128}$$

となる．この方程式は，ポアソン方程式[11]とよばれる．これは，定理の仮定のもとで, D で C^2 級となる次の解を持つ[12]．

$$f(x,y,z) = -\frac{1}{4\pi}\iiint_D \frac{\mathrm{div}\, \boldsymbol{B}(x',y',z')}{\{(x-x')^2+(y-y')^2+(z-z')^2\}^{1/2}} dx'dy'dz'. \tag{5.129}$$

最後の体積積分の定義は次節を参照．よって，

$$\mathrm{div}(\boldsymbol{B} - \mathrm{grad}\, f) = 0 \tag{5.130}$$

となる．$\boldsymbol{B} - \mathrm{grad}\, f$ は C^1 級なので，前定理より C^2 級のベクトル場 $\boldsymbol{A}$ が存在して

$$\boldsymbol{B} - \mathrm{grad}\, f = \mathrm{rot}\, \boldsymbol{A} \tag{5.131}$$

となる．

5.3　スカラー場やベクトル場の線積分，面積積分，体積積分

この節では，線積分，面積積分，体積積分の定義を行う．

---

[10] ここでも，D は球の内部とする．一般的な場合は，巻末の参考書，たとえば，岩堀長慶著『ベクトル解析』（裳華房）を参照．

[11] 第 8 章参照．

[12] D およびその境界で $\boldsymbol{B}$ が C^2 級であれば解が存在する．

線積分

3 次元空間内の点 A から点 B にいたる向きのついた曲線 C を考える．曲線 C は，パラメータ t の C^1 級の関数で表されているとする[13)]．

$\boldsymbol{x}(t)=(x(t),y(t),z(t))$，$x,y,z$ はパラメータ t の C^1 級の関数．

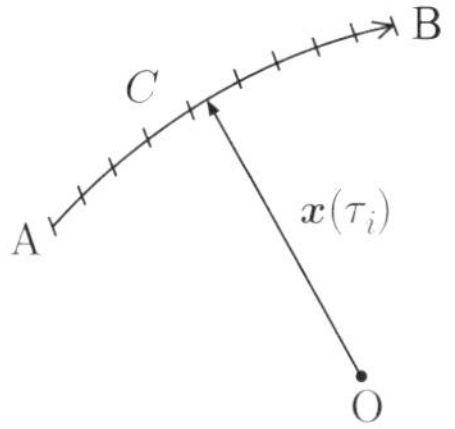

図 5.16 C : A $\to$ B の曲線．$x=x(t)$，$y=y(t)$，$z=z(t)$　$t\in I$，$I=[\alpha,\beta]$．
C を n 個に分割．Δ ：分割 $\alpha=t_0<t_1<t_2\cdots<t_{n-1}<t_n=\beta$．
$\tau_i\in[t_{i-1},t_i]$．

区間 $I=[\alpha,\beta]$ を n 個の小区間に分割する．$I=\bigcup_{i=1}^{n}[t_{i-1},t_i]$．ここで，$t_0=\alpha,t_n=\beta$ である．この分割のしかたを Δ とよぶ．小区間 $I_i=[t_{i-1},t_i]$ から任意の点を選び，τ_i とする．$\tau_i\in I_i$．ベクトル場 $\boldsymbol{A}$ のデカルト座標系での成分，$A_x(\boldsymbol{x}),A_y(\boldsymbol{x}),A_z(\boldsymbol{x})$ は連続な関数とする．このとき，次の量を考える．

$$\sum_{\Delta}\equiv\sum_{i=1}^{n}\{A_x(\boldsymbol{x}(\tau_i))\Delta x_i+A_y(\boldsymbol{x}(\tau_i))\Delta y_i+A_z(\boldsymbol{x}(\tau_i))\Delta z_i\}.$$

ここで，

$$\Delta x_i=x(t_i)-x(t_{i-1}),\ \Delta y_i=y(t_i)-y(t_{i-1}),\ \Delta z_i=z(t_i)-z(t_{i-1})$$

である．分割 Δ の大きさ $|\Delta|$ を

$$|\Delta|=\max_i(t_i-t_{i-1})$$

とすると，リーマン積分の定義より，$|\Delta|\to 0$ のとき

$$\sum_{\Delta}\to\int_{\alpha}^{\beta}\left(A_x\frac{dx}{dt}+A_y\frac{dy}{dt}+A_z\frac{dz}{dt}\right)dt$$

13) 区分的に滑らかな関数でよい．以下，同様である．

となる．これを，A→ B の道 C についての，ベクトル場 $\boldsymbol{A}(\boldsymbol{x})$ の線積分とよぶ．線積分の値は，曲線 C のパラメータ表示のしかたによらない．したがって，線積分を

$$\int_C (A_x dx + A_y dy + A_z dz),\ \int_C A_x dx + A_y dy + A_z dz,\ \int_C \boldsymbol{A}\cdot d\boldsymbol{r}$$

などと表す．ここで，$d\boldsymbol{r} = (dx, dy, dz)$，$\boldsymbol{A}\cdot d\boldsymbol{r} = A_x dx + A_y dy + A_z dz$ である．

$$\int_C \boldsymbol{A}\cdot d\boldsymbol{r} = \int_\alpha^\beta \left(A_x \frac{dx}{dt} + A_y \frac{dy}{dt} + A_z \frac{dz}{dt}\right) dt \tag{5.132}$$

問 5.3.1 線積分の値が，曲線 C のパラメータ表示のしかたによらないことを示せ．

ベクトル場が力の場 $\boldsymbol{F}$ である場合，$\int_C \boldsymbol{F}\cdot d\boldsymbol{r}$ は，点 A から点 B へ経路 C に沿って行くまでに力 $\boldsymbol{F}$ がなす**仕事**に他ならない (図 5.17 参照)．

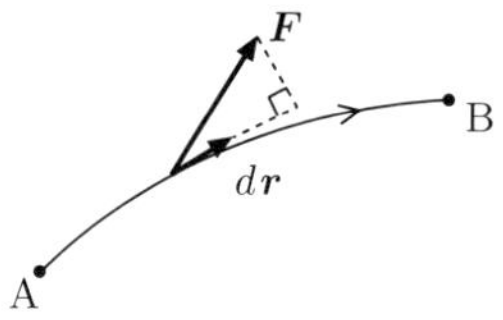

図 5.17

線積分の性質

線積分について次の性質が成り立つことは，通常のリーマン積分の性質よりただちに分かる．

$$\int_C (\boldsymbol{A}_1 + \boldsymbol{A}_2)\cdot d\boldsymbol{r} = \int_C \boldsymbol{A}_1\cdot d\boldsymbol{r} + \int_C \boldsymbol{A}_2\cdot d\boldsymbol{r}$$

$$\int_C (\lambda\boldsymbol{A})\cdot d\boldsymbol{r} = \lambda\int_C \boldsymbol{A}\cdot d\boldsymbol{r} \quad (\lambda：定数)$$

C_1 の終点と C_2 の始点が一致しているとき，C_1 と C_2 をつないだ曲線が定義されるが，それを $C = C_1 + C_2$ とする (図 5.18 参照)．このとき，

$$\int_C \boldsymbol{A} \cdot d\boldsymbol{r} = \int_{C_1} \boldsymbol{A} \cdot d\boldsymbol{r} + \int_{C_2} \boldsymbol{A} \cdot d\boldsymbol{r}$$

となる．また，曲線 C と向きが逆の曲線を $-C$ と表すが，このとき，

$$\int_{-C} \boldsymbol{A} \cdot d\boldsymbol{r} = -\int_C \boldsymbol{A} \cdot d\boldsymbol{r}$$

となる．

図 5.18

問 5.3.2 xy 平面で図 5.19 の経路 C_1, C_2, C_3 について，次のベクトル場の線積分を求めよ．

（1） $\boldsymbol{A} = (xy, x^2)$ 　　（2） $\boldsymbol{B} = (xy^2, x^2y)$

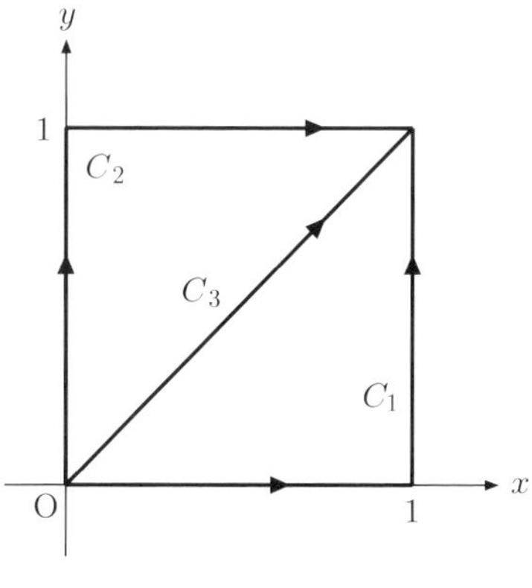

図 5.19

曲線の長さ

3 次元空間内の点 A から点 B にいたる向きのついた C^1 級の曲線 C の長さを定義する．線積分の項で用いた記号を用いて，

$$\sum_{\Delta} \equiv \sum_{i=1}^{n} \sqrt{(\Delta x_i)^2 + (\Delta y_i)^2 + (\Delta z_i)^2}$$

と定義すると，リーマン積分の定義より，$|\Delta| \to 0$ のとき

$$\sum_{\Delta} \to \int_{\alpha}^{\beta} \sqrt{\left(\frac{dx}{dt}\right)^2 + \left(\frac{dy}{dt}\right)^2 + \left(\frac{dz}{dt}\right)^2} dt = \int_{\alpha}^{\beta} \left|\frac{d\boldsymbol{x}}{dt}\right| dt$$

となる．これを，点 A から点 B にいたる曲線 C の長さ s と定義する．

$$s = \int_{\alpha}^{\beta} \sqrt{\left(\frac{dx}{dt}\right)^2 + \left(\frac{dy}{dt}\right)^2 + \left(\frac{dz}{dt}\right)^2} dt = \int_{\alpha}^{\beta} \left|\frac{d\boldsymbol{x}}{dt}\right| dt. \tag{5.133}$$

多次元空間における積分

ここでは，$\mathbb{R}^2$ について考える．一般の次元の空間における積分も同様である．

まず，$I = [a, b] \times [c, d]$ として，I における関数 $f(x, y)$ の積分を次のように定義する．$I_x = [a, b], I_y = [c, d]$ として，I_x, I_y の分割を Δ_x, Δ_y とする．

$$\Delta_x : a = x_0 < x_1, \cdots < x_{n-1} < x_n = b,$$

$$\Delta_y : c = y_0 < y_1, \cdots < y_{m-1} < y_m = d.$$

I の分割を $\Delta = \Delta_x \times \Delta_y$ とする．

$$\Delta : I_{ij} = [x_{i-1}, x_i] \times [y_{j-1}, y_j] \qquad (i = 1, \cdots, n,\ j = 1, \cdots, m)$$

図 5.20 を参照．

$(\xi_i, \eta_j) \in I_{ij}$ を任意に選び，次の和を考える．

$$S_{\Delta} = \sum_{i,j} f(\xi_i, \eta_j) \Delta x_i \Delta y_j$$

ここで，$\Delta x_i = x_i - x_{i-1}, \Delta y_j = y_j - y_{j-1}$．$|\Delta|$ を I_{ij} の対角線の長さの最大値とする．$|\Delta| \to 0$ のとき，S_{Δ} が収束するとき，その収束値を $\iint_I f(x, y) dx dy$

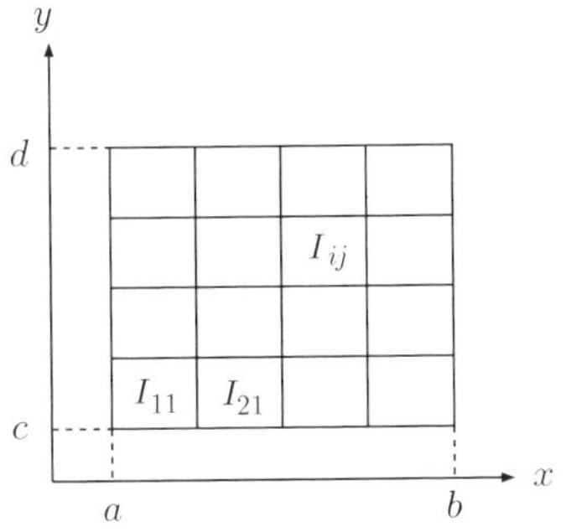

図 5.20

とかき，$f(x,y)$ の I における積分とよぶ．すなわち，

$$|\Delta| \to 0 \text{ のとき，} S_\Delta \to \iint_I f(x,y)dxdy \tag{5.134}$$

これは，区間における定積分の拡張になっていることは明らかであろう．$f(x,y)$ が I で連続なら，上の極限が存在する[14]．

次に，$\mathbb{R}^2$ の有界な集合 A における関数 $f(x,y)$ の積分を定義する[15]．

特性関数

$\mathbb{R}^N \supset A$ に対して，その**特性関数** χ_A を次のように定義する．

$$\chi_A(\boldsymbol{x}) = \begin{cases} 1 & (\boldsymbol{x} \in A \text{ のとき}) \\ 0 & (\boldsymbol{x} \notin A \text{ のとき}) \end{cases}$$

関数 $f(x,y)$ に対して，$f_A(x,y) = \chi_A(x,y)f(x,y)$ とする．すなわち，

$$f_A(x,y) = \begin{cases} f(x,y) & ((x,y) \in A \text{ のとき}) \\ 0 & ((x,y) \notin A \text{ のとき}) \end{cases}$$

---

14) 詳しくは，参考書，たとえば本シリーズの『微分積分』を参照のこと．

15) 厳密には，A として，可測集合，すなわち，面積の定義できる集合を考える．可測性や面積については，前注の参考書を参照のこと．

と定義する．このとき，f が A の上で積分可能とは f_A が $A \subset I$ である区間上で積可能であると定義し

$$\iint_A f(x,y)dxdy = \iint_I f_A(x,y)dxdy$$

とする[16)]．

体積積分

$\mathbb{R}^3$ の有界な集合 A における関数 $f(x,y,z)$ の積分も同様に定義される．これを A における**体積積分**とよび，$\displaystyle\iiint_A f(x,y,z)dxdydz$ と表す．

累次積分

一般の次元の積分の定義はできたが，実際に計算をする処方箋を与えよう．ここでは，簡単のため，$f(x,y)$ は連続とする．まず，区間 $I=[a,b]\times[c,d]$ での積分を考える．このとき，$\displaystyle\int_c^d f(x,y)dy,\ \int_a^b f(x,y)dx$ は，それぞれ，区間 $[a,b],[c,d]$ で連続となり，次式が成り立つ．

$$\iint_I f(x,y)dxdy = \int_a^b \left(\int_c^d f(x,y)dy\right)dx = \int_c^d \left(\int_a^b f(x,y)dx\right)dy \tag{5.135}$$

$\displaystyle\int_a^b \left(\int_c^d f(x,y)dy\right)dx$ や $\displaystyle\int_c^d \left(\int_a^b f(x,y)dx\right)dy$ は累次積分 (るいじせきぶん) とよばれる．

一般の集合 A での積分については，

$$\iint_A f(x,y)dxdy = \int_a^b \left(\int_{A_x} f(x,y)dy\right)dx \tag{5.136}$$

となる．ここで，$A_x=\{y;(x,y)\in A\}$ で，A の x での切り口という (図 5.21 参照)．また，a,b は，$\{x;\ (x,y)\in A\}$ の下限と上限である．

3 次元の場合には，$A \in \mathbb{R}^3$ として，

---

16) 積分の値は，I のとり方によらない．

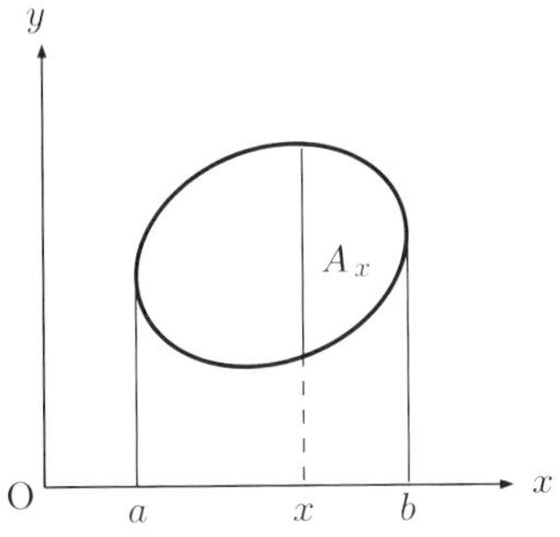

図 5.21

$$\iiint_A f(x,y,z)dxdydz = \int_a^b \left(\iint_{A_x} f(x,y,z)dydz \right) dx \qquad (5.137)$$

となる．ここで，$A_x = \{(y,z);\ (x,y,z) \in A\}$ で a,b は $\{x; (x,y,z) \in A\}$ の下限と上限である．

例　半径 a の円の面積を計算してみよう．$A = \{(x,y); x^2 + y^2 \leq a^2\}$ として，面積を $|A|$ とすると

$$|A| = \iint_A dxdy = \int_{-a}^{a} \left(\int_{A_x} dy \right) dx$$

$A_x = [-\sqrt{a^2 - x^2}, \sqrt{a^2 - x^2}]$ であるから，

$$|A| = \int_{-a}^{a} \left(\int_{-\sqrt{a^2-x^2}}^{\sqrt{a^2-x^2}} dy \right) dx = \int_{-a}^{a} 2\sqrt{a^2 - x^2}dx = a^2\pi$$

となる．

例　次に，4.2 節で定義した慣性モーメントを，いろいろな形状の物質について計算してみよう．

（1）　図 5.22 のような半径 a の一様な円盤を考える．円盤の重心を原点とし，単位面積当たりの密度を ρ とする．I_{33} を求めよう．これは，(微小部分の質量) × (z 軸からの距離の 2 乗) の和である．極座標系で累次積分により計算すると

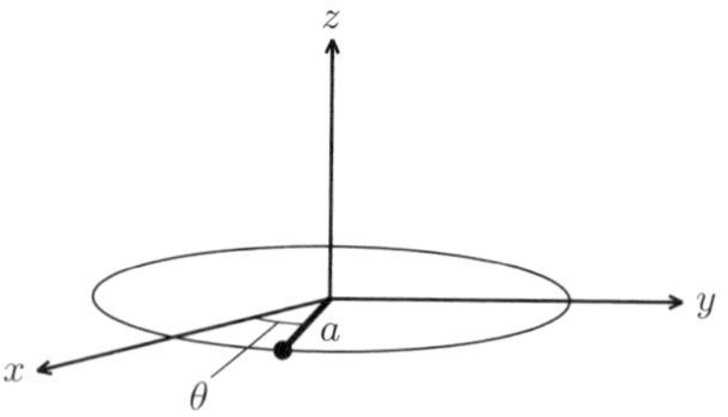

図 **5.22**

$$I_{33} = \rho \int_0^a rdr \int_0^{2\pi} d\theta r^2 = 2\pi \frac{a^4}{4} \rho = \frac{M}{2} a^2$$

となる．ここで，$M = \pi a^2 \rho$ は全質量である．

（2） 図 5.23 のような体積密度 ρ の一様な円柱

（a） 円柱の重心を座標軸の原点とする．まず，z 軸のまわりの慣性モーメント，I_{33} を計算してみよう．

円筒座標系を (r, θ, z) とし，累次積分により計算すると

$$I_{33} = \rho \int_0^a dr \int_0^{2\pi} d\theta\, r \int_{-b/2}^{b/2} dz r^2 = 2\pi b \rho \int_0^a r^3 dr = \frac{\pi a^4}{2} b\rho = \frac{M}{2} a^2$$

となる．ここで，$M = \pi a^2 b \rho$ は全質量である．

（b） 次に，x 軸のまわりの慣性モーメント，I_{11} を求めよう．$y = r \sin\theta$ であるから，

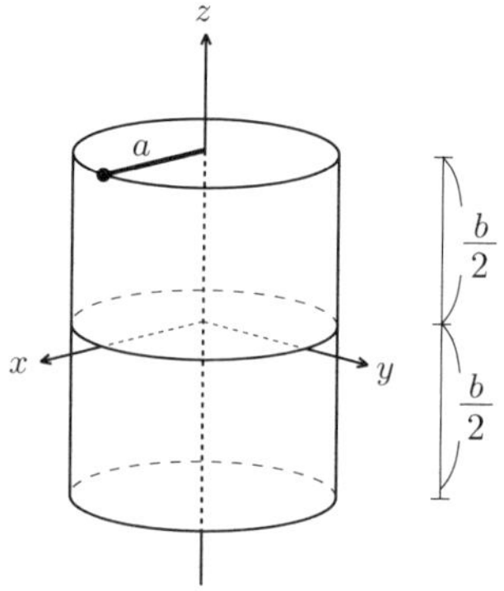

図 **5.23**

$$I_{11} = \rho \int_0^a dr \int_0^{2\pi} d\theta \ r \int_{-b/2}^{b/2} dz(y^2 + z^2)$$
$$= \rho b \int_0^a r^3 dr \int_0^{2\pi} \sin^2 \theta d\theta + \pi a^2 \rho \int_{-b/2}^{b/2} z^2 dz$$
$$= \frac{\pi a^4}{4} b\rho + \frac{\pi a^2}{12} b^3 \rho = \frac{M}{12}(3a^2 + b^2)$$

となる．また，$I_{22} = I_{11}$ である．

（c） その他の慣性モーメントはすべて 0 である．たとえば，I_{12} を計算してみよう．

$$I_{12} = -\rho \int_0^a dr \int_0^{2\pi} d\theta \ r \int_{-b/2}^{b/2} dz \ xy$$
$$= -\rho \int_0^a r^3 dr \int_{-b/2}^{b/2} dz \int_0^{2\pi} d\theta \cos\theta \sin\theta$$
$$= -\rho \int_0^a r^3 dr \int_{-b/2}^{b/2} dz \left[-\frac{1}{4} \cos(2\theta) \right]_0^{2\pi} = 0$$

となる．したがって，I は対角成分しかないので，この座標系は主軸となっている．

（3） 図 5.24 のような体積密度 ρ の一様な半径 a の球．球の重心を座標系の原点とする．対称性より，I の対角成分は全て等しく，非対角成分は 0 となる．z 軸のまわりの慣性モーメント，I_{33} を球座標 (r, θ, ϕ) を用いて求めよう．

$$I_{33} = \rho \int_0^a dr \, r^2 \int_0^{\pi} d\theta \sin\theta \int_0^{2\pi} d\phi (r \sin\theta)^2 = 2\pi\rho \int_0^a r^4 dr \int_0^{\pi} \sin^3 \theta d\theta$$

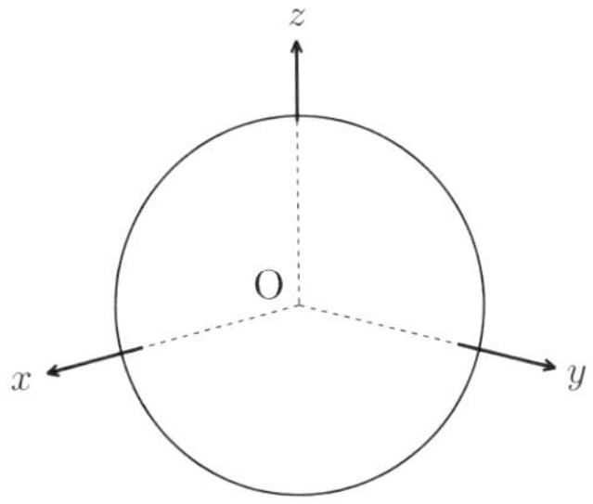

図 5.24

$$= \frac{2\pi a^5}{5}\rho\int_0^{\pi}\sin^3\theta d\theta = \frac{2\pi a^5}{5}\ \rho\ \frac{4}{3} = \frac{2M}{5}a^2$$

となる．ここで，$M = \dfrac{4\pi}{3}a^3\rho$ は全質量である．

問 5.3.3 (1) の円盤において，$I_{11}(= I_{22})$ を求めよ．

曲面上の積分

次に，曲面上における積分を定義する[17]．そのために，まず，曲面の表面積を計算する．

3 次元空間内の曲面 S が

$$z = f(x, y) \qquad ((x, y) \in E) \tag{5.138}$$

と表されているときの曲面の表面積を計算しよう．f は，C^1 級とする．

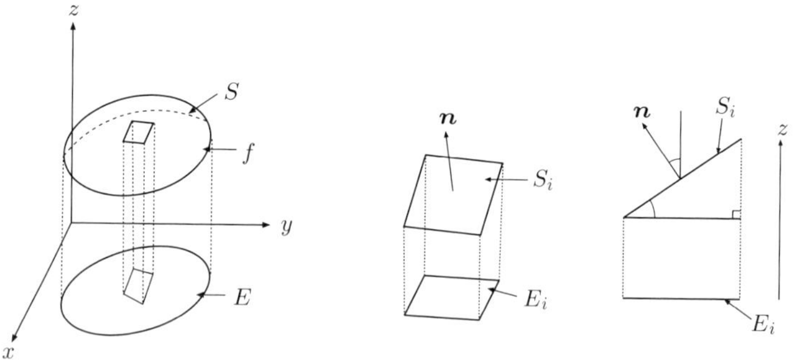

図 5.25

E は x, y 平面での領域で，$S = \{(x, y, f(x, y))|(x, y) \in E\}$ は，3 次元空間内の曲面を表す．E を微小領域 $E_1, E_2, \cdots, E_n$ に分割する．$E = \bigcup_i E_i$．E_i に対応する微小曲面 S_i は，

$$S_i = \{(x, y, f(x, y))|(x, y) \in E_i\}$$

と表される．集合 S の面積を $|S|$ と表す．E_i が微小なので，図 5.25 の右図か

---

[17] 厳密な定義は，微分積分学の文献を参照．

ら分かるように，近似的に $|S_i||\cos\theta_i| \simeq |E_i|$ となるので，$|S_i| \simeq \dfrac{E_i}{|\cos\theta_i|}$ である．ここで，θ_i は S_i における単位法線ベクトル $\boldsymbol{n}$ が z 軸方向の単位ベクトル $\boldsymbol{k} = (0,0,1)$ となす角に等しく，$\cos\theta_i = (\boldsymbol{n}, \boldsymbol{k})$ である．したがって，

$$|S| = \sum_i |S_i| \simeq \sum_i \frac{|E_i|}{|\cos\theta_i|}$$

である．分割の大きさを 0 にする極限を考えると，和は積分となり

$$|S| = \iint_E \frac{1}{|\cos\theta|}\, dxdy \tag{5.139}$$

が得られる．一方，曲面の方程式は，$\phi(x,y,z) \equiv z - f(x,y) = 0$ で与えられ，その法線ベクトルは，$\nabla\phi = \left(-\dfrac{\partial f}{\partial x} - \dfrac{\partial f}{\partial y}, 1\right)$ に比例する．したがって，

$$\boldsymbol{n} = \pm\frac{1}{|\nabla\phi|}\nabla\phi$$

となる．$|(\nabla\phi, \boldsymbol{k})| = |\nabla\phi||\cos\theta| = 1$ であるから，

$$\frac{1}{|\cos\theta|} = |\nabla\phi| = \sqrt{\left(\frac{\partial f}{\partial x}\right)^2 + \left(\frac{\partial f}{\partial y}\right)^2 + 1}$$

となる．したがって，

$$|S| = \iint_E \sqrt{\left(\frac{\partial f}{\partial x}\right)^2 + \left(\frac{\partial f}{\partial y}\right)^2 + 1}\ dxdy \tag{5.140}$$

のように表される．

このように，曲面があらわに 2 つ変数の関数として表される場合の表面積の表式が求まった．一般には，パラメータ表示されている場合が多い．そこで，パラメータ表示されている場合の表式を求めよう．

曲面がパラメータ表示されている場合

たとえば，球の場合には，次のように，θ, ϕ でパラメータ表示される (図 5.26 参照).

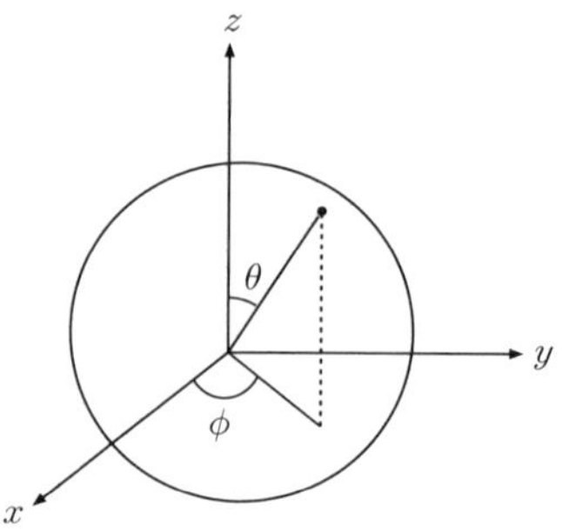

図 **5.26** 半径 r の球面

$$x = r\sin\theta\cos\phi, \quad y = r\sin\theta\sin\phi, \quad z = r\cos\theta.$$

$$(0 \leq \theta \leq \pi,\ 0 \leq \phi < 2\pi)$$

一般に，曲面のパラメータ表示を

$$x = \varphi(u,v), \tag{5.141}$$

$$y = \psi(u,v), \tag{5.142}$$

$$z = \chi(u,v) \tag{5.143}$$

とする．定義域を D とすると，これは，(u,v) 平面内の領域 D から曲面 S への写像である．φ, ψ, χ は，C^1 級とする（図 5.27 参照）．

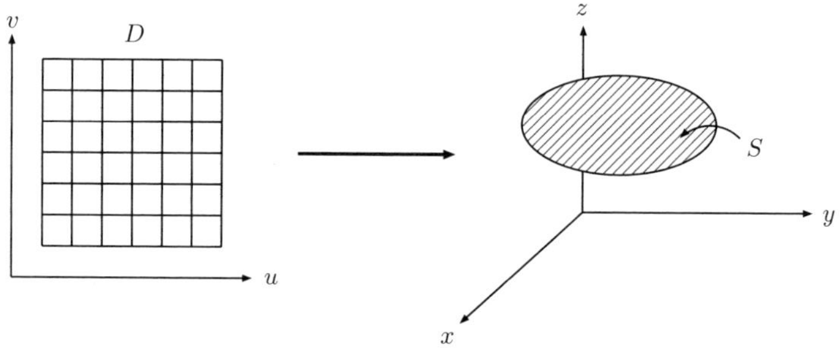

図 **5.27**

簡単のため，(5.141)-(5.143) を $\boldsymbol{r}(u,v)$ と表す．

$$\boldsymbol{r}(u,v) = (\varphi(u,v), \psi(u,v), \chi(u,v)). \tag{5.144}$$

v をとめて u を変化させると，$\boldsymbol{r}(u,v)$ は曲面 S 上の曲線となる．したがって，$\dfrac{\partial \boldsymbol{r}}{\partial u}$ はその曲線上の点 $\boldsymbol{r}(u,v)$ での接線ベクトルである．同様にして $\dfrac{\partial \boldsymbol{r}}{\partial v}$ は，曲面上の別の曲線の点 $\boldsymbol{r}(u,v)$ での接線ベクトルである．これらを具体的に表すと，

$$\begin{aligned}\frac{\partial \boldsymbol{r}}{\partial u} &= \left(\frac{\partial x}{\partial u}, \frac{\partial y}{\partial u}, \frac{\partial z}{\partial u}\right) = (\varphi_u, \psi_u, \chi_u)\\ \frac{\partial \boldsymbol{r}}{\partial v} &= \left(\frac{\partial x}{\partial v}, \frac{\partial y}{\partial v}, \frac{\partial z}{\partial v}\right) = (\varphi_v, \psi_v, \chi_v)\end{aligned}$$

となる．ここで，φ_u は，φ の u での偏微分を表す．他も同様．$\dfrac{\partial \boldsymbol{r}}{\partial u} \times \dfrac{\partial \boldsymbol{r}}{\partial v}$ を計算すると，

$$\frac{\partial \boldsymbol{r}}{\partial u} \times \frac{\partial \boldsymbol{r}}{\partial v} \; = \; \varDelta_1 \boldsymbol{i} + \varDelta_2 \boldsymbol{j} + \varDelta_3 \boldsymbol{k} \tag{5.145}$$

となる．ここで，

$$\varDelta_1 \equiv \frac{\partial(\psi,\chi)}{\partial(u,v)} = \begin{vmatrix} \dfrac{\partial \psi}{\partial u} & \dfrac{\partial \psi}{\partial v} \\ \dfrac{\partial \chi}{\partial u} & \dfrac{\partial \chi}{\partial v} \end{vmatrix}, \quad \varDelta_2 \equiv \frac{\partial(\chi,\varphi)}{\partial(u,v)} = \begin{vmatrix} \dfrac{\partial \chi}{\partial u} & \dfrac{\partial \chi}{\partial v} \\ \dfrac{\partial \varphi}{\partial u} & \dfrac{\partial \varphi}{\partial v} \end{vmatrix}$$

$$\varDelta_3 \equiv \frac{\partial(\varphi,\psi)}{\partial(u,v)} = \begin{vmatrix} \dfrac{\partial \varphi}{\partial u} & \dfrac{\partial \varphi}{\partial v} \\ \dfrac{\partial \psi}{\partial u} & \dfrac{\partial \psi}{\partial v} \end{vmatrix} \tag{5.146}$$

は，関数行列式 (ヤコビアン) とよばれる．

問 5.3.4　式 (5.145) を示せ．

$\varDelta_1, \varDelta_2, \varDelta_3$ がすべて 0 なら $\dfrac{\partial \boldsymbol{r}}{\partial u} \times \dfrac{\partial \boldsymbol{r}}{\partial v} = \boldsymbol{0}$ となり，$\dfrac{\partial \boldsymbol{r}}{\partial u}$ と $\dfrac{\partial \boldsymbol{r}}{\partial v}$ とは平行となる．しかしながら，$\boldsymbol{r}(u,v)$ は曲面を表しているので，2 つの接線は平行とはなり得ない．したがって，$\varDelta_1, \varDelta_2, \varDelta_3$ のうち少なくともひとつは 0 ではない．そこで，$\varDelta_3 \neq 0$ と仮定する．簡単のため (u,v) の定義域 D で $\varDelta_3 \neq 0$ と仮定

する[18]．それ以外の場合も同様である．(u, v) に対する (x, y) は

$$x = \varphi(u, v), \tag{5.147}$$

$$y = \psi(u, v) \tag{5.148}$$

で与えられる．(u, v) から微小に変化した値 $(u + \Delta u, v + \Delta v)$ に対して，(x, y) が $(x + \Delta x, y + \Delta y)$ となるとする．テイラー展開の 1 次までを考えると

$$\begin{pmatrix} \Delta x \\ \Delta y \end{pmatrix} \simeq \begin{pmatrix} \dfrac{\partial \varphi}{\partial u} & \dfrac{\partial \varphi}{\partial v} \\ \dfrac{\partial \psi}{\partial u} & \dfrac{\partial \psi}{\partial v} \end{pmatrix} \begin{pmatrix} \Delta u \\ \Delta v \end{pmatrix} = X \begin{pmatrix} \Delta u \\ \Delta v \end{pmatrix}$$

となる．ここで，

$$X \equiv \begin{pmatrix} \dfrac{\partial \varphi}{\partial u} & \dfrac{\partial \varphi}{\partial v} \\ \dfrac{\partial \psi}{\partial u} & \dfrac{\partial \psi}{\partial v} \end{pmatrix}$$

である．$|X| = \Delta_3 \neq 0$ であるから，X の逆行列 X^{-1} が存在する．したがって，

$$\begin{pmatrix} \Delta u \\ \Delta v \end{pmatrix} \simeq X^{-1} \begin{pmatrix} \Delta x \\ \Delta y \end{pmatrix}$$

となる．つまり，(5.147), (5.148) を定義域 D で解いて (u, v) を (x, y) で表すことができる (陰関数定理)．これを，$u = u(x, y), v = v(x, y)$ と書く．(x, y) の定義域を E とすると，E において $z = \chi(u, v) = \chi(u(x, y), v(x, y))$ となり，$f(x, y) \equiv \chi(u(x, y), v(x, y))$ とおくと，曲面を $z = f(x, y)$ と表すことができる．そこで，前節の公式を用いるために，$\dfrac{\partial f}{\partial x}, \dfrac{\partial f}{\partial y}$ を計算する．$\chi = \chi(u, v) = f(x, y) = f(x(u, v), y(u, v))$ より

---

18) 以下で示されるように，S の表式は $\Delta_1, \Delta_2, \Delta_3$ について対称的になる．(5.153) 参照．したがって，ある部分領域のみで $\Delta_3 \neq 0$ のときは，(5.153) の積分領域をその部分領域に制限したものが，対応する表面の表面積になるが，他の領域では他のヤコビアンが 0 でないから，これらの領域でつなぎ合わせれば，全表面積は式 (5.153) の積分領域を D としたものになる．

$$\frac{\partial \chi}{\partial u} = \frac{\partial f}{\partial x}\frac{\partial \varphi}{\partial u} + \frac{\partial f}{\partial y}\frac{\partial \psi}{\partial u}, \tag{5.149}$$

$$\frac{\partial \chi}{\partial v} = \frac{\partial f}{\partial x}\frac{\partial \varphi}{\partial v} + \frac{\partial f}{\partial y}\frac{\partial \psi}{\partial v} \tag{5.150}$$

であるが，行列で表すと

$$\begin{pmatrix} \dfrac{\partial \varphi}{\partial u} & \dfrac{\partial \psi}{\partial u} \\ \dfrac{\partial \varphi}{\partial v} & \dfrac{\partial \psi}{\partial v} \end{pmatrix} \begin{pmatrix} \dfrac{\partial f}{\partial x} \\ \dfrac{\partial f}{\partial y} \end{pmatrix} = \begin{pmatrix} \dfrac{\partial \chi}{\partial u} \\ \dfrac{\partial \chi}{\partial v} \end{pmatrix} \tag{5.151}$$

となる．これを解くと，クラメールの公式 (3.26) より，

$$\frac{\partial f}{\partial x} = -\frac{\Delta_1}{\Delta_3}, \quad \frac{\partial f}{\partial y} = -\frac{\Delta_2}{\Delta_3} \tag{5.152}$$

となる．これを式 (5.140) に代入すると，

$$\begin{aligned} |S| &= \iint_E \sqrt{\left(\frac{\Delta_1}{\Delta_3}\right)^2 + \left(\frac{\Delta_2}{\Delta_3}\right)^2 + 1}\ dxdy \\ &= \iint_D \frac{\sqrt{{\Delta_1}^2 + {\Delta_2}^2 + {\Delta_3}^2}}{|\Delta_3|} \overbrace{\left|\frac{\partial(x,y)}{\partial(u,v)}\right|}^{|\Delta_3|} dudv \\ &= \iint_D \sqrt{{\Delta_1}^2 + {\Delta_2}^2 + {\Delta_3}^2}\ dudv \end{aligned} \tag{5.153}$$

となる．1 行目から 2 行目は (x, y) から (u, v) への変数変換である．また，$\left|\dfrac{\partial \boldsymbol{r}}{\partial u} \times \dfrac{\partial \boldsymbol{r}}{\partial v}\right| = \sqrt{{\Delta_1}^2 + {\Delta_2}^2 + {\Delta_3}^2}$ であるから，

$$|S| = \iint_D \left|\frac{\partial \boldsymbol{r}}{\partial u} \times \frac{\partial \boldsymbol{r}}{\partial v}\right| dudv \tag{5.154}$$

と表される．これは，さらに次のように書き換えられる．

$$E = {\varphi_u}^2 + {\psi_u}^2 + {\chi_u}^2 = \left|\frac{\partial \boldsymbol{r}}{\partial u}\right|^2 \tag{5.155}$$

$$F = \varphi_u \varphi_v + \psi_u \psi_v + \chi_u \chi_v = \frac{\partial \boldsymbol{r}}{\partial u} \cdot \frac{\partial \boldsymbol{r}}{\partial v} \tag{5.156}$$

$$G = {\varphi_v}^2 + {\psi_v}^2 + {\chi_v}^2 = \left|\frac{\partial \boldsymbol{r}}{\partial v}\right|^2 \tag{5.157}$$

とすると，

$${\varDelta_1}^2 + {\varDelta_2}^2 + {\varDelta_3}^2 \ = \ EG - F^2 \tag{5.158}$$

となるので，

$$|S| = \iint_D \sqrt{EG - F^2} \ \ dudv \tag{5.159}$$

が得られる．

問 5.3.5 (5.152)，(5.158) を示せ．

例題 半径 r の球の表面積 $|S|$ が，$|S| = 4\pi r^2$ となることを示そう．
次のようにパラメータ表示を与える (図 5.28 参照).

$$x = r\sin\theta\cos\phi, \quad y = r\sin\theta\sin\phi, \quad z = r\cos\theta$$
$$(0 \leq \phi < 2\pi, \quad 0 \leq \theta \leq \pi)$$

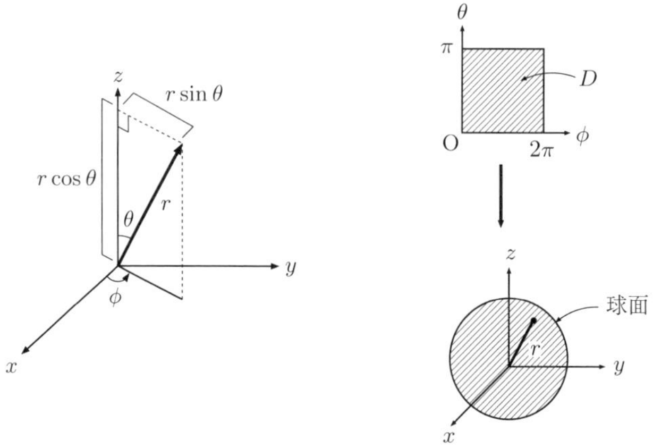

図 5.28

E, F, G を計算すると

$$E = r^2\sin^2\theta, \quad F = 0, \quad G = r^2$$

となる．したがって，

$$
\begin{aligned}
|S| &= \int_0^{\pi} d\theta \int_0^{2\pi} d\phi \sqrt{r^2 \sin^2\theta \cdot r^2 - 0} \\
&= \int_0^{\pi} d\theta \int_0^{2\pi} d\phi\, r^2 \sin\theta \\
&= 2\pi r^2 \big[-\cos\theta \big]_0^{\pi} = 4\pi r^2
\end{aligned}
$$

となる．

次に，曲面上での関数 f の積分を定義しよう．曲面がパラメータ表示されているとして，定義域を D とする．f は D で連続であるとする．D を分割して，微小領域 D_i の和集合で表す．$D = \bigcup_i D_i$．D_i の像を S_i とする．$D_i \ni \boldsymbol{u}_i = (u_i, v_i)$ を任意に選ぶ．$\boldsymbol{u}_i$ の像である曲面上の点を $\boldsymbol{r}_i \equiv \boldsymbol{r}(u_i, v_i)$ とし，次の和を考える．

$$
\sum_{\Delta} \equiv f(\boldsymbol{r}_i)|S_i|
$$

ここで，$|S_i|$ は S_i の面積であり，Δ は，D の分割の仕方を表す．$|\Delta| = \mathrm{Max}_i |D_i|$ として，$|\Delta| \to 0$ とすると，分割が小さければ，(5.154) より，

$$
|S_i| \simeq \left| \frac{\partial \boldsymbol{r}}{\partial u} \times \frac{\partial \boldsymbol{r}}{\partial v} \right|_{\boldsymbol{u}=\boldsymbol{u}_i} |D_i|
$$

であるから，和は積分となり

$$
\iint_D f \left| \frac{\partial \boldsymbol{r}}{\partial u} \times \frac{\partial \boldsymbol{r}}{\partial v} \right| dudv
$$

が得られる．これを，曲面 S 上での f の積分と定義し，$\iint_S f\, dS$ と書く．

$$
\iint_S f\, dS = \iint_D f \left| \frac{\partial \boldsymbol{r}}{\partial u} \times \frac{\partial \boldsymbol{r}}{\partial v} \right| dudv. \tag{5.160}
$$

面積積分が次の性質を持つことは，リーマン積分の定義より明らかである．

$$
\begin{aligned}
\iint_S (f+g)\, dS &= \iint_S f\, dS + \iint_S g\, dS \\
\iint_S \lambda f\, dS &= \lambda \iint_S f\, dS \quad (\lambda : \text{定数})
\end{aligned}
$$

図 5.29 のように，$S_0 = S_1 + S_2$ とすると，

$$\iint_{S_0} f\,dS = \iint_{S_1} f\,dS + \iint_{S_2} f\,dS$$

となる．

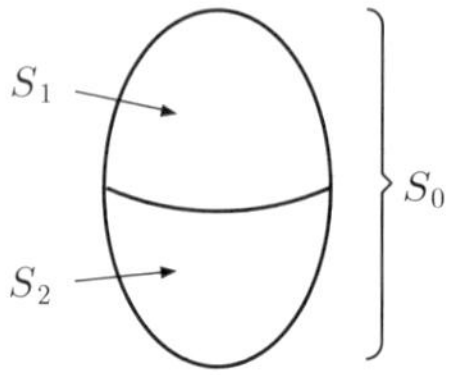

図 5.29

5.4 平面におけるグリーンの定理

平面におけるグリーンの定理

(x, y) 平面上の単純閉曲線[19)]を C として，その向きを反時計まわりとする(図 5.30 参照)．C で囲まれた領域を D とし，x, y の関数 $P(x, y), Q(x, y)$ が C^1 級とするとき，

$$\int_C (Pdx + Qdy) = \iint_D \left(\frac{\partial Q}{\partial x} - \frac{\partial P}{\partial y} \right) dxdy \qquad (5.161)$$

となる．

証明 ここでは，C として，各 $x \in (a, b)$ に対して C 上の点が 2 点のみからなり，かつ各 $y \in (c, d)$ に対して C 上の点が 2 点のみからなる場合を考える(図 5.30 を参照)．まず，C を次のように表す．

$$C = C_1 + C_2 \qquad (C_1 \text{ は } C \text{ の上半分，} C_2 \text{ は } C \text{ の下半分})$$

$$C_1 : y = \varphi_1(x),\ C_2 : y = \varphi_2(x),\ \varphi_1(x) \geq \varphi_2(x) \qquad (x \in [a, b])$$

19) 単純閉曲線とは，自分自身と交わらない閉曲線のことである．

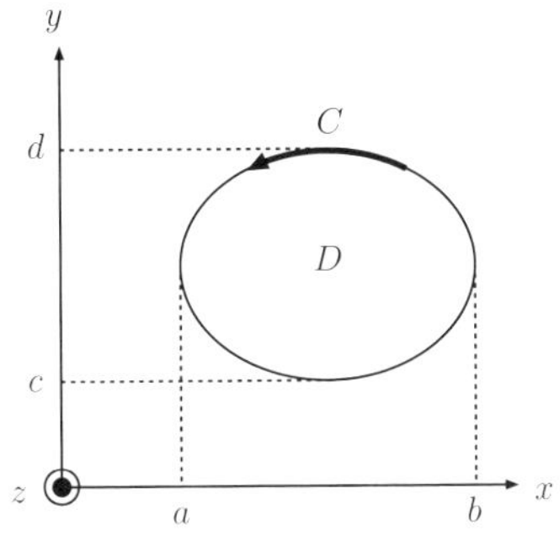

図 5.30

このとき，累次積分を行うと，

$$
\begin{aligned}
-\iint_D \frac{\partial P}{\partial y}dxdy &= -\int_a^b dx \int_{\varphi_2(x)}^{\varphi_1(x)} \frac{\partial P}{\partial y}dy \\
&= \int_a^b dx\Big(P(x,\varphi_2(x)) - P(x,\varphi_1(x))\Big) \\
&= \int_{C_2} P\,dx + \int_{C_1} P\,dx = \int_C P\,dx
\end{aligned}
$$

となる．次に，

$$C = C_3 + C_4 \qquad (C_3 \text{ は } C \text{ の右半分，} C_4 \text{ は } C \text{ の左半分})$$

$$C_3 : x = \psi_1(y),\ C_4 : x = \psi_2(y),\ \psi_1(y) \geq \psi_2(y) \qquad (y \in [c,d])$$

として同様に計算すると

$$
\begin{aligned}
\iint_D \frac{\partial Q}{\partial x}dxdy &= \int_c^d dy \int_{\psi_2(y)}^{\psi_1(y)} \frac{\partial Q}{\partial x}dx \\
&= \int_c^d dy\Big(Q(\psi_1(y),y) - Q(\psi_2(y),y)\Big) \\
&= \int_{C_3} Q\,dy + \int_{C_4} Q\,dy = \int_C Q\,dy
\end{aligned}
$$

となる．したがって，グリーンの定理が成り立つ．

C は，もっと一般的な場合でよい．例えば，図 5.31 の場合を考えよう．ここで，C は図形の外周をまわる区分的に滑らかな閉曲線，A, B はそれぞれ黒丸で表した点，C_1 は C の一部と弧 BA からなる閉曲線，C_2 は C の一部と弧 AB からなる閉曲線で，C, C_1, C_2 はともに反時計回りとする．$C = C_1 + C_2$ となるから，C_1, C_2 に対してグリーンの定理を適用すればよい．

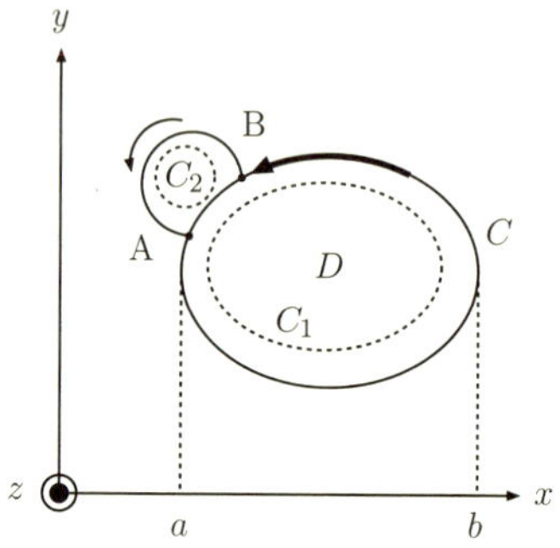

図 5.31

問 5.4.1　図 5.31 の場合に，グリーンの定理を証明せよ．

問 5.4.2　グリーンの定理の説明図 5.30 において，閉曲線で囲まれた領域 D の面積 $|D|$ が

$$|D| = \frac{1}{2}\int_C (x\,dy - y\,dx)$$

で与えられることを示せ．

グリーンの定理の応用例を示す前に，いくつか定義を述べる．

連結　集合 A が**連結**とは，A 内の任意の 2 点を A 内の連続な曲線で結ぶことができることをいう．

領域　連結な開集合を**領域**という．

単連結領域　領域 A が**単連結**とは，A 内の任意の閉曲線を，A で連続的に変形して点に縮めることができることをいう．例えば，球は単連結であるが，ドーナツのように穴があいている集合は単連結ではない．

グリーンの定理の応用例

$P(x,y)dx + Q(x,y)dy$ が全微分となるための必要十分条件

x, y の関数 $P(x,y), Q(x,y)$ が単連結領域 D で C^1 級とするとき，$\delta W \equiv Pdx + Qdy$ が D で全微分となる必要十分条件，すなわち，C^2 級の関数 $u(x,y)$ が存在して，

$$du = P\,dx + Q\,dy \tag{5.162}$$

とかける必要十分条件は，D で

$$\frac{\partial P}{\partial y} = \frac{\partial Q}{\partial x} \tag{5.163}$$

となることである．

証明　まず，必要条件を証明する．仮定より，D で，

$$\delta W = du = \frac{\partial u}{\partial x}du + \frac{\partial u}{\partial v}dv$$

である．したがって，$P = \dfrac{\partial u}{\partial x}, Q = \dfrac{\partial u}{\partial y}$ となるが，u は C^2 級なので，$\dfrac{\partial^2 u}{\partial x \partial y} = \dfrac{\partial^2 u}{\partial y \partial x}$ が成り立つ．これより，ただちに (5.163) が従う．

次に，D で (5.163) を仮定する．D 内の任意 2 点 a, b について，a から b への D 内の経路を γ とするとき，$\int_\gamma \delta W$ が，経路 γ によらないことを示す．a, b を結ぶ 2 つの経路を γ_1, γ_2 とする．簡単のため，これらは交差しないとする[20]．すると，グリーンの定理より

$$\int_{\gamma_1} \delta W - \int_{\gamma_2} \delta W = \int_{\gamma_1 - \gamma_2} \delta W \tag{5.164}$$

$$= \pm \int\int_E \left(\frac{\partial Q}{\partial x} - \frac{\partial P}{\partial y} \right) dxdy \tag{5.165}$$

---

[20] 交差する点が有限個の場合も，始点から，最初の交差点までについて以下の議論を適用すると，そこまでの経路によらないことが分かる．以下同様である．

となる．±1 の符号は，$\gamma_1 - \gamma_2$ が反時計回りなら +，時計回りなら − とする．E は，閉曲線 $\gamma_1 - \gamma_2$ に囲まれる領域であるが，D は単連結なので，$E \subset D$ である．したがって，仮定より $\dfrac{\partial P}{\partial y} = \dfrac{\partial Q}{\partial x}$ であるから，右辺は 0 になる．よって，

$$\int_{\gamma_1} \delta W = \int_{\gamma_2} \delta W$$

となる．したがって，$\displaystyle\int_{\gamma} \delta W$ は始点 a と終点 b にのみ依存するので，始点 a を固定して終点 b の関数 u と考え，$\displaystyle\int_{\mathrm{a}}^{\mathrm{b}} \delta W$ と表す．a, b の座標を $(x_0, y_0), (x, y)$ とすると，

$$u(x, y) = \int_{(x_0, y_0)}^{(x, y)} \delta W$$

である．このとき，

$$\frac{u(x+h, y) - u(x, y)}{h} = \frac{1}{h} \int_{(x, y)}^{(x+h, y)} \delta W = \frac{1}{h} \int_{(x, y)}^{(x+h, y)} P(x', y') dx'$$

となり，P は連続なので，$h \to 0$ とすると，$\dfrac{\partial u}{\partial x} = P$ となる．同様にして，$\dfrac{\partial u}{\partial y} = Q$ が得られる．

グリーンの定理は，単純閉曲線の内部に複数の単純閉曲線がある場合にも成り立つ．たとえば，図 5.32 のように，単純閉曲線 C_1 の内部に 2 つの単純閉曲線 C_2, C_3 がある場合を考えよう．内部の曲線の向きを時計回りとし，領域 D を C_1, C_2, C_3 とで囲まれるアミかけのついた領域とすれば成り立つことが分かる．証明は，図で点線で示した新たな道を導入して，D を複数の単純閉曲線で囲まれる領域に分割すればよい．あるいは，3 つの点線のうちいずれか 2 つの道を導入し，それらと C_1, C_2, C_3 を用いて 1 つの閉曲線を作ると，その内部は単連結領域になる (図 5.33 参照)．線分の部分は往復の経路があるので打ち消し，結局 C_1, C_2, C_3 のみの線積分が残る．

この例の場合，D は図中の 3 つの点線部分のうちいずれか 2 つの線分を取

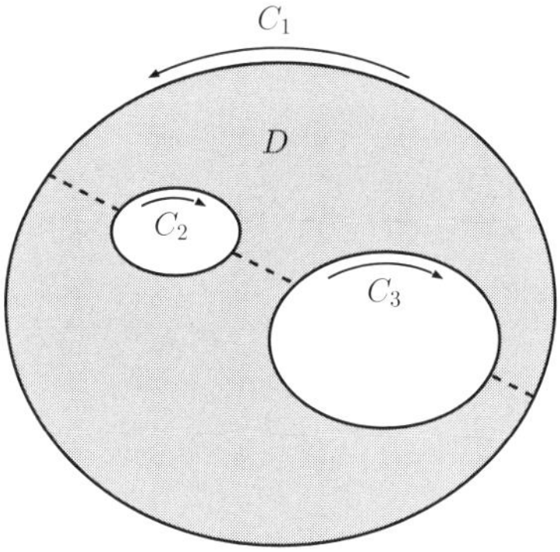

図 **5.32**

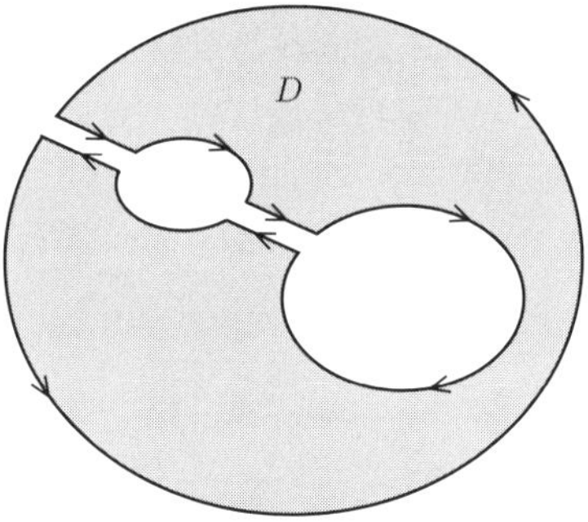

図 **5.33**

り除くと単連結領域になる．このとき，D は**二重連結**であるという．一般に，l 個の曲線を取り除くとはじめて単連結領域になる場合，l **重連結**という．例えば D に l 個の穴があいている場合，l 重連結となる．以上のことより，グリーンの定理は l 重連結な領域でも成り立つことが分かる．

次に，ストークスの定理とガウスの定理について述べる．これらは，理工系のいろいろな分野で用いられる重要な積分定理である．

5.5 積分定理 — ストークスの定理

5.5.1 ストークスの定理

これは，ベクトル場 $\boldsymbol{A}$ の線積分と面積積分についての定理である．

ストークスの定理

向きのついた単純閉曲線 C とそれを縁とする**向きづけ可能な曲面** S を考える[21)]．曲面の法線の向きは，閉曲線の向きに右ねじを回したときに右ねじの進行方向と定義する (図 5.34 参照)．$\boldsymbol{A}$ は C 及び S 上で C^1 級とする．このとき，次の等式が成り立つ．

$$\int_C \boldsymbol{A}\cdot d\boldsymbol{r} = \iint_S \mathrm{rot}\boldsymbol{A}\cdot\boldsymbol{n}\,dS$$

ただし，$\boldsymbol{n}$ は単位法線ベクトル．

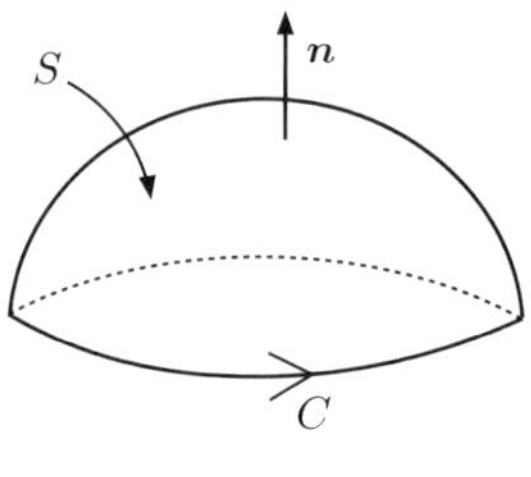

図 5.34

まず，曲面を微小曲面 S_i に分割し，その縁をなす閉曲線を C_i とする．以下

21) 向きづけ可能な曲面とは，表と裏を定義できる曲面である．たとえば，球面やドーナツ面は向きづけ可能である．単純閉曲面(一点に縮めることのできる曲面)は向きづけ可能である．向きづけ不可能な曲面の例としては，メービウスの帯がある．詳しくは巻末の参考書を参照．また，C と S の微分可能性についての条件は，場合によって異なる．本文中の証明や，付録で扱う曲三角形の場合は，C^2 級の関数でパラメータ表示される場合である．曲三角形とは，三角形の連続写像による像のことである．付録参照．ここでは深く立ち入らないが，フラクタルなどは別にして，通常の曲面は，有限個の C^2 級の曲三角形に分割できる．

では，S_i が曲三角形の場合について説明する．C_i の向きは，その方向に右ねじを回したとき，右ねじの進む向きが法線の向きと一致するように決める (図 5.35 参照)．隣り合う曲面の境界では曲線の向きが逆になるので，すべての閉曲線 C_i についての $\boldsymbol{A}$ の線積分の和は，C についての $\boldsymbol{A}$ の線積分と一致する．

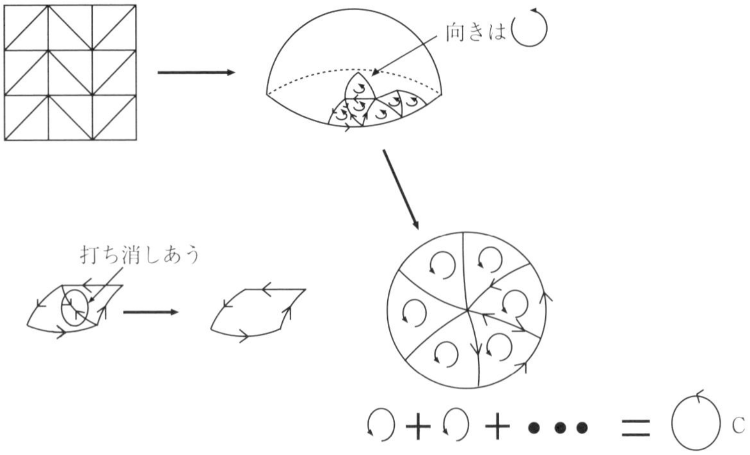

図 **5.35**

$$\sum_i \int_{C_i} \boldsymbol{A} \cdot d\boldsymbol{r} = \int_C \boldsymbol{A} \cdot d\boldsymbol{r}.$$

一方，すべての曲面 S_i 上での $\mathrm{rot}\boldsymbol{A} \cdot \boldsymbol{n}$ の面積積分の和は，S 上での面積積分に等しい．

$$\sum_i \iint_{S_i} \mathrm{rot}\boldsymbol{A} \cdot \boldsymbol{n}\, dS = \iint_S \mathrm{rot}\boldsymbol{A} \cdot \boldsymbol{n}\, dS.$$

したがって，閉曲線 C_i とそれを縁とする閉曲面 S_i について，ストークスの定理

$$\int_{C_i} \boldsymbol{A} \cdot \boldsymbol{r} = \iint_{S_i} \mathrm{rot}\boldsymbol{A} \cdot \boldsymbol{n}\, dS$$

が成立すれば C と S についてもストークスの定理が成り立つ．まず，簡略化した議論を示そう．第 4 章での結果を用いるために，曲面 S が微小な長方形 S_i の和で近似できるとする．5.2 節において，

$$\Delta X_1 + \Delta X_2 + \Delta X_3 + \Delta X_4 \simeq (\nabla \times \boldsymbol{A}, \boldsymbol{n})|S_i|$$

となることを導いた（(5.94) 参照）．ここで，$|S_i|$ は，近似長方形の面積である．また，C_i を S_i の周として，左辺は $\displaystyle\int_{C_i} \boldsymbol{A} \cdot d\boldsymbol{r}$ の近似値である．すべての微小長方形の和をとると，

$$\sum_i \int_{C_i} \boldsymbol{A} \cdot d\boldsymbol{r} \simeq \sum_i (\nabla \times \boldsymbol{A}, \boldsymbol{n})|S_i|$$

となる．しかし，分割を 0 にする極限をとると，左辺は $\displaystyle\int_C \boldsymbol{A} \cdot d\boldsymbol{r}$ へ，右辺は $\displaystyle\iint_S \mathrm{rot}\boldsymbol{A} \cdot \boldsymbol{n}\, dS$ へ収束するので，

$$\int_C \boldsymbol{A} \cdot d\boldsymbol{r} = \iint_S \mathrm{rot}\boldsymbol{A} \cdot \boldsymbol{n}\, dS$$

となる．

次に，曲面が C^2 級の関数でパラメータ表示されているときに，厳密な証明を示そう．ベクトル場を $\boldsymbol{A} = (A_1, A_2, A_3)$ とし，直交座標を，$\boldsymbol{r} = (x_1, x_2, x_3)$ とする．今の場合，ストークスの定理は，

$$\int_C A_1\, dx_1 + A_2\, dx_2 + A_3\, dx_3 = \iint_S \mathrm{rot}\ \boldsymbol{A} \cdot \boldsymbol{n}\, dS \qquad (5.166)$$

となる．

証明 5.3 節のように，S のパラメータ表示を用いて，(5.166) を示そう．

$$S : x_1 = \varphi(u,v),\ x_2 = \psi(u,v),\ x_3 = \chi(u,v) \qquad ((u,v) \in D) \qquad (5.167)$$

とする．D の境界 ∂D が

$$\partial D : u = u(t),\ v = v(t) \qquad (t \in [\alpha, \beta]) \qquad (5.168)$$

で与えられているとすると，C は，∂D の像であるから，

$$C : x_1 = \varphi(u(t), v(t)),\ x_2 = \psi(u(t), v(t)),\ x_3 = \chi(u(t), v(t)) \qquad (t \in [\alpha, \beta])$$

で与えられる．このとき，

$$\int_C A_1\, dx_1 + A_2\, dx_2 + A_3\, dx_3$$

$$= \int_\alpha^\beta dt \sum_i A_i(\boldsymbol{r}(t))\left(\frac{\partial x_i}{\partial u}\dot{u} + \frac{\partial x_i}{\partial v}\dot{v}\right)$$
$$= \int_{\partial D}\left(\sum_i A_i(\boldsymbol{r})\frac{\partial x_i}{\partial u}du + \sum_i A_i(\boldsymbol{r})\frac{\partial x_i}{\partial v}dv\right)$$

となる．最後の式に (u, v) 空間でのグリーンの定理を適用すると，

$$= \int\int_D \left(\frac{\partial}{\partial u}\left\{\sum_i A_i(\boldsymbol{r})\frac{\partial x_i}{\partial v}\right\} - \frac{\partial}{\partial v}\left\{\sum_i A_i(\boldsymbol{r})\frac{\partial x_i}{\partial u}\right\}\right) dudv$$

となる．被積分関数を I とする．合成関数の微分法より，

$$\frac{\partial}{\partial u}A_i(\boldsymbol{r}) = \sum_j \frac{\partial A_i}{\partial x_j}\frac{\partial x_j}{\partial u},$$
$$\frac{\partial}{\partial v}A_i(\boldsymbol{r}) = \sum_j \frac{\partial A_i}{\partial x_j}\frac{\partial x_j}{\partial v}$$

となる．また，φ, ψ, χ は仮定より C^2 級なので，$\dfrac{\partial^2 x_i}{\partial u \partial v} = \dfrac{\partial^2 x_i}{\partial v \partial u}$ を用いると，

$$I = \sum_i\left(\frac{\partial A_i}{\partial u}\frac{\partial x_i}{\partial v} - \frac{\partial A_i}{\partial v}\frac{\partial x_i}{\partial u}\right) = \sum_i\sum_j\left(\frac{\partial A_i}{\partial x_j}\frac{\partial x_j}{\partial u}\frac{\partial x_i}{\partial v} - \frac{\partial A_i}{\partial x_j}\frac{\partial x_j}{\partial v}\frac{\partial x_i}{\partial u}\right)$$
$$= \sum_i\sum_j\frac{\partial A_i}{\partial x_j}\left(\frac{\partial x_j}{\partial u}\frac{\partial x_i}{\partial v} - \frac{\partial x_j}{\partial v}\frac{\partial x_i}{\partial u}\right)$$
$$= \frac{1}{2}\sum_i\sum_{j(\neq i)}\left(\frac{\partial A_i}{\partial x_j} - \frac{\partial A_j}{\partial x_i}\right)\left(\frac{\partial x_j}{\partial u}\frac{\partial x_i}{\partial v} - \frac{\partial x_j}{\partial v}\frac{\partial x_i}{\partial u}\right)$$
$$= \sum_{i>j}\left(\frac{\partial A_i}{\partial x_j} - \frac{\partial A_j}{\partial x_i}\right)\left(\frac{\partial x_j}{\partial u}\frac{\partial x_i}{\partial v} - \frac{\partial x_j}{\partial v}\frac{\partial x_i}{\partial u}\right)$$

となる．4 番目の等号は，i, j を入れかえたものを足して 2 で割っており，その結果は i, j について対称なので，最後の等号は，$i > j$ として 2 倍している．最後の式で，$(i, j) = (2, 1), (3, 1), (3, 2)$ とすると，

$$I = \left(\frac{\partial A_2}{\partial x_1} - \frac{\partial A_1}{\partial x_2}\right)\left(\frac{\partial x_1}{\partial u}\frac{\partial x_2}{\partial v} - \frac{\partial x_1}{\partial v}\frac{\partial x_2}{\partial u}\right)$$
$$+ \left(\frac{\partial A_3}{\partial x_1} - \frac{\partial A_1}{\partial x_3}\right)\left(\frac{\partial x_1}{\partial u}\frac{\partial x_3}{\partial v} - \frac{\partial x_1}{\partial v}\frac{\partial x_3}{\partial u}\right)$$
$$+ \left(\frac{\partial A_3}{\partial x_2} - \frac{\partial A_2}{\partial x_3}\right)\left(\frac{\partial x_2}{\partial u}\frac{\partial x_3}{\partial v} - \frac{\partial x_2}{\partial v}\frac{\partial x_3}{\partial u}\right)$$

$$= (\mathrm{rot}\ \boldsymbol{A})_3 \frac{\partial(x_1, x_2)}{\partial(u, v)} - (\mathrm{rot}\ \boldsymbol{A})_2 \frac{\partial(x_1, x_3)}{\partial(u, v)} + (\mathrm{rot}\ \boldsymbol{A})_1 \frac{\partial(x_2, x_3)}{\partial(u, v)}$$

となる．ここで，5.3 節の結果より，

$$\Delta_1 = \frac{\partial(\psi, \chi)}{\partial(u, v)}, \quad \Delta_2 = \frac{\partial(\chi, \varphi)}{\partial(u, v)}, \quad \Delta_3 = \frac{\partial(\varphi, \psi)}{\partial(u, v)},$$

$$\frac{\partial \boldsymbol{r}}{\partial u} \times \frac{\partial \boldsymbol{r}}{\partial v} = \Delta_1 \boldsymbol{i} + \Delta_2 \boldsymbol{j} + \Delta_3 \boldsymbol{k}$$

であるから，

$$I = (\mathrm{rot}\ \boldsymbol{A})_3 \Delta_3 + (\mathrm{rot}\ \boldsymbol{A})_2 \Delta_2 + (\mathrm{rot}\ \boldsymbol{A})_1 \Delta_1 = \mathrm{rot}\ \boldsymbol{A} \cdot \left(\frac{\partial \boldsymbol{r}}{\partial u} \times \frac{\partial \boldsymbol{r}}{\partial v} \right)$$

$$= \mathrm{rot}\ \boldsymbol{A} \cdot \boldsymbol{n} \left| \frac{\partial \boldsymbol{r}}{\partial u} \times \frac{\partial \boldsymbol{r}}{\partial v} \right|$$

となる．ここで，

$$\frac{\partial \boldsymbol{r}}{\partial u} \times \frac{\partial \boldsymbol{r}}{\partial v} = \left| \frac{\partial \boldsymbol{r}}{\partial u} \times \frac{\partial \boldsymbol{r}}{\partial v} \right| \boldsymbol{n}$$

としているが，$\dfrac{\partial \boldsymbol{r}}{\partial u} \times \dfrac{\partial \boldsymbol{r}}{\partial v}$ と $\boldsymbol{n}$ の向きが逆なら，パラメータ u, v の順序を入れかえて，新しいパラメターを $(u', v') = (v, u)$ とすればよい．したがって，面積積分の公式 (5.160) より

$$\iint_D I\, dudv = \iint_D \mathrm{rot}\ \boldsymbol{A} \cdot \boldsymbol{n} \left| \frac{\partial \boldsymbol{r}}{\partial u} \times \frac{\partial \boldsymbol{r}}{\partial v} \right| dudv = \iint_S \mathrm{rot}\ \boldsymbol{A} \cdot \boldsymbol{n}\, dS$$

となり，ストークスの定理が導かれる．

以上の証明では，曲面 S 全体が (5.167) のようにパラメータ表示されているとした．曲面が複数の部分に分割され，各々の領域でパラメータ表示されている場合には，ここで示したように各部分でストークスの定理が成立するので，前に述べたように，それらの和をとることにより，曲面全体についてストークスの定理が成り立つ．

なお，付録では S_i が曲三角形の場合に厳密な証明を与える．

5.5.2　ストークの定理の応用

位置エネルギーの存在条件

> **定理**　単連結領域 D における C^1 級のベクトル場 $\boldsymbol{F}$ について，次の 3 つの命題は同値である．
>
> (A)　D 内で，C^2 級の位置エネルギーが存在する，つまり，C^2 級のスカラー場 $\phi(\boldsymbol{r})$ が存在して，$\boldsymbol{F} = -\boldsymbol{\nabla}\phi$ となる．
>
> (B)　D 内で，渦無し場である，つまり，$\boldsymbol{\nabla} \times \boldsymbol{F} = \boldsymbol{0}$.
>
> (C)　D 内で，線積分が経路によらない，つまり，D 内の任意の閉曲線 C について，線積分が 0 である．$\oint_C \boldsymbol{F}\cdot d\boldsymbol{r} = 0$[22)].

証明

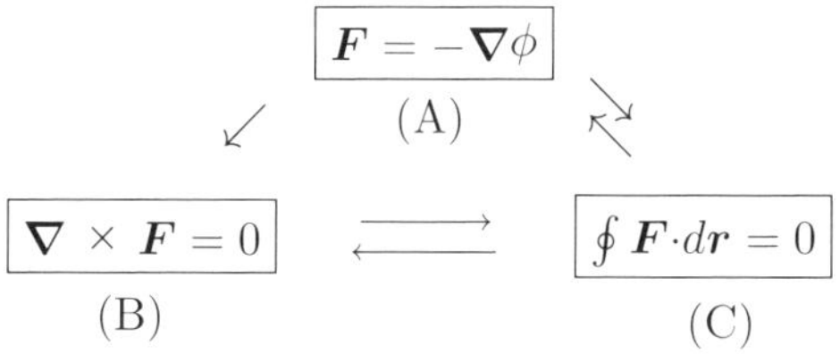

(A) → (B)　任意の C^2 級のスカラー場 ϕ について，恒等的に

$$\boldsymbol{\nabla} \times (\boldsymbol{\nabla}\phi) = \boldsymbol{0}$$

となることより，明らかである．

(A) → (C)　閉曲線 C のパラメータ表示を，$\boldsymbol{r} = \boldsymbol{r}(t)$ とする (図 5.36 参照).

$$\boldsymbol{r} = \boldsymbol{r}(t) \qquad (t \in [\alpha, \beta]), \quad \boldsymbol{r}(\alpha) = \boldsymbol{r}(\beta).$$

C での線積分を計算すると，

$$\oint_C \boldsymbol{F}\cdot d\boldsymbol{r} = \int_\alpha^\beta \boldsymbol{F}(\boldsymbol{r}(t)) \cdot \frac{d\boldsymbol{r}(t)}{dt}\, dt$$
$$= -\int_\alpha^\beta \nabla\phi(\boldsymbol{r}(t)) \cdot \frac{d\boldsymbol{r}(t)}{dt}\, dt = -\int_\alpha^\beta \frac{d}{dt}\phi(\boldsymbol{r}(t))\, dt$$

22) C が閉曲線のときの線積分は，$\oint_C \boldsymbol{F}\cdot d\boldsymbol{r}$ と書く場合がある

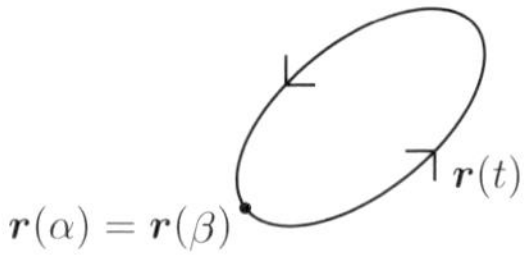

図 5.36

$$= -[\phi(\boldsymbol{r}(t))]_\alpha^\beta = \phi(\boldsymbol{r}(\alpha)) - \phi(\boldsymbol{r}(\beta)) = 0.$$

3 つめの等号で，次の関係式を用いた．

$$\frac{d}{dt}\phi(\boldsymbol{r}(t)) = \frac{\partial\phi}{\partial x}\frac{dx}{dt} + \frac{\partial\phi}{\partial y}\frac{dy}{dt} + \frac{\partial\phi}{\partial z}\frac{dz}{dt} = \nabla\phi\cdot\frac{d\boldsymbol{r}}{dt}.$$

(C) → (A)　図 5.37 のように，閉曲線 C を，始点を $\boldsymbol{r}_0$，終点を $\boldsymbol{r}$ とする 2 つの曲線 C_1 と C_2 に分割する．

$$C = C_1 + (-C_2),$$

$$\oint_C \boldsymbol{F}\cdot d\boldsymbol{r} = \int_{C_1}\boldsymbol{F}\cdot d\boldsymbol{r} + \int_{-C_2}\boldsymbol{F}\cdot d\boldsymbol{r} = \int_{C_1}\boldsymbol{F}\cdot d\boldsymbol{r} - \int_{C_2}\boldsymbol{F}\cdot d\boldsymbol{r} = 0$$

$$\therefore\quad \int_{C_1}\boldsymbol{F}\cdot d\boldsymbol{r} = \int_{C_2}\boldsymbol{F}\cdot d\boldsymbol{r}$$

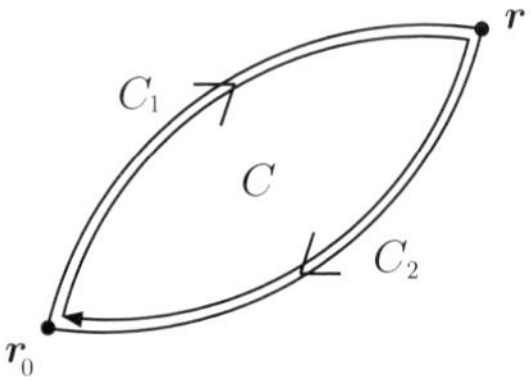

図 5.37

最後の等式より，積分は始点 $\boldsymbol{r}_0$ と終点 $\boldsymbol{r}$ のみに依存し，途中の経路にはよらないことが分かる．この積分値を，$\boldsymbol{r}_0$ を固定して終点 $\boldsymbol{r}$ の関数とみなし，$-\phi(\boldsymbol{r})$ とする．

$$\phi(\boldsymbol{r}) \equiv -\int_{\boldsymbol{r}_0\ \to\ \boldsymbol{r}\text{の道}} \boldsymbol{F}\cdot d\boldsymbol{r} \tag{5.169}$$

$\boldsymbol{r}_0$ から $\boldsymbol{r}$ への道を選び，改めてそれを C とする．

$$C : \boldsymbol{r} = \boldsymbol{r}(t), \quad \boldsymbol{r}(\alpha) = \boldsymbol{r}_0, \quad \boldsymbol{r}(t) = \boldsymbol{r}.$$

$\phi(\boldsymbol{r}(t))$ は次のように表される．

$$\phi(\boldsymbol{r}(t)) = -\int_{\alpha}^{t} \boldsymbol{F}(\boldsymbol{r}(\tau))\cdot\frac{d\boldsymbol{r}(\tau)}{d\tau}d\tau. \tag{5.170}$$

式 (5.170) の両辺をパラメータ t で微分すると，

$$\nabla\phi(\boldsymbol{r}(t))\cdot\frac{d\boldsymbol{r}(t)}{dt} = -\boldsymbol{F}(\boldsymbol{r}(t))\cdot\frac{d\boldsymbol{r}(t)}{dt}$$

となる．$\dfrac{d\boldsymbol{r}}{dt}$ は C の接線方向のベクトルであり，C は任意にとれるので，$\dfrac{d\boldsymbol{r}(t)}{dt}$ は任意の 3 次元ベクトルと考えてよい（図 5.38 参照）．よって，

$$\nabla\phi(\boldsymbol{r}) = -\boldsymbol{F}(\boldsymbol{r})$$

となる．$\boldsymbol{F}$ が C^1 級なので，ϕ は C^2 級となる．

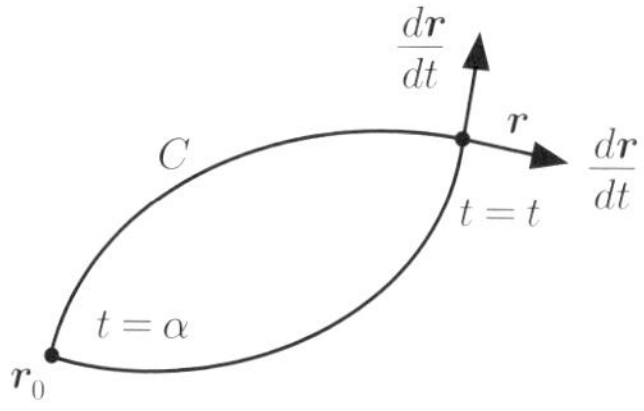

図 5.38

(C) → (B)　図 5.39 のように，C を縁とする D 内の任意の曲面を S とすると[23]，ストークスの定理より，

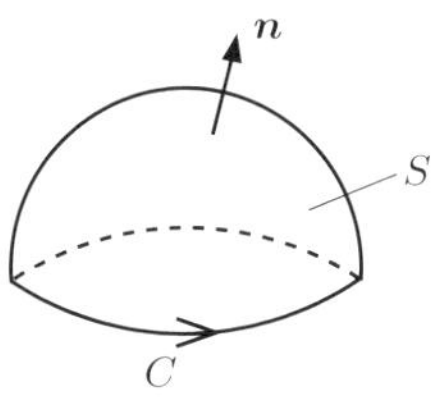

図 5.39

[23] D は単連結なので，そのような曲面がとれる．

$$\oint_C \boldsymbol{F}\cdot d\boldsymbol{r} = \iint_S (\nabla \times \boldsymbol{F})\cdot\boldsymbol{n}\, dS \tag{5.171}$$

となる.

仮定より，(5.171) の左辺は 0 なので

$$\iint_S (\nabla \times \boldsymbol{F})\cdot\boldsymbol{n}\, dS = 0$$

となる．S は D 内の任意の曲面なので，D 内の任意の点で，$\nabla \times \boldsymbol{F} = 0$ となる.

(B) → (C) は (5.171) より自明.

よって，単連結領域における 3 つの命題が同値であることが示された.

物理への応用

例　重力場　質量 M の物体 A が質量 m の物体 B に及ぼす万有引力は，万有引力定数を G とし，A が原点にあるとして，B の位置ベクトルを $\boldsymbol{r}$ とすると，

$$\boldsymbol{F}(\boldsymbol{r}) = -GMm\frac{\boldsymbol{r}}{r^3} = -GMm\frac{\hat{\boldsymbol{r}}}{r^2} \qquad \left(\hat{\boldsymbol{r}} = \frac{\boldsymbol{r}}{|\boldsymbol{r}|} = \frac{\boldsymbol{r}}{r}\right),\ r = |\boldsymbol{r}|$$

で表される．全空間から原点を除いた領域を D とすると，D は単連結であり，問 5.2.6 で示したように，D で $\nabla \times \boldsymbol{F} = 0$ となる.

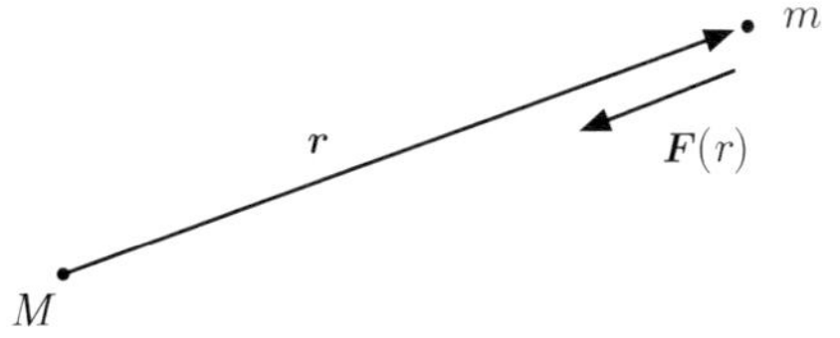

図 5.40

したがって，上の定理より，原点を通らない任意の閉曲線について，$\oint_C \boldsymbol{F}\cdot d\boldsymbol{r} = 0$ であり，また，スカラー場 $\phi(\boldsymbol{r})$ が存在して，$\boldsymbol{F} = -\boldsymbol{\nabla}\phi$ となる．$\phi(\boldsymbol{r})$ は，重力による位置エネルギーで，$\phi = -GMm\dfrac{1}{r}$ となる．ただし，無限遠点で $\phi = 0$ とした

問 5.5.1　$\phi = -GMm\dfrac{1}{r}$ となることを示せ．

例　ビオ・サバールの法則，無限定常電流の作る磁場

強さ I の定常電流のがつくる磁場は，次の**ビオ・サバールの法則**で与えられる．電流の強さは，単位時間あたりに移動する電荷量と定義される．点 P のまわりの $\boldsymbol{ds}$ 部分を流れる電流が，点 S につくる磁場を $d\boldsymbol{H}$ とすると，$\boldsymbol{r}' = \overrightarrow{\mathrm{PS}}$, $r' = |\boldsymbol{r}'|$ として，

$$d\boldsymbol{H} = \frac{I}{4\pi}\frac{\boldsymbol{ds} \times \boldsymbol{r}'}{r'^3} \tag{5.172}$$

となる．ここで，$\boldsymbol{ds} \times \boldsymbol{r}'$ は外積である．

無限に長い直線上を，強さ I の定常電流が流れているとき，この直線から ρ の距離にある点における磁場 $\boldsymbol{H}$ を，ビオ・サバールの法則を用いて求めてみよう．直線を z 軸とし，点 S を x 軸上の点とする（図 5.41 参照）．

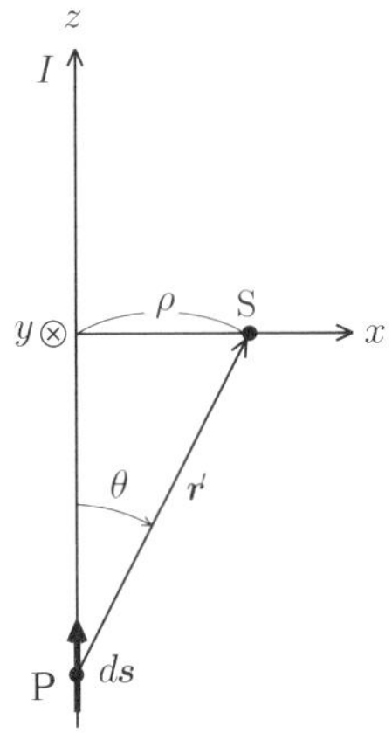

図 5.41

外積の性質より，磁場の y 成分，H_y，以外は 0 であることが分かる．図 5.41 のように θ をとると，$ds = (0, 0, dz), r' \sin\theta = \rho$ であるから

$$dH_y = \frac{I}{4\pi}\frac{r' \sin\theta}{r'^3}dz = \frac{I}{4\pi}\frac{\rho}{r'^3}dz$$

となる．$z = -\rho\cot\theta$ と変数変換すると，$r' = \sqrt{\rho^2 + z^2}, dz = \dfrac{\rho}{\sin^2\theta}d\theta$ より，

$$H_y = \int_{-\infty}^{\infty} \frac{I\rho}{4\pi}(\rho^2 + z^2)^{-3/2} dz = \frac{I}{4\pi\rho}\int_0^{\pi} \sin\theta\, d\theta = \frac{I}{2\pi\rho} \tag{5.173}$$

となる．

円筒座標系を用いて[24)]，以上の結果をまとめよう．点 S の円筒座標を (ρ, ϕ, z) とする．この点における基底ベクトルは，$\boldsymbol{e}_\rho, \boldsymbol{e}_\phi, \boldsymbol{e}_z$ である．

まとめ

z 軸上を $\boldsymbol{e}_z$ の向きに流れる強さ I の電流が点 S につくる磁場 $\boldsymbol{H}$ は，$\boldsymbol{e}_\phi$ の向きで，大きさ H は ρ のみに依存し，$H(\rho) = \dfrac{I}{2\pi\rho}$ となる．したがって，$\boldsymbol{H} = \frac{I}{2\pi\rho}\boldsymbol{e}_\phi$ となる．

例　アンペールの法則とマックウェルの方程式

まず，定常電流が作る磁場についてのアンペールの法則について説明する．図 5.42 のように，向きのついた閉曲線 C を定常電流 $I_1, \cdots, I_n$ が貫いているとする．I_j の符号は C の向きに右ねじを回したとき，右ねじの進む向きを正とする．また，$|I_j|$ は電流の強さを表す．このとき，C に沿って磁界 $\boldsymbol{H}$ を線積分すると，それは I_j の総和に等しい．

$$\oint_C \boldsymbol{H}\cdot d\boldsymbol{r} = \sum_{j=1}^{n} I_j. \tag{5.174}$$

これが**アンペールの法則**である．アンペールの法則から**マックスウェルの方程**

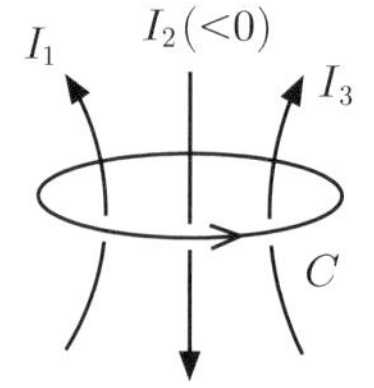

図 5.42

24) 第 6 章を参照．

式を導こう．そのために電流密度 $\boldsymbol{j}$ を導入する．すなわち，単位時間あたりに，$\boldsymbol{j}$ に垂直な面の単位面積あたりを通過する電荷量が $|\boldsymbol{j}|$ であるとする．すると，

$$\sum_{j=1}^{n} I_j = \iint_S \boldsymbol{j}\cdot\boldsymbol{n}\,dS \tag{5.175}$$

となり，アンペールの法則は

$$\oint_C \boldsymbol{H}\cdot d\boldsymbol{r} = \iint_S \boldsymbol{j}\cdot\boldsymbol{n}\,dS \tag{5.176}$$

となる．このようにして，曲線上を流れる電流の場合に限らず，電流が分布している場合のアンペールの法則が得られる．

以下では，$\boldsymbol{j}$ は連続なベクトルとする．このとき，マックウェルの方程式の 1 つ $\mathrm{rot}\ \boldsymbol{H} = \boldsymbol{j}$ を導く．

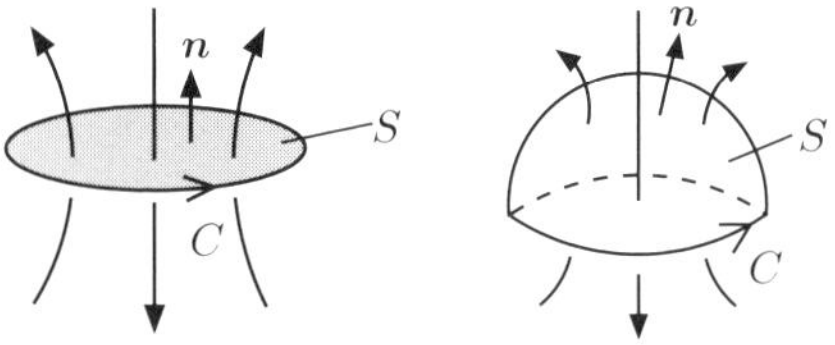

図 **5.43**

ストークスの定理を (5.176) の左辺に適用すると

$$\oint_C \boldsymbol{H}\cdot d\boldsymbol{r} = \iint_S \mathrm{rot}\ \boldsymbol{H}\cdot\boldsymbol{n}\,dS \tag{5.177}$$

となる．ここで，S は C を縁とする面なら何でもよい (図 5.43 参照)．したがって，(5.176), (5.177) より，

$$\iint_S \mathrm{rot}\ \boldsymbol{H}\cdot\boldsymbol{n}\,dS = \iint_S \boldsymbol{j}\cdot\boldsymbol{n}\,dS$$

となる．S は任意の曲面であるから

$$\mathrm{rot}\ \boldsymbol{H} = \boldsymbol{j} \tag{5.178}$$

が成り立つ．これが**定常電流についてのマックスウェルの方程式**である．

マックスウェルは電束電流を導入して，非定常なときのマックスウェルの方

程式を導いた.

$$\mathrm{rot}\,\boldsymbol{H} - \underline{\frac{\partial \boldsymbol{D}}{\partial t}} = \boldsymbol{j}. \tag{5.179}$$

下線部が電束電流である.

例 無限に長い円筒内を流れる定常電流のつくる磁場

半径 a の円の断面を持つ無限に長い円筒に，強さ I の定常電流が一様に流れているときを考えよう．円筒の中心軸を z 軸にとり，電流は z の正の向きに流れているとする．電流密度は，円筒座標 (ρ, ϕ, z) の ρ のみに依存し，

$$\boldsymbol{j} = \begin{cases} j_0\,\boldsymbol{e}_z & (\rho < a \text{ のとき}) \\ \boldsymbol{0} & (\rho \geq a \text{ のとき}) \end{cases} \tag{5.180}$$

となる．ここで，$j_0 = \dfrac{I}{\pi a^2}$ である．

まず，ビオ－サバールの法則を用いて導いた直線電流が作る磁場の結果を適用して解く．そのときと同様に，点 S が x 軸上にあるとすると，点 S の円筒座標は $(\rho, 0, 0)$ となる．$z = 0$ の円筒の断面の点 $\mathrm{P}(\rho'', \phi, 0)$ を通って流れる電流が S に作る磁場は，**まとめ**にあるように，直線 PS に直交し，図 5.44 に示されているような向きとなる．一方，$(\rho'', -\phi, 0)$ の点 P′ を通って流れる電流が S に作る磁場は，図の向きとなるため，両者による磁場は y 成分のみが残る．

したがって，定常電流 I が点 S につくる磁場は，y 成分 H_y のみが 0 でない．P の近傍の，面積が $\rho'' d\rho'' d\phi$ の部分を通って流れる電流の強さは $j_0 \rho'' d\rho'' d\phi$ であるから，この電流が S に作る磁場の y 成分 dH_y は

$$dH_y = \frac{j_0}{2\pi\rho'} \rho'' d\rho'' d\phi \times \frac{\rho - \rho'' \cos\phi}{\rho'}$$

である．P と P′ からの寄与を足し，$\rho' = \sqrt{\rho^2 + \rho''^2 - 2\rho\rho'' \cos\phi}$ を代入すると，全磁場は

$$H_y = 2\frac{j_0}{2\pi} \int_0^a d\rho'' \rho'' \int_0^\pi d\phi \frac{\rho - \rho'' \cos\phi}{\rho^2 + \rho''^2 - 2\rho\rho'' \cos\phi}$$

となる．

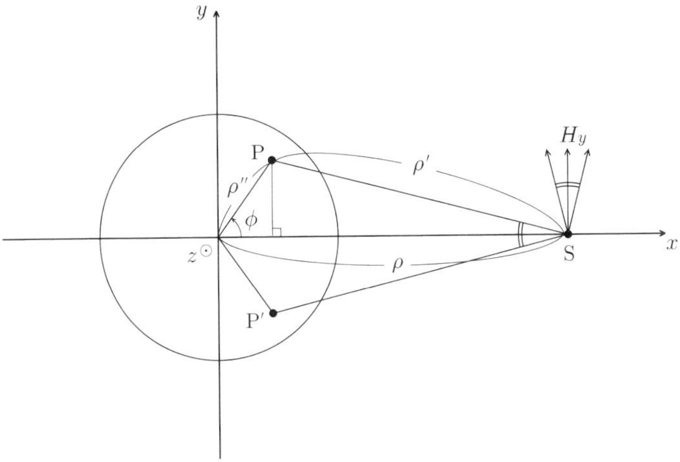

図 5.44

$$\frac{\rho-\rho''\cos\phi}{\rho^2+\rho''^2-2\rho\rho''\cos\phi}=\frac{1}{2\rho}\left(1+\frac{\rho^2-\rho''^2}{\rho^2+\rho''^2-2\rho\rho''\cos\phi}\right)$$

より，ϕ 積分は次のようになる．

$$\int_0^\pi d\phi\frac{\rho-\rho''\cos\phi}{\rho^2+\rho''^2-2\rho\rho''\cos\phi}$$
$$=\frac{1}{2\rho}\left(\pi+(\rho^2-\rho''^2)\int_0^\pi d\phi\frac{1}{\rho^2+\rho''^2-2\rho\rho''\cos\phi}\right).$$

ここで，$a>b\geqq 0$ として，

$$\int_0^\pi \frac{1}{a-b\cos\phi}d\phi=2\left[\frac{1}{\sqrt{a^2-b^2}}\tan^{-1}\left(\sqrt{\frac{a+b}{a-b}}t\right)\right]_0^\infty$$
$$=\frac{\pi}{\sqrt{a^2-b^2}} \tag{5.181}$$

を用いると[25)]，

$$\int_0^\pi d\phi\frac{\rho-\rho''\cos\phi}{\rho^2+\rho''^2-2\rho\rho''\cos\phi}=\frac{1}{2\rho}\left(\pi+\pi\frac{\rho^2-\rho''^2}{|\rho^2-\rho''^2|}\right)$$

となるので，

---

25) $t=\tan\dfrac{\phi}{2}$ とする．

$$H_y = \frac{j_0}{2\pi\rho}\pi\int_0^a d\rho''\rho''(1+\frac{\rho^2-\rho''^2}{|\rho^2-\rho''^2|}) \tag{5.182}$$

となる．

（a） $\rho > a$ のとき

$$H_y = \frac{j_0}{2\pi\rho}\pi\int_0^a d\rho''\rho''2 = \frac{j_0}{2\pi\rho}\pi a^2 \tag{5.183}$$

$$= \frac{I}{2\pi\rho} \tag{5.184}$$

となり，z 軸上を全電流が流れているときと同じである．

（b） $\rho < a$ のとき

積分範囲を $(0,\rho)$ と (ρ,a) に分けると，前者の積分は (5.183) で $a=\rho$ としたものと同じで，$\dfrac{j_0\rho}{2} = \dfrac{\rho I}{2\pi a^2}$ となる．後者は (5.182) の被積分関数が 0 となるので，0 である．つまり．外側の電流 $(\rho < \rho'')$ の寄与は 0 となる!! したがって，

$$H_y = \frac{j_0\rho}{2} = \frac{\rho I}{2\pi a^2} \tag{5.185}$$

となる．

次に，定常なときのマックスウェルの方程式 (5.178) とストークスの定理を用いて解く．点 S の円筒座標を (ρ,ϕ,z) とする．

図 5.45 のように，点 S を通る，$z=$ 一定 の平面上の半径 ρ の円周を C とし，C を縁とする円を S とする．C の向きは $\boldsymbol{e}_\phi$ の向きとし，S の単位法線ベクトルは $\boldsymbol{n}$ は $\boldsymbol{e}_z$ とする．(5.178) の両辺を S で面積積分すると，

$$\iint_S \mathrm{rot}\, \boldsymbol{H}\cdot\boldsymbol{n}\, dS = \iint_S \boldsymbol{j}\cdot\boldsymbol{n}\, dS \tag{5.186}$$

となる．右辺は，断面 S を通過する電流の強さである．(5.186) の左辺にストークスの定理を適用すると，

$$\iint_S \mathrm{rot}\, \boldsymbol{H}\cdot\boldsymbol{n}\, dS = \int_C \boldsymbol{H}\cdot d\boldsymbol{r} = 2\pi\rho H \tag{5.187}$$

となる．ここで，対称性より，$\boldsymbol{H}$ は $\boldsymbol{e}_\phi$ の向きで，大きさは円周上で一定となることを用い，$|\boldsymbol{H}| = H$ とした．

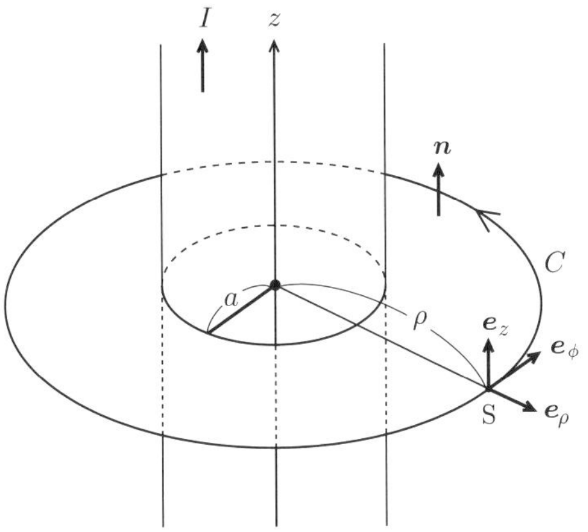

図 5.45

(a)　$\rho > a$ のとき.

(5.186) の右辺は，I となる．したがって，

$$H = \frac{I}{2\pi\rho} \tag{5.188}$$

となる.

(b)　$\rho < a$ のとき

(5.186) の右辺は，$\dfrac{\rho^2}{a^2}I$ となる．したがって，

$$H = \frac{\rho}{2\pi a^2}I \tag{5.189}$$

となる.

以上の解法において，円筒外の磁場を求める際にストークスの定理を用いたが，電流密度は $\rho = a$ で不連続なので，$\boldsymbol{H}$ は C^1 級とならない．実際，(5.188) と (5.189) より，$\rho = a$ で $\boldsymbol{H}$ は連続であるが，$H(\rho)$ を ρ で微分すると，右微分係数と左微分係数が $\rho = a$ で異なる．しかしながら，$\boldsymbol{H}$ は，$\rho \neq a$ でマックスウェルの方程式 (5.178) を満たすことが分かる．また，ビオ・サバールの法則を用いた結果 (5.184)，(5.185) とも一致し，正しい結果を与えることが分かる.

問 5.5.2　$\boldsymbol{H}$ が (5.188), (5.189) で与えられているとき，$\rho \neq a$ で $\mathrm{rot}\,\boldsymbol{H} =$

$\boldsymbol{j}$ となることを示せ．ただし，第 6 章で示すように，今の場合，円筒座標系では，

$$\mathrm{rot}\ \boldsymbol{H} = \frac{1}{\rho}\left(\frac{d}{d\rho}(\rho H)\right)\boldsymbol{e}_z$$

となる．

上で求めた $\boldsymbol{H}$ は C^1 級とならない．これは，電流密度が $\rho = a$ で不連続であるためである．そこで，例題で考えた電流密度 $\boldsymbol{j}$(5.180) に，$m \to \infty$ で収束するような連続な電流密度の列 $\boldsymbol{j}_m$ を考える (図 5.46 参照).

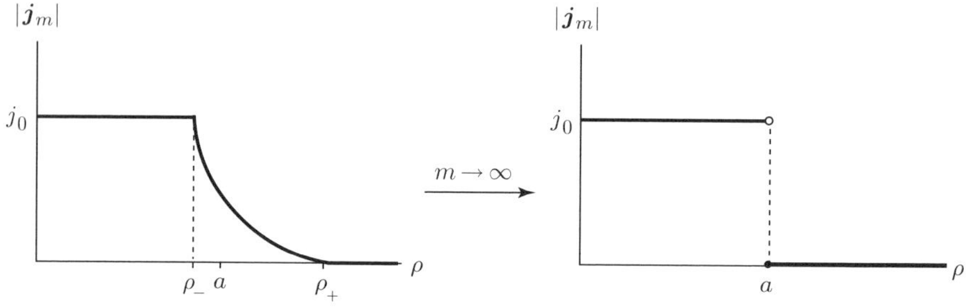

図 5.46

$\boldsymbol{j}_m$ によって作られる磁場 $\boldsymbol{H}_m$ は，C^1 級となり，任意の点でマックスウェルの方程式を満たす．また，$\rho \neq a$ とすると，十分大きい m に対して，$\boldsymbol{H}_m = \boldsymbol{H}$ となる．つまり，$\boldsymbol{H}$ は，ストークスの定理を適用できる場合の極限と考えることができる．付録の発展問題 1 を参照.

次に，曲線上を電流が流れている場合を考えよう．曲線 C_j 上を強さ I_j の電流が流れているとき，電流密度 $\boldsymbol{j}_j$ は，S を任意の（閉じていない向きづけ可能な）曲面として，

$$\iint_S \boldsymbol{j}_j \cdot \boldsymbol{n}\, dS = \begin{cases} I_j & (\text{電流 } I_j \text{ が } S \text{ を貫くとき}) \\ 0 & (\text{電流 } I_j \text{ が } S \text{ を貫かないとき}) \end{cases} \tag{5.190}$$

と定義される[26]．$\boldsymbol{j} \equiv \sum_j \boldsymbol{j}_j$ とすると，アンペールの法則 (5.174) は

[26] $\boldsymbol{j}_j$ は通常の意味のベクトル値関数ではなく，積分したときに意味を持つ．後出のデルタ関数を参照.

$$\oint_C \boldsymbol{H}\cdot d\boldsymbol{r} = \iint_S \boldsymbol{j}\cdot\boldsymbol{n}\,dS \tag{5.191}$$

となる．ここで，S は C を縁とする曲面である．この場合にも，(5.191) の左辺にストークスの定理を '適用' すると，マックスウェルの方程式 (5.178) が '導かれる'．逆に，曲線上を流れる定常電流の場合に，マックスウェルの方程式 (5.178) にストークスの定理を '適用' すると，アンペールの法則がえられるので，正しい結果を与えることが分かる．実際，次の問題にあるように，直線上を流れる定常電流の場合に，ストークスの定理を '適用' してマックスウェルの方程式 (5.178) を解くと，ビオ・サバールの法則で解いた場合と同じ結果 (5.173) が得られる．

問 5.5.3　無限に長い直線上を，強さ I の定常電流が流れているとき，(5.178) にストークスの定理を '適用' し，ビオーサバールの法則を用いて求めた結果 (5.173) と一致することを示せ．

5.6　積分定理 — ガウスの定理

5.6.1　ガウスの定理[27)]

ガウスの定理は，ベクトル場 $\boldsymbol{A}$ の面積積分と体積積分についての定理である．

ガウスの定理

閉曲面 S[28)] とそれが囲む領域 V を考える[29)]．閉曲面の法線の向きは，外向きとする（図 5.47 参照）．V において C^1 級のベクトル場を $\boldsymbol{A}$，単位法線ベクトルを $\boldsymbol{n}$ とするとき，次の等式が成り立つ．

$$\iiint_V \nabla\cdot\boldsymbol{A}\,dV = \iint_S \boldsymbol{A}\cdot\boldsymbol{n}\,dS \tag{5.192}$$

---

27) ガウスの発散定理ともいう．

28) S は単連結とする．あとで述べるようにこの条件はゆるめることができる．

29) S と V の微分可能性についての条件は，場合によって異なる．後の例は C^1 級でパラメータ表示される場合であり，付録で扱う曲 4 面体は C^2 級の場合である．曲 4 面体とは，4 面体の連続写像による像のことである．付録を参照．ここでは深く立ち入らないが，フラクタルなどは別にして，通常の領域は有限個の C^2 級の曲 4 面体に分割できる．

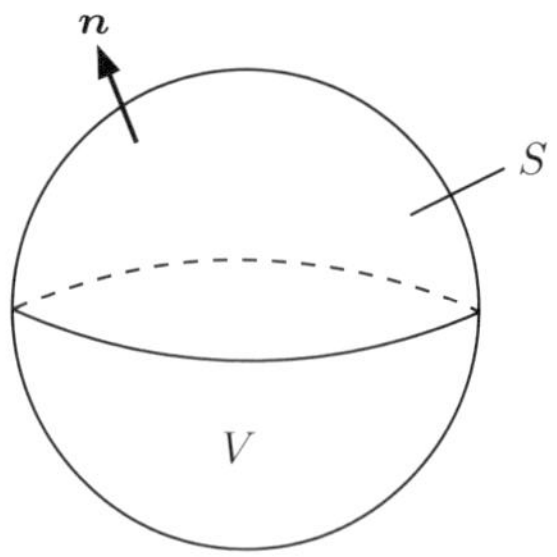

図 5.47

証明の前に，準備を行おう．閉曲面内部 V を微小な領域 V_i の和に分割する．以下では，曲 4 面体で分割した場合を説明する．1 つの領域 V_i の表面を S_i とする．体積積分については，

$$\iiint_V \nabla \cdot \boldsymbol{A}\, dV = \sum_i \iiint_{V_i} \nabla \cdot \boldsymbol{A}\, dV \tag{5.193}$$

が成り立つ．図 5.48 のように隣り合う 2 つの領域を V_1, V_2 とし，V_{12} をその和集合 $V_{12} = V_1 \cup V_2$ とする．このとき，

$$\iiint_{V_{12}} \nabla \cdot \boldsymbol{A}\, dV = \iiint_{V_1} \nabla \cdot \boldsymbol{A}\, dV + \iiint_{V_2} \nabla \cdot \boldsymbol{A}\, dV$$

となる．V_1 の表面を，$S_1^{(1)}, S_1^{(2)}, S_1^{(3)}, S_1^{(4)}$, V_2 の表面を，$S_2^{(1)}, S_2^{(2)}, S_2^{(3)}, S_2^{(4)}$ とする．すると，

$$\iint_{S_1} \boldsymbol{A} \cdot \boldsymbol{n}\, dS = \left(\iint_{S_1^{(1)}} + \iint_{S_1^{(2)}} + \iint_{S_1^{(3)}} + \iint_{S_1^{(4)}} \right) \boldsymbol{A} \cdot \boldsymbol{n}\, dS$$

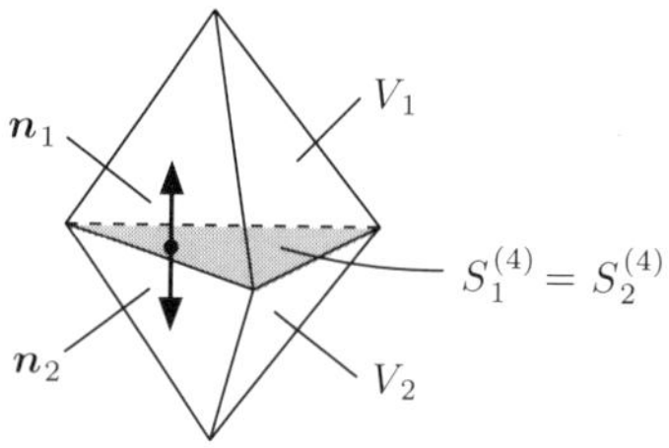

図 5.48

$$\iint_{S_2} \boldsymbol{A}\cdot\boldsymbol{n}\,dS = \left(\iint_{S_2^{(1)}} + \iint_{S_2^{(2)}} + \iint_{S_2^{(3)}} + \iint_{S_2^{(4)}}\right)\boldsymbol{A}\cdot\boldsymbol{n}\,dS$$

となる．

2 つの領域の境界面を，$S_1^{(4)}$ と $S_2^{(4)}$ とすると，各々の面における単位法線ベクトルは，大きさが等しく向きが反対である．したがって，

$$\iint_{S_1^{(4)}} \boldsymbol{A}\cdot\boldsymbol{n}\,dS + \iint_{S_2^{(4)}} \boldsymbol{A}\cdot\boldsymbol{n}\,dS = 0$$

となる．よって，V_{12} の表面を S_{12} とすると，

$$\iint_{S_1} \boldsymbol{A}\cdot\boldsymbol{n}\,dS + \iint_{S_2} \boldsymbol{A}\cdot\boldsymbol{n}\,dS = \iint_{S_{12}} \boldsymbol{A}\cdot\boldsymbol{n}\,dS$$

となる．つまり，2 つの隣り合う領域の面積積分の和は，これらをあわせた図形の表面の面積積分に等しい．したがって，すべての領域の面積積分の和は，全表面 S の面積積分に等しくなる．

$$\iint_{S} \boldsymbol{A}\cdot\boldsymbol{n}\,dS = \sum_i \iint_{S_i} \boldsymbol{A}\cdot\boldsymbol{n}\,dS. \tag{5.194}$$

(5.193) と (5.194) より，S_i と V_i についてガウスの定理

$$\iint_{S_i} \boldsymbol{A}\cdot\boldsymbol{n}\,dS = \iiint_{V_i} \nabla\cdot\boldsymbol{A}\,dV \tag{5.195}$$

が成り立てば，S と V についてもガウスの定理が成り立つ．さて，ここでは，まず簡略化した議論を示そう．5.2 節での結果を用いるために，領域 V が微小な直方体 V_i の和で近似できるとする．このとき，

$$\mathit{\Delta}X + \mathit{\Delta}Y + \mathit{\Delta}Z \simeq \nabla\cdot\boldsymbol{A}\,|V_i|$$

となることを示した（式 (5.93) 参照）．ここで，$|V_i|$ は近似直方体 V_i の体積で，S_i は V_i の表面である．左辺は，直方体から出ていく流れの量，すなわち $\displaystyle\iint_{S_i} \boldsymbol{A}\cdot\boldsymbol{n}\,dS$ の近似値なので，

$$\iint_{S_i} \boldsymbol{A}\cdot\boldsymbol{n}\,dS \simeq \nabla\cdot\boldsymbol{A}\,|V_i|$$

が得られる．すべての微小直方体についての和をとると

$$\iint_{\tilde{S}} \boldsymbol{A}\cdot\boldsymbol{n}\,dS \simeq \sum_i \nabla\cdot\boldsymbol{A}\,|V_i| \tag{5.196}$$

となる．ここで，$\tilde{S}$ は，すべての直方体の和集合の表面を表す．分割を 0 とする極限をとると両辺は同じ極限に収束する．このとき，式 (5.196) の左辺は $\iint_S \boldsymbol{A}\cdot\boldsymbol{n}\,dS$ へ，右辺は $\iiint_V \nabla\cdot\boldsymbol{A}\,dV$ へ収束するので，

$$\iint_S \boldsymbol{A}\cdot\boldsymbol{n}\,dS = \iiint_V \nabla\cdot\boldsymbol{A}\,dV$$

となり，ガウスの定理 (5.192) が成り立つ．

以上の議論で，領域 V は，閉曲面に囲まれている単連結な場合としている．しかしながら，図 5.49 のように，内部に穴が 1 つ開いている場合にも，内部の穴の表面を考えることにより，ガウスの定理が成り立つことが次のようにして分かる．図 5.50 のように，V を 2 つに切り，V_1, V_2 の領域に分けると，各々は単連結となる．このとき，V_1 の表面は，外側の S_1 と切り口の S_3，および穴の部分の S_4 である．一方，V_2 の表面は，外側の S_2 と切り口の S_3，および穴の部分の S_5 である．したがって，V_1 と V_2 にガウスの定理を適用して，

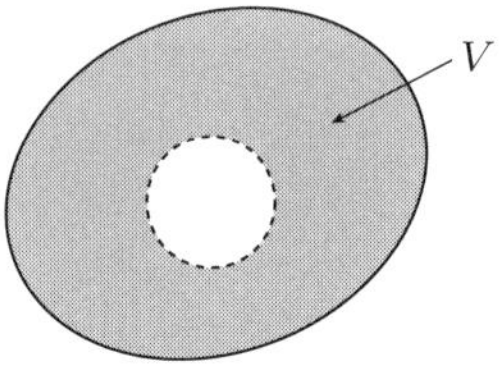

図 5.49

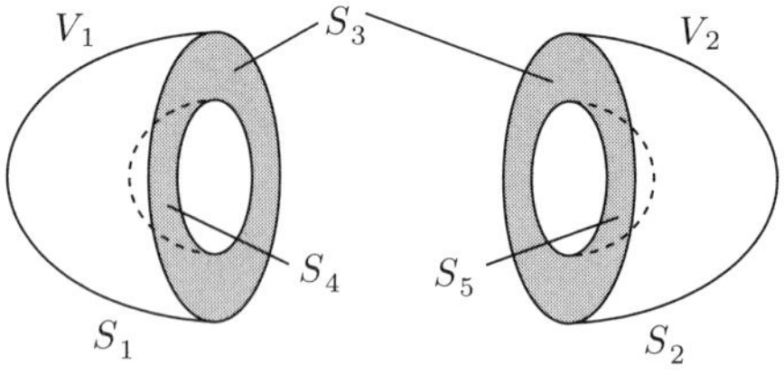

図 5.50

$$\iint_{S_1 \cup S_3 \cup S_4} \boldsymbol{A} \cdot \boldsymbol{n}\, dS = \iiint_{V_1} \nabla \cdot \boldsymbol{A}\, dV, \tag{5.197}$$

$$\iint_{S_2 \cup S_3 \cup S_5} \boldsymbol{A} \cdot \boldsymbol{n}\, dS = \iiint_{V_2} \nabla \cdot \boldsymbol{A}\, dV \tag{5.198}$$

となる．ここで，S_4 と S_5 の法線ベクトルは穴の内側を向く．S_3 における法線ベクトルは，V_1 と V_2 で逆向きであるから (5.197) と (5.198) を足すことにより，

$$\iint_{S_1 \cup S_2 \cup S_4 \cup S_5} \boldsymbol{A} \cdot \boldsymbol{n}\, dS = \iiint_{V} \nabla \cdot \boldsymbol{A}\, dV \tag{5.199}$$

となる．つまり，穴のあいた領域 V の表面 S を，外側の表面と穴の部分と考えれば，ガウスの定理が成り立つ．また，図 5.51 のように内部に複数の穴が開いている場合も，部分に分けて考えると，穴の表面も V の表面と考えることによって，ガウスの定理が成り立つことが分かる．2 次元トーラスの内部や，さらに複数の穴が開いている場合も同様である．この場合には，通常の表面を考えればよい．例えば図 5.52，5.53 の場合は，実線で記したところで切ると，前者は単連結になり，後者は 2 つのトーラスに分かれる．

次に，領域がパラメータ表示されている場合について，厳密な証明を示そう．

まず，$\boldsymbol{A}_3 = (0, 0, A_3) = A_3\boldsymbol{k}$ の場合を考える．閉曲面 S で囲まれた領域を

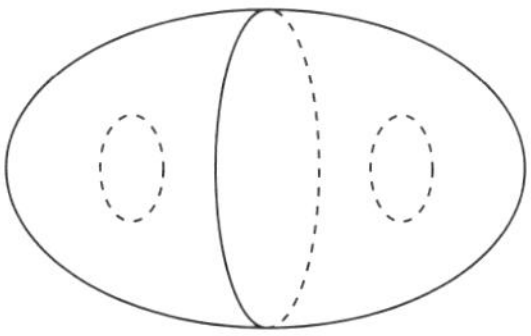

図 5.51

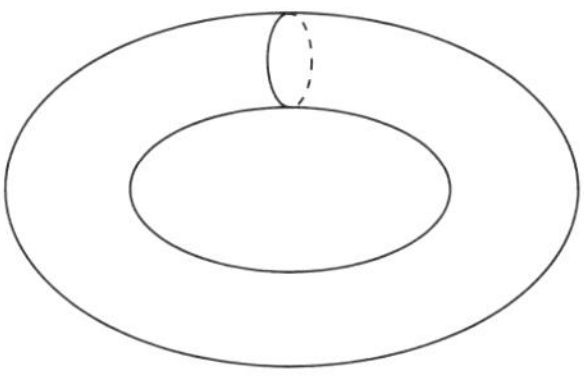

図 5.52

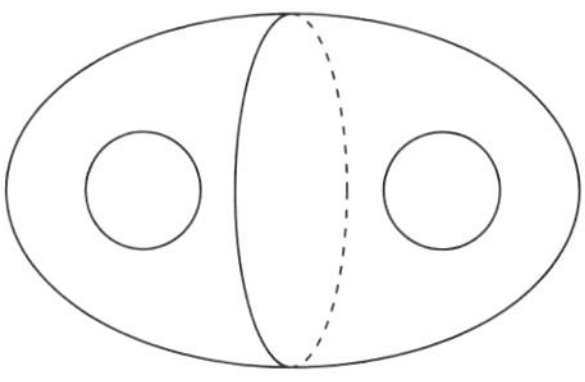

図 5.53

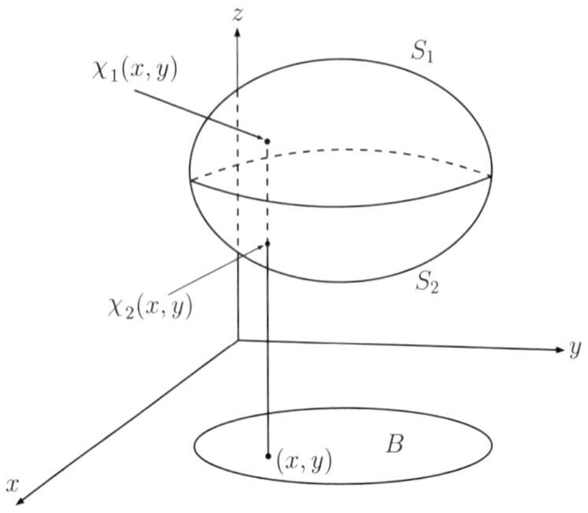

図 5.54

V とする．ここでは，簡単のために，S として，図 5.54 のように x, y 平面の各点に対して，

$$S_1 : z = \chi_1(x,y), \quad S_2 : z = \chi_2(x,y) \qquad ((x,y) \in B) \tag{5.200}$$

のように，2 つの曲面 S_1, S_2 に分けられる場合を考える．ここで，$\chi_1(x,y)$, $\chi_2(x,y)$ は C^1 級とする．また，A_3 も C^1 級とする．

証明すべき式は，

$$\iiint_V \frac{\partial A_3}{\partial z} dxdydz = \iint_S A_3 \boldsymbol{k} \cdot \boldsymbol{n}\, dS \tag{5.201}$$

である．

証明　(5.201) 式の左辺は，累次積分を行うと，

$$\begin{aligned}(5.201)\text{ 式の左辺} &= \iiint_V \frac{\partial A_3}{\partial z} dxdydz = \iint_B dxdy \int_{\chi_2(x,y)}^{\chi_1(x,y)} dz \frac{\partial A_3}{\partial z} \\ &= \iint_B dxdy \Big(A_3(x, y, \chi_1(x,y)) - A_3(x, y, \chi_2(x,y)) \Big)\end{aligned}$$

となる．曲面 S_1 上の点は $\boldsymbol{r} = (x, y, \chi_1(x,y))$ で与えられるから，

$$\frac{\partial \boldsymbol{r}}{\partial x} = \left(1, 0, \frac{\partial \chi_1}{\partial x}\right), \quad \frac{\partial \boldsymbol{r}}{\partial y} = \left(0, 1, \frac{\partial \chi_1}{\partial y}\right),$$

$$\frac{\partial \boldsymbol{r}}{\partial x} \times \frac{\partial \boldsymbol{r}}{\partial y} = \left(-\frac{\partial \chi_1}{\partial x}, -\frac{\partial \chi_1}{\partial y}, 1\right)$$

となる．S_1 の法線ベクトルの z 成分は正であるから，

$$\boldsymbol{n} = \frac{\dfrac{\partial \boldsymbol{r}}{\partial x} \times \dfrac{\partial \boldsymbol{r}}{\partial y}}{\left|\dfrac{\partial \boldsymbol{r}}{\partial x} \times \dfrac{\partial \boldsymbol{r}}{\partial y}\right|}, \qquad \boldsymbol{A}_3 \cdot \boldsymbol{n} = \frac{A_3}{\left|\dfrac{\partial \boldsymbol{r}}{\partial x} \times \dfrac{\partial \boldsymbol{r}}{\partial y}\right|}$$

である．したがって，面積積分の公式より

$$\begin{aligned}\iint_B dxdy A_3(x, y, \chi_1(x, y)) &= \iint_B dxdy \boldsymbol{A}_3 \cdot \boldsymbol{n} \left|\frac{\partial \boldsymbol{r}}{\partial x} \times \frac{\partial \boldsymbol{r}}{\partial y}\right| \\ &= \iint_{S_1} \boldsymbol{A}_3 \cdot \boldsymbol{n}\, dS = \iint_{S_1} A_3 \boldsymbol{k} \cdot \boldsymbol{n}\, dS\end{aligned}$$

となる．S_2 については，法線ベクトルの z 成分は負であるから，

$$\begin{gathered}\frac{\partial \boldsymbol{r}}{\partial x} = \left(1, 0, \frac{\partial \chi_2}{\partial x}\right), \quad \frac{\partial \boldsymbol{r}}{\partial y} = \left(0, 1, \frac{\partial \chi_2}{\partial y}\right), \\ \frac{\partial \boldsymbol{r}}{\partial x} \times \frac{\partial \boldsymbol{r}}{\partial y} = \left(-\frac{\partial \chi_2}{\partial x}, -\frac{\partial \chi_2}{\partial y}, 1\right), \\ \boldsymbol{n} = -\frac{\dfrac{\partial \boldsymbol{r}}{\partial x} \times \dfrac{\partial \boldsymbol{r}}{\partial y}}{\left|\dfrac{\partial \boldsymbol{r}}{\partial x} \times \dfrac{\partial \boldsymbol{r}}{\partial y}\right|}, \quad \boldsymbol{A}_3 \cdot \boldsymbol{n} = -\frac{A_3}{\left|\dfrac{\partial \boldsymbol{r}}{\partial x} \times \dfrac{\partial \boldsymbol{r}}{\partial y}\right|}\end{gathered}$$

となり，

$$\begin{aligned}\iint_B dxdy A_3(x, y, \chi_2(x, y)) &= -\iint_B dxdy \boldsymbol{A}_3 \cdot \boldsymbol{n} \left|\frac{\partial \boldsymbol{r}}{\partial x} \times \frac{\partial \boldsymbol{r}}{\partial y}\right| \\ &= -\iint_{S_2} \boldsymbol{A}_3 \cdot \boldsymbol{n}\, dS \\ &= -\iint_{S_2} A_3 \boldsymbol{k} \cdot \boldsymbol{n}\, dS\end{aligned}$$

が得られる．したがって，

$$\begin{aligned}(5.201)\ \text{式の左辺} &= \iint_{S_1} A_3 \boldsymbol{k} \cdot \boldsymbol{n}\, dS + \iint_{S_2} A_3 \boldsymbol{k} \cdot \boldsymbol{n}\, dS \\ &= \iint_S A_3 \boldsymbol{k} \cdot \boldsymbol{n}\, dS\end{aligned}$$

$$= (5.201) \text{ 式の右辺}$$

となり，(5.201) 式が導かれる．

$\boldsymbol{A}_1 = (A_1, 0, 0) = A_1\boldsymbol{i}$，$\boldsymbol{A}_2 = (0, A_2, 0) = A_2\boldsymbol{j}$ の場合も同様にして，次式を示すことができる．

$$\iiint_V \frac{\partial A_1}{\partial x} dxdydz = \iint_S A_1\boldsymbol{i} \cdot \boldsymbol{n}\, dS, \tag{5.202}$$

$$\iiint_V \frac{\partial A_2}{\partial y} dxdydz = \iint_S A_2\boldsymbol{j} \cdot \boldsymbol{n}\, dS. \tag{5.203}$$

一般のベクトル $\boldsymbol{A} = A_1\boldsymbol{i} + A_2\boldsymbol{j} + A_3\boldsymbol{k}$ の場合は，(5.201), (5.202), (5.203) の左辺どうしと右辺どうしを加えることにより，

$$\iiint_V \text{div}\, \boldsymbol{A}\, dxdydz = \iint_S \boldsymbol{A} \cdot \boldsymbol{n}\, dS \tag{5.204}$$

となり，ガウスの発散定理が証明される．

以上の証明では，領域 V 全体が (5.167) のようにパラメータ表示されているとした．領域が複数の部分に分割され，各々の部分でパラメータ表示されている場合にも，ここで示したように各部分でガウスの定理が成り立つので，前に述べたように，それらの和をとることにより，領域全体についてガウスの定理が成り立つことが分かる．

なお，付録では，領域が曲四面体の場合に厳密な証明を与える．

5.6.2　ガウスの定理の応用

次に，ガウスの定理の応用例を示す．

ガウスの法則

S を閉曲面として，

$$I = \iint_S \left(\frac{\boldsymbol{r}}{r^3} \cdot \boldsymbol{n}\right) dS$$

を求めてみよう．$\boldsymbol{n}$ は S の外向き法線ベクトルである．$\boldsymbol{r} \neq \boldsymbol{0}$ で $\text{div}\left(\dfrac{\boldsymbol{r}}{r^3}\right) = \boldsymbol{0}$ であるから，S 内に原点 O が含まれないときは，ガウスの定理より

$$I = \iiint_V \text{div}\left(\frac{\boldsymbol{r}}{r^3}\right) dV = 0$$

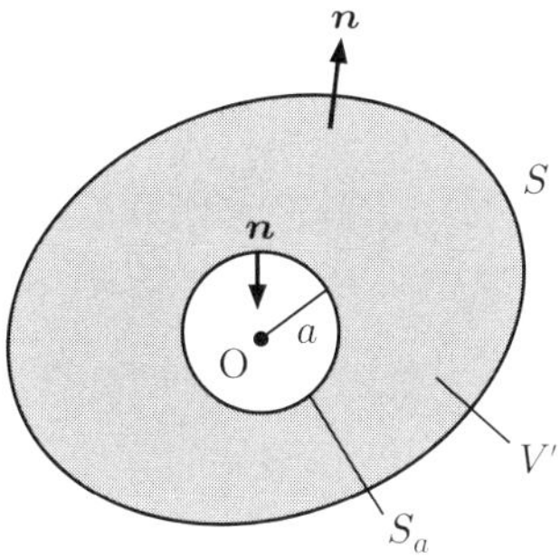

図 5.55

となる．S 内に原点 O が含まれる場合を考えよう．図 5.55 のように S 内に O を中心とした半径 a の球を考え，その表面を S_a とする．S と S_a で囲まれる領域を V' とする．S_a での法線ベクトルは原点 O を向く．領域 V' とその表面 $S + S_a$ についてガウスの定理を適用すると，

$$\iint_S \left(\frac{\boldsymbol{r}}{r^3} \cdot \boldsymbol{n}\right) dS + \iint_{S_a} \left(\frac{\boldsymbol{r}}{r^3} \cdot \boldsymbol{n}\right) dS = \iiint_{V'} \mathrm{div}\left(\frac{\boldsymbol{r}}{r^3}\right) dV = 0$$

となる．よって，

$$\iint_S \left(\frac{\boldsymbol{r}}{r^3} \cdot \boldsymbol{n}\right) dS = -\iint_{S_a} \left(\frac{\boldsymbol{r}}{r^3} \cdot \boldsymbol{n}\right) dS$$

となる．S_a では，$\boldsymbol{n} = -\dfrac{\boldsymbol{r}}{r}$，$r = a$ であるから，

$$\iint_S \left(\frac{\boldsymbol{r}}{r^3} \cdot \boldsymbol{n}\right) dS = -\iint_{S_a} \left(\frac{\boldsymbol{r}}{r^3} \cdot \boldsymbol{n}\right) dS = \frac{1}{a^2} \iint_{S_a} dS = 4\pi$$

となる．したがって，次のガウスの法則が得られる．

ガウスの法則

$$\iint_S \left(\frac{\boldsymbol{r}}{r^3} \cdot \boldsymbol{n}\right) dS = \begin{cases} 0 & (S \text{ 内に原点が含まれない場合}) \\ 4\pi & (S \text{ 内に原点が含まれる場合}) \end{cases} \tag{5.205}$$

$\boldsymbol{n}$ は S の外向き法線ベクトル．

ディラックのデルタ関数

ディラックのデルタ関数は，$f(x)$ を任意の積分可能な試行関数として，

$$\int_a^b f(x)\delta(x)dx = \begin{cases} f(0) & ((a,b) \text{ が } 0 \text{ を含む場合}) \\ 0 & ((a,b) \text{ が } 0 \text{ を含まない場合}) \end{cases} \tag{5.206}$$

によって定義される．これは，通常の意味の関数ではなく，超関数として定式化される[30)]．デルタ関数は，単独では意味を持たず，積分を行った結果が意味を持つ．デルタ関数の性質をいくつかあげる．

（1） $\delta(-x) = \delta(x)$ （偶関数）

（2） $\delta(ax) = \frac{1}{a}\delta(x)$ $(a > 0)$,

（3） $\delta(f(x)) = \displaystyle\sum_{x_i,(f(x_i)=0,f'(x_i)\neq 0)} \delta(x - x_i)\frac{1}{|f'(x_i)|}.$

(3) で，右辺の和は，$f(x_i) = 0$，かつ $f'(x_i) \neq 0$ となるすべての x_i についてとる．

デルタ関数の微分

$f(x)$ を任意の微分可能な関数とするとき，デルタ関数の微分 $\delta'(x)$ は，

（4） $$\int_{-\infty}^{\infty} \delta'(x)f(x)dx = -\int_{-\infty}^{\infty} \delta(x)f'(x)dx = -f'(0) \tag{4.206}$$

で与えられる．同様にして，デルタ関数の n 階微分 $\delta^{(n)}(x)$ については，

（5） $$\int_{-\infty}^{\infty} \delta^{(n)}(x)f(x)dx = (-1)^n \int_{-\infty}^{\infty} \delta(x)f^{(n)}(x)dx = (-1)^n f^{(n)}(0) \tag{4.207}$$

となる．これらは，部分積分を行ったと考えることができる．

3 次元のデルタ関数も同様に定義され，$\delta(\boldsymbol{r}) = \delta(x)\delta(y)\delta(z)$ となる．

ガウスの法則を書き換えて，デルタ関数と関係づけよう．$\boldsymbol{r} \neq \boldsymbol{0}$ で $\nabla\left(\frac{1}{r}\right) = -\frac{\boldsymbol{r}}{r^3}$ であるから，

$$\iint_S \left(\nabla\frac{1}{r}\cdot\boldsymbol{n}\right)dS = \begin{cases} 0 & (S \text{ 内に原点が含まれない場合}) \\ -4\pi & (S \text{ 内に原点が含まれる場合}) \end{cases} \tag{5.208}$$

---

30) ここでは深く立ち入らない．詳しくは，巻末の文献を参照．

となる．(5.208) の右辺をディラックのデルタ関数を用いて表すと，

$$\iint_S \left(\nabla\frac{1}{r}\cdot \boldsymbol{n}\right)dS = -4\pi \iiint_V \delta(\boldsymbol{r})\,dV \tag{5.209}$$

となる．ここで，V は S で囲まれる領域である．V の内部に原点が含まれないときには，左辺はガウスの定理により $\iiint_V \nabla^2\left(\frac{1}{r}\right)dV$ となるが，V の内部に原点が含まれるときにも形式的にガウスの定理を適用すると，

$$\iiint_V \nabla^2\left(\frac{1}{r}\right)dV = -4\pi \iiint_V \delta(\boldsymbol{r})dV \tag{5.210}$$

となる．これより，

$$\nabla^2\left(\frac{1}{r}\right) = -4\pi\delta(\boldsymbol{r}) \tag{5.211}$$

となる．

物理への応用

例（点電荷系） 真空中で，$\boldsymbol{r}_i$ にある点電荷 q_i が $\boldsymbol{r}$ に作る電場は，**クーロンの法則**で与えられる．

$$\boldsymbol{E}_i(\boldsymbol{r}) = \frac{q_i}{4\pi\varepsilon_0}\frac{\boldsymbol{r}-\boldsymbol{r}_i}{|\boldsymbol{r}-\boldsymbol{r}_i|^3} \tag{5.212}$$

ここで ε_0 は真空の誘電率である．したがって，閉曲面 S が内部に $\boldsymbol{r}_i$ を含むとき，$\boldsymbol{n}$ を S の法線ベクトルとして，ガウスの法則 (5.205) より，

$$\iint_S \boldsymbol{E}_i(\boldsymbol{r})\cdot\boldsymbol{n}\,dS = \frac{q_i}{\varepsilon_0} \tag{5.213}$$

となる．点電荷 $q_1, q_2, \cdots, q_n$ が $\boldsymbol{r}_1, \boldsymbol{r}_2, \cdots, \boldsymbol{r}_n$ にあるとき，これらが $\boldsymbol{r}$ に作る電場 $\boldsymbol{E}(\boldsymbol{r})$ は，

$$\boldsymbol{E}(\boldsymbol{r}) = \sum_{i=1}^{n}\boldsymbol{E}_i(\boldsymbol{r}) = \sum_{i=1}^{n}\frac{q_i}{4\pi\varepsilon_0}\frac{\boldsymbol{r}-\boldsymbol{r}_i}{|\boldsymbol{r}-\boldsymbol{r}_i|^3} \tag{5.214}$$

となる．このとき，

$$\iint_S \boldsymbol{E}(\boldsymbol{r}) \cdot \boldsymbol{n}\, dS = \frac{1}{\varepsilon_0}(S\text{ 内に含まれる全電荷}) \tag{5.215}$$

となる．

電荷密度　$\rho(\boldsymbol{r})$ を次のように定義する．すなわち，空間内の任意の閉曲面を S とし，その内部を V とするとき，

$$S\text{ 内にある全電荷} = \iiint_V \rho(\boldsymbol{r})\, dV \tag{5.216}$$

とする．電荷密度 ρ が与えられたとき，$\boldsymbol{r}$ における電場を $\boldsymbol{E}(\boldsymbol{r})$ とすると，

$$\iint_S \boldsymbol{E}(\boldsymbol{r}) \cdot \boldsymbol{n}\, dS = \frac{1}{\varepsilon_0} \iiint_V \rho(\boldsymbol{r})\, dV \tag{5.217}$$

となる．特に，n 個の点電荷 $q_1, q_2, \cdots, q_n$ が，$\boldsymbol{r}_1, \boldsymbol{r}_2, \cdots, \boldsymbol{r}_n$ にあるときは，デルタ関数の定義より，

$$\iiint_V \sum_{i=1}^{n} q_i \delta(\boldsymbol{r} - \boldsymbol{r}_i)\, dV = S\text{ 内の電荷 } q_i \text{ の和}$$

となるから，

$$\rho(\boldsymbol{r}) = \sum_{i=1}^{n} q_i \delta(\boldsymbol{r} - \boldsymbol{r}_i) \tag{5.218}$$

と考えることができる．

例（連続的に分布している電荷系，マックスウェルの方程式）

$\rho(\boldsymbol{r})$ が連続であるとし，(5.217) の左辺にガウスの定理を適用すると，

$$\iiint_V \operatorname{div} \boldsymbol{E}\, dV = \frac{1}{\varepsilon_0} \iiint_V \rho(\boldsymbol{r})\, dV \tag{5.219}$$

となる．V は任意なので，次の**マックスウェルの方程式**が導かれる．

$$\operatorname{div} \boldsymbol{E} = \frac{1}{\varepsilon_0}\rho. \tag{5.220}$$

ρ が (5.218) のようなデルタ関数のときにも，(5.220) の両辺を体積積分して左辺にガウスの定理を‘適用’すると，

$$\iiint_V \mathrm{div}\, \boldsymbol{E}\, dV = \iint_S \boldsymbol{E}\cdot\boldsymbol{n}\, dS = \iiint_V \frac{1}{\varepsilon_0}\rho = \frac{1}{\varepsilon_0}(S\ \text{内に含まれる全電荷})$$

となり，(5.215) が得られるので，正しい結果となる．次の例題の後半でも，ρ が連続でないときについても，マックスウェルの方程式とガウスの定理により正しい結果が得られることを示す．

例（球に一様に分布した電荷の作る電場） 半径 a の球内に電荷 Q が一様に分布している場合を考える．球の中心を O とすると，電荷密度 $\rho(\boldsymbol{r})$ は，$r = |\boldsymbol{r}|$ のみに依存し，

$$\rho(r) = \begin{cases} \rho_0 & (r < a\ \text{のとき}) \\ 0 & (r \geq a\ \text{のとき}) \end{cases} \tag{5.221}$$

となる．ここで，$\rho_0 = \dfrac{3Q}{4\pi a^3}$ である．この電荷分布が点 S につくる電場を求めよう．まず，クーロンの法則を用いて求める．すなわち，点 P の周りの体積 dV 部分の電荷 $\rho\, dV$ が，点 S につくる電場 $d\boldsymbol{E}$ は，$\boldsymbol{r}' = \overrightarrow{\mathrm{PS}}$，$r' = |\boldsymbol{r}'|$ として，

$$d\boldsymbol{E} = \frac{\rho\, dV}{4\pi\varepsilon_0}\frac{\boldsymbol{r}'}{r'^3}$$

で与えられる．図 5.56 のように，点 S が z 軸上にあるとし，そのデカルト座

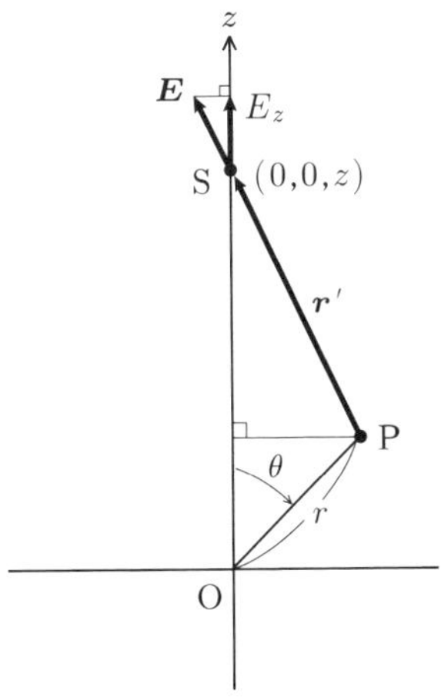

図 5.56

標を $(0,0,z(>0))$ とする．対称性より，$\boldsymbol{E}$ の z 成分 E_z のみが 0 でない．

したがって，

$$\begin{aligned}
E_z &= \frac{1}{4\pi\varepsilon_0}\iiint \rho(\boldsymbol{r}')\frac{\boldsymbol{r}'\cdot\boldsymbol{k}}{r'^3}\,dV \\
&= \frac{\rho_0}{4\pi\varepsilon_0}\int_0^\pi d\theta\sin\theta\int_0^a drr^2\int_0^{2\pi}d\phi\frac{z-r\cos\theta}{r'^3} \\
&= \frac{\rho_0}{2\varepsilon_0}\int_0^\pi d\theta\sin\theta\int_0^a drr^2\frac{z-r\cos\theta}{(z^2+r^2-2zr\cos\theta)^{3/2}}
\end{aligned}$$

となる．ここで，$r'=\sqrt{z^2+r^2-2zr\cos\theta}$ を用いた．$u=\cos\theta$ とおくと，

$$\begin{aligned}
&\int_0^\pi d\theta\sin\theta\frac{z-r\cos\theta}{(z^2+r^2-2zr\cos\theta)^{3/2}} = \int_{-1}^1 du\frac{z-ru}{(z^2+r^2-2zru)^{3/2}} \\
&= \frac{1}{2z}\int_{-1}^1 du\left(\frac{1}{\sqrt{z^2+r^2-2zru}}+\frac{z^2-r^2}{(z^2+r^2-2zru)^{3/2}}\right) \\
&= \frac{1}{2z}\left(-\left[\frac{1}{zr}\sqrt{z^2+r^2-2zru}\right]_{-1}^1+\left[\frac{z^2-r^2}{zr}(z^2+r^2-2zru)^{-1/2}\right]_{-1}^1\right) \\
&= \frac{1}{2z}\left(\frac{1}{zr}(|z+r|-|z-r|)+\frac{z^2-r^2}{zr}\left(\frac{1}{|z-r|}-\frac{1}{|z+r|}\right)\right)
\end{aligned}$$

となるので，

$$\begin{aligned}
E_z &= \frac{\rho_0}{4z^2\varepsilon_0}\int_0^a dr\ r^2\left(\frac{z+r-|z-r|}{r}+\frac{z^2-r^2}{r}\left(\frac{1}{|z-r|}-\frac{1}{z+r}\right)\right) \\
&= \frac{\rho_0}{4z^2\varepsilon_0}\int_0^a dr\ r\left(z+r-|z-r|+\frac{z-r}{|z-r|}(z+r)-(z-r)\right)
\end{aligned}$$

となる．

（a） $z>a$ のとき．

$$\begin{aligned}
E_z &= \frac{\rho_0}{4z^2\varepsilon_0}\int_0^a dr\ r\Big(z+r-(z-r)+z+r-(z-r)\Big) \\
&= \frac{\rho_0}{4z^2\varepsilon_0}\frac{4a^3}{3} \qquad (5.222)\\
&= \frac{Q}{4\pi\varepsilon_0 z^2} \qquad (5.223)
\end{aligned}$$

となる．

（b） $z<a$ のとき．

積分を $(0, z)$ と (z, a) に分けると，前者は，(5.222) で $a \to z$ としたものであるので，E_z への寄与は $\dfrac{\rho_0 z}{3\varepsilon_0}$ となる．後者は，

$$\int_z^a dr\ r\Big(z + r - (r - z) - (z + r) - (z - r)\Big) = 0$$

より 0 となる．すなわち，点 S の外側 $(z < r)$ の電荷分布の寄与は 0 になる!! したがって，

$$E_z = \frac{\rho_0 z}{3\varepsilon_0} = \frac{Qz}{4\pi\varepsilon_0 a^3} \tag{5.224}$$

となる．

次にマックスウェルの方程式にガウスの定理を適用して計算しよう．今度は，点 S が一般的な位置にあるとして，その球座標を (r, θ, ϕ) とする．この点における基底ベクトルは $\boldsymbol{e}_r, \boldsymbol{e}_\theta, \boldsymbol{e}_\phi$ である (第 6 章参照).

図 5.57 のように，$r =$ 一定 の球面を S とし，その内部を V とする．S の単位法線ベクトルは $\boldsymbol{n}$ は $\boldsymbol{e}_r$ である．(5.220) の両辺を V で体積積分すると，

$$\iiint_v \mathrm{div}\ \boldsymbol{E}\ dV = \frac{1}{\varepsilon_0}\iiint_V \rho\ dV \tag{5.225}$$

となる．右辺は，V 内に存在する全電荷を ε_0 で割ったものである．(5.225) の

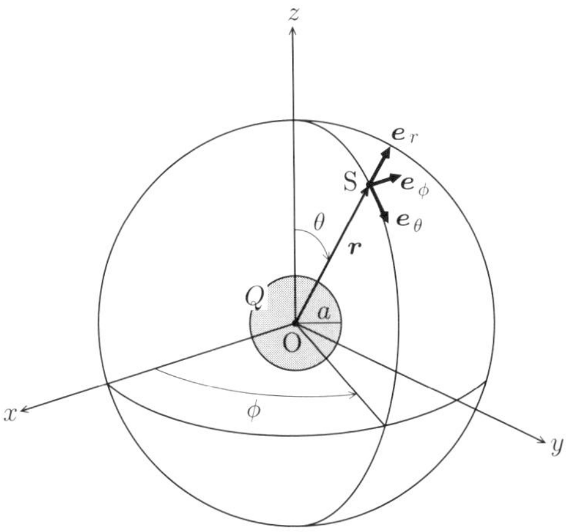

図 5.57

左辺にガウスの定理を適用すると，

$$\iiint_V \mathrm{div}\, \boldsymbol{E}\, dV = \iint_S \boldsymbol{E} \cdot \boldsymbol{n}\, dS = 4\pi r^2 E \tag{5.226}$$

となる．ここで，対称性より，$\boldsymbol{E}$ は $\boldsymbol{e}_r$ の方向で，大きさは球面上で一定となることを用い，$\boldsymbol{E} = E\boldsymbol{e}_r$ とした．

（a）　$r > a$ のとき．

(5.225) の右辺は，Q/ε_0 となる．したがって，

$$\boldsymbol{E} = \frac{Q}{4\pi\varepsilon_0 r^2}\boldsymbol{e}_r \tag{5.227}$$

となる．

（b）　$r < a$ のとき．

(5.225) の右辺は $\dfrac{r^3}{\varepsilon_0 a^3}Q$ となる．したがって，

$$\boldsymbol{E} = \frac{Q}{4\pi\varepsilon_0 a^3} r\boldsymbol{e}_r \tag{5.228}$$

となる．

(5.227), (5.228) は，クーロンの法則を直接積分して求めた (5.223), (5.224) と一致する．

円筒内を一様に流れる電流の作る磁場の問題と同様に，球の外の電場を求める際にガウスの定理を用いたが，電荷密度は $r = a$ で不連続なので，$\boldsymbol{E}$ は C^1 級とならない．実際，(5.227) と (5.228) より，$r = a$ で $\boldsymbol{E}$ は連続であるが，$E(r)$ を r で微分すると，右微分係数と左微分係数が $r = a$ で異なる．しかしながら，$\boldsymbol{E}$ は，$r \neq a$ でマックスウェルの方程式 (5.220) を満たすことが分かる．

問 5.6.1　$\boldsymbol{E}$ が (5.227), (5.228) で与えられているとき，$r \neq a$ で $\mathrm{div}\, \boldsymbol{E} = \dfrac{\rho}{\varepsilon_0}$ となることを示せ．ただし，今の場合，$\boldsymbol{E} = E(r)\boldsymbol{e}_r$ なので，第 6 章で示すように，球座標系では，

$$\mathrm{div}\, \boldsymbol{E} = \frac{1}{r^2}\frac{d}{dr}(r^2 E)$$

となる．

円筒内を一様に流れる電流のつくる磁場のときと同様にして，電流密度 $\rho(\boldsymbol{r})$(5.221) に，$m \to \infty$ で収束するような連続な電荷密度の列 ρ_m を考えると，これによって作られる電場 $\boldsymbol{E}_m$ は C^1 級となり，任意の点でマックスウェルの方程式を満たすことが分かる．また，$r \neq a$ とすると，十分大きい m に対して，$\boldsymbol{E}_m = E$ となる．つまり，$\boldsymbol{E}$ はガウスの定理を適用できる場合の極限と考えることができる．付録の発展問題 2 を参照.

問 5.6.2 $\boldsymbol{r}_i$ に点電荷 q_i があるとき，$\rho(\boldsymbol{r}) = q_i\delta(\boldsymbol{r} - \boldsymbol{r}_i)$ として，マックスウェルの方程式 (5.220) にガウスの定理を "適用" して電場を求め，クーロンの法則 (5.212) と一致することを示せ.

第 6 章

曲線座標系

6.1　曲線座標系における距離と基底ベクトル

これまでは，原点と座標軸を固定した直交座標系 (O, x, y, z)，すなわちデカルト座標系について，勾配，発散，回転などを定義した．これ以外にも，極座標系など，いろいろな座標系がある．この章では，一般の座標系におけるベクトル解析について説明する．

極座標系

まず，2 次元平面のデカルト座標 (x, y) と極座標 (r, θ) の関係から始めよう (図 6.1 参照).

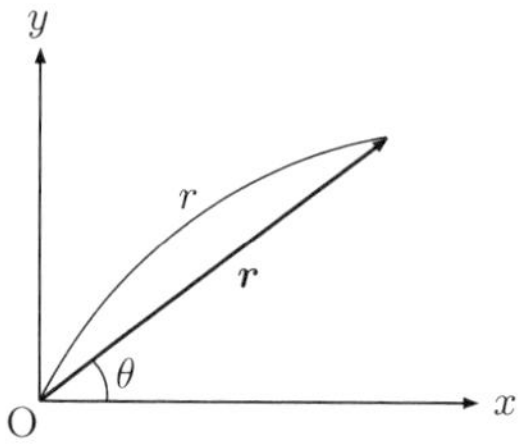

図 6.1

これらの間の関係式は,

$$x = r\cos\theta,\ y = r\sin\theta \qquad (r \in [0, \infty), \theta \in [0, 2\pi)) \tag{6.1}$$

$$r = \sqrt{x^2 + y^2},\ \theta = \tan^{-1}\frac{y}{x} \qquad (x, y \in (-\infty, \infty)) \tag{6.2}$$

である．ただし，$\theta = \tan^{-1}\dfrac{y}{x}$ において，$x \neq 0$ であるが，x, y の値に応じて，θ は $[0, 2\pi)$ 内の値をとるように適切に選ぶものとする．$x = 0$ のときも同様である．

さて，極座標での勾配や回転，発散などはどのように表されるだろうか? 次節の一般論を用いると，比較的簡単にこれらを求めることができるが，ここでは，直接的な方法で求めてみよう．

まず，スカラー場 $\psi(x,y)$ の勾配を求めよう．合成関数の微分法により，

$$\frac{\partial}{\partial r} = \frac{\partial x}{\partial r}\frac{\partial}{\partial x} + \frac{\partial y}{\partial r}\frac{\partial}{\partial y} = \cos\theta\frac{\partial}{\partial x} + \sin\theta\frac{\partial}{\partial y}, \tag{6.3}$$

$$\frac{\partial}{\partial \theta} = \frac{\partial x}{\partial \theta}\frac{\partial}{\partial x} + \frac{\partial y}{\partial \theta}\frac{\partial}{\partial y} = -r\sin\theta\frac{\partial}{\partial x} + r\cos\theta\frac{\partial}{\partial y} \tag{6.4}$$

であるから，これを逆に解いて，

$$\frac{\partial}{\partial x} = \cos\theta\frac{\partial}{\partial r} - \frac{1}{r}\sin\theta\frac{\partial}{\partial \theta}, \tag{6.5}$$

$$\frac{\partial}{\partial y} = \sin\theta\frac{\partial}{\partial r} + \frac{1}{r}\cos\theta\frac{\partial}{\partial \theta} \tag{6.6}$$

となる．したがって，

$$\begin{aligned}\nabla\psi &= \frac{\partial \psi}{\partial x}\boldsymbol{i} + \frac{\partial \psi}{\partial y}\boldsymbol{j} \\ &= \left(\cos\theta\frac{\partial \psi}{\partial r} - \frac{1}{r}\sin\theta\frac{\partial \psi}{\partial \theta}\right)\boldsymbol{i} + \left(\sin\theta\frac{\partial \psi}{\partial r} + \frac{1}{r}\cos\theta\frac{\partial \psi}{\partial \theta}\right)\boldsymbol{j}\end{aligned} \tag{6.7}$$

となる．$\boldsymbol{r} = x\boldsymbol{i} + y\boldsymbol{j}$ であるが，これを用いて極座標系での基底を次のように定義する[1)]．

$$\boldsymbol{e}_r = \frac{\partial \boldsymbol{r}}{\partial r} = \cos\theta\,\boldsymbol{i} + \sin\theta\,\boldsymbol{j}, \tag{6.8}$$

$$\boldsymbol{e}_\theta = \frac{1}{r}\frac{\partial \boldsymbol{r}}{\partial \theta} = -\sin\theta\,\boldsymbol{i} + \cos\theta\,\boldsymbol{j}. \tag{6.9}$$

これは，正規直交基底となっている．これを用いると，

$$\nabla\psi = \frac{\partial \psi}{\partial r}\boldsymbol{e}_r + \frac{1}{r}\frac{\partial \psi}{\partial \theta}\boldsymbol{e}_\theta \tag{6.10}$$

となる．したがって，$\boldsymbol{e}_r, \boldsymbol{e}_\theta$ の成分で表すと，

$$\nabla\psi = \left(\frac{\partial \psi}{\partial r}, \frac{1}{r}\frac{\partial \psi}{\partial \theta}\right) \tag{6.11}$$

---

1) 次節の一般論の定義を参照せよ．

となる．ここで，$\boldsymbol{e}_\theta$ 成分が，$\dfrac{\partial\psi}{\partial\theta}$ ではなく，その $\dfrac{1}{r}$ 倍になることに注意せよ．

ベクトル場 $\boldsymbol{A}$ の発散も同様にして計算する．

$$\boldsymbol{A} = A_x\boldsymbol{i} + A_y\boldsymbol{j} = A_r\boldsymbol{e}_r + A_\theta\boldsymbol{e}_\theta \tag{6.12}$$

により，各基底での成分を定義する．すると，

$$A_x = \cos\theta A_r - \sin\theta A_\theta, \qquad A_y = \sin\theta A_r + \cos\theta A_\theta \tag{6.13}$$

となる．したがって，

$$\mathrm{div}\boldsymbol{A} = \frac{\partial A_x}{\partial x} + \frac{\partial A_y}{\partial y} \tag{6.14}$$

の右辺を計算すると，

$$\mathrm{div}\boldsymbol{A} = \frac{1}{r}\frac{\partial}{\partial r}(rA_r) + \frac{1}{r}\frac{\partial}{\partial\theta}A_\theta \tag{6.15}$$

となる．これが，極座標系でのベクトル場 $\boldsymbol{A}$ の発散の式である．同様にして，スカラー場 ψ のラプラシアンは，

$$\nabla^2\psi = \left(\frac{\partial^2}{\partial x^2} + \frac{\partial^2}{\partial y^2}\right)\psi = \frac{1}{r}\frac{\partial}{\partial r}\left(r\frac{\partial\psi}{\partial r}\right) + \frac{1}{r^2}\frac{\partial^2\psi}{\partial\theta^2} \tag{6.16}$$

となる．

一方，ベクトル場 $\boldsymbol{A}$ の回転は 3 次元で定義されているので，特に，$\boldsymbol{A}$ が x, y 成分しか持たず，また，x, y 依存性しかないとする．つまり，

$$\boldsymbol{A} = A_x(x,y)\boldsymbol{i} + A_y(x,y)\boldsymbol{j}$$

とする．すると，

$$\mathrm{rot}\boldsymbol{A} = \begin{vmatrix} \boldsymbol{i} & \boldsymbol{j} & \boldsymbol{k} \\ \dfrac{\partial}{\partial x} & \dfrac{\partial}{\partial y} & \dfrac{\partial}{\partial z} \\ A_x & A_y & 0 \end{vmatrix} = \left(\frac{\partial A_y}{\partial x} - \frac{\partial A_x}{\partial y}\right)\boldsymbol{k} \tag{6.17}$$

となり，z 成分しかないベクトルとなる．この成分を計算してみよう．すると

$$\frac{\partial A_y}{\partial x} - \frac{\partial A_x}{\partial y} = \left(\cos\theta\frac{\partial}{\partial r} - \frac{1}{r}\sin\theta\frac{\partial}{\partial\theta}\right)(\sin\theta A_r + \cos\theta A_\theta)$$

$$
\begin{aligned}
&-\left(\sin\theta\frac{\partial}{\partial r}+\frac{1}{r}\cos\theta\frac{\partial}{\partial\theta}\right)(\cos\theta A_r-\sin\theta A_\theta)\\
&=\frac{1}{r}\left\{\frac{\partial}{\partial r}(rA_\theta)-\frac{\partial A_r}{\partial\theta}\right\} \qquad (6.18)
\end{aligned}
$$

となる.

問 6.1.1 (6.13), (6.15), (6.16), (6.18) を示せ.

このように，勾配，発散，回転などのデカルト座標系での表現を用いて，極座標系での表現も計算できるが，かなり煩雑である．これが，3 次元の球座標系や円筒座標系になるとさらに煩雑になる．そこで，次節で，一般の曲線座標系における表現を求め，それを具体的な座標系に適用する．以下では，特に直交曲線座標系の表現を与える.

一般の曲線座標系

図 6.2 のように，デカルト座標系は，直交する 3 つの直線を x, y, z 座標軸としてとり，$x =$ 一定, $y =$ 一定, $z =$ 一定 の 3 つの平面の交点として，座標 x, y, z を定めると考えることができる.

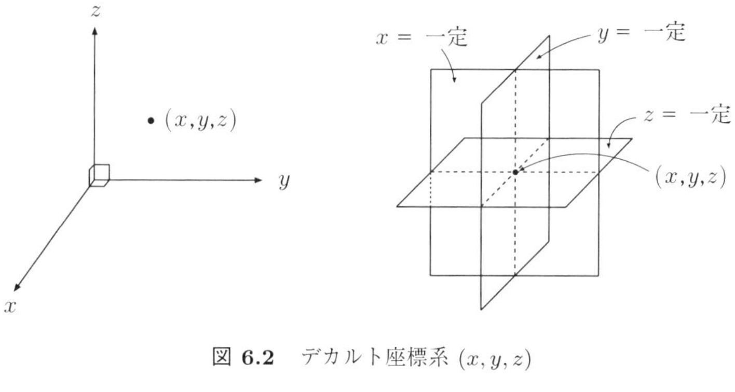

図 6.2 デカルト座標系 (x, y, z)

同様にして，図 6.3 のように，**曲線座標系**でも，3 つの関数，$q_1(x, y, z)$，$q_2(x, y, z)$，$q_3(x, y, z)$ に対して，これらが一定の値をとる 3 つの曲面の交点として，曲線座標 q_1, q_2, q_3 を定義する.

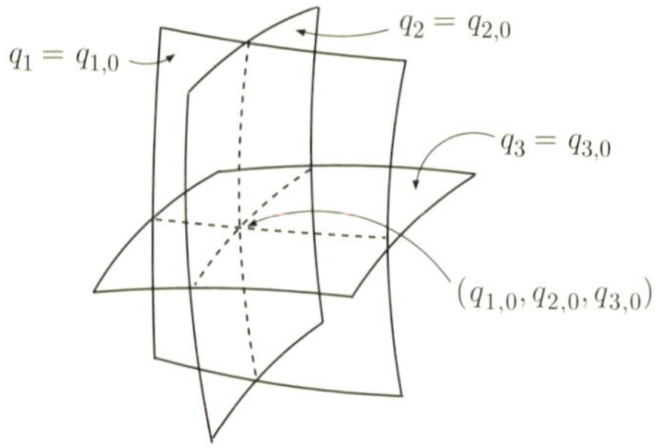

図 6.3 曲線座標系 3 つの曲面の交点→ $(q_{1,0}, q_{2,0}, q_{3,0})$

デカルト座標系 (x, y, z) における基底ベクトル $\boldsymbol{i}, \boldsymbol{j}, \boldsymbol{k}$ と同様に，曲線座標系においても，基底ベクトル $\boldsymbol{e}_1, \boldsymbol{e}_2, \boldsymbol{e}_3$ を次のように定義する[2)]．

$$\boldsymbol{e}_i = \frac{1}{|\nabla q_i|}\nabla q_i \qquad (i = 1, 2, 3) \tag{6.19}$$

$$\nabla q_i = \left(\frac{\partial q_i}{\partial x}, \frac{\partial q_i}{\partial y}, \frac{\partial q_i}{\partial z}\right)$$

$$|\nabla q_i| = \sqrt{\left(\frac{\partial q_i}{\partial x}\right)^2 + \left(\frac{\partial q_i}{\partial y}\right)^2 + \left(\frac{\partial q_i}{\partial z}\right)^2}$$

∇q は，$q_i =$ 一定 の曲面に垂直で q_i が増加する向きのベクトルであるから，$\boldsymbol{e}_i$ も同じ性質を持つベクトルである．この定義から分かるように，基底ベクトルは，一般に場所が変わると向きが変化する．以下では，$\boldsymbol{e}_1$, $\boldsymbol{e}_2$, $\boldsymbol{e}_3$ が右手系になるような座標系をとる．つまり，$(\boldsymbol{e}_1 \times \boldsymbol{e}_2, \boldsymbol{e}_3) > 0$ とする．任意のベクトル $\boldsymbol{v}$ は $\boldsymbol{e}_1$,$\boldsymbol{e}_2$,$\boldsymbol{e}_3$ を用いて

$$\boldsymbol{v} = v_1\boldsymbol{e}_1 + v_2\boldsymbol{e}_2 + v_3\boldsymbol{e}_3$$

と一意的に表せる．

例 円筒座標系の場合を以下に示す (図 6.4 参照).

---

2) 曲線座標系となっているので，(6.19) で定義される $\boldsymbol{e}_1, \boldsymbol{e}_2, \boldsymbol{e}_3$ は独立となる．

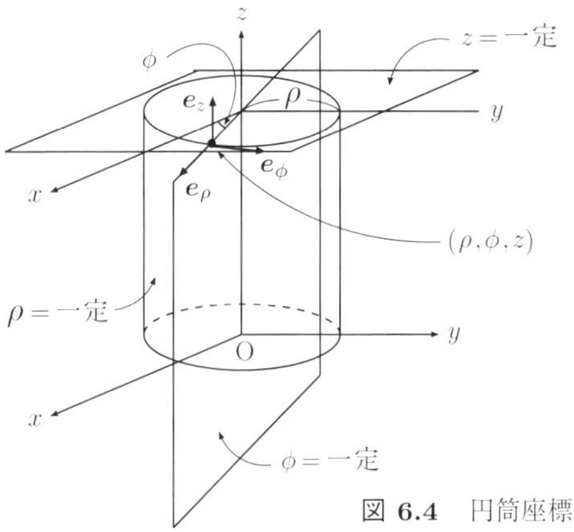

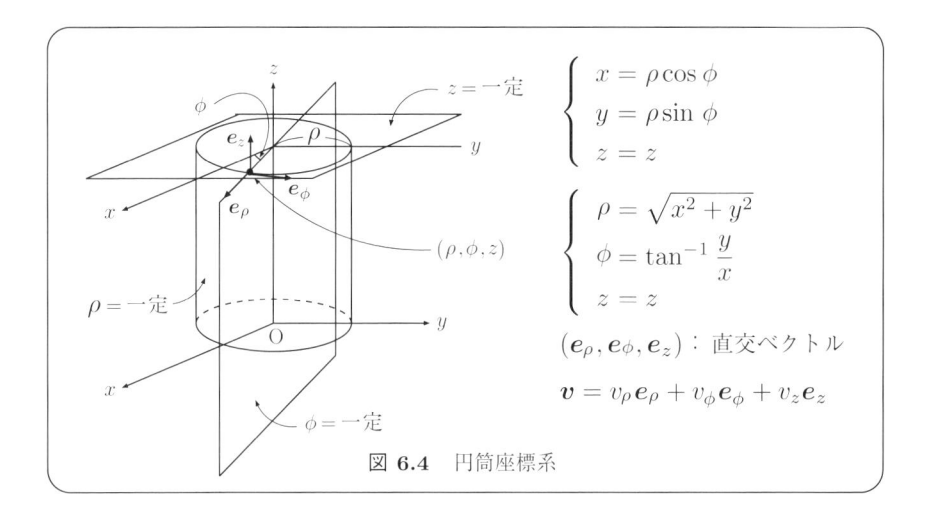

$$\begin{cases} x = \rho \cos \phi \\ y = \rho \sin \phi \\ z = z \end{cases}$$

$$\begin{cases} \rho = \sqrt{x^2 + y^2} \\ \phi = \tan^{-1} \dfrac{y}{x} \\ z = z \end{cases}$$

$(\boldsymbol{e}_\rho, \boldsymbol{e}_\phi, \boldsymbol{e}_z)$：直交ベクトル

$\boldsymbol{v} = v_\rho \boldsymbol{e}_\rho + v_\phi \boldsymbol{e}_\phi + v_z \boldsymbol{e}_z$

図 6.4 円筒座標系

距離と基底ベクトル

記述を簡単にするために，デカルト座標 x, y, z を x_1, x_2, x_3，基底ベクトル $\boldsymbol{i}, \boldsymbol{j}, \boldsymbol{k}$ を $\boldsymbol{i}_1, \boldsymbol{i}_2, \boldsymbol{i}_3$ と書く．また，$\boldsymbol{r} = (x_1, x_2, x_3)$ とする．x_i の全微分は

$$dx_i = \frac{\partial x_i}{\partial q_1} dq_1 + \frac{\partial x_i}{\partial q_2} dq_2 + \frac{\partial x_i}{\partial q_3} dq_3 = \sum_{j=1}^{3} \frac{\partial x_i}{\partial q_j} dq_j$$

となる．$d\boldsymbol{r} = (dx_1, dx_2, dx_3)$ とすると，

$$d\boldsymbol{r} = \sum_{i=1}^{3} \frac{\partial \boldsymbol{r}}{\partial q_i} dq_i \tag{6.20}$$

と表される (図 6.5 参照)．ここで，

$$\frac{\partial \boldsymbol{r}}{\partial q_i} = \left(\frac{\partial x_1}{\partial q_i}, \frac{\partial x_2}{\partial q_i}, \frac{\partial x_3}{\partial q_i} \right) \tag{6.21}$$

である．

2 点 $\boldsymbol{r}, \boldsymbol{r} + d\boldsymbol{r}$ 間の距離を ds とすると，

$$\begin{aligned} (ds)^2 = d\boldsymbol{r}^2 = (dx_1)^2 + (dx_2)^2 + (dx_3)^2 &= \sum_{l=1}^{3} \Big(\sum_{i=1}^{3} \frac{\partial x_l}{\partial q_i} dq_i \Big)^2 \\ = \sum_{l=1}^{3} \sum_{i=1}^{3} \sum_{j=1}^{3} \frac{\partial x_l}{\partial q_i} \frac{\partial x_l}{\partial q_j} dq_i dq_j &= \sum_{i=1}^{3} \sum_{j=1}^{3} \Big(\sum_{l=1}^{3} \frac{\partial x_l}{\partial q_i} \frac{\partial x_l}{\partial q_j} \Big) dq_i dq_j \end{aligned}$$

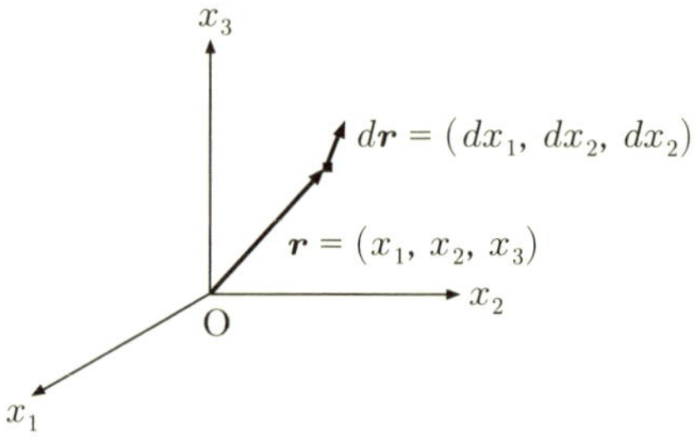

図 6.5

となる．曲線座標系での距離が

$$ds^2 = \sum_{i,j} g_{ij} dq_i dq_j$$

のように表される場合，g_{ij} をリーマン計量というが，今の場合

$$g_{ij} = \sum_{l=1}^{3} \frac{\partial x_l}{\partial q_i} \frac{\partial x_l}{\partial q_j} = \left(\frac{\partial \boldsymbol{r}}{\partial q_i}, \frac{\partial \boldsymbol{r}}{\partial q_j} \right) \tag{6.22}$$

である．

$$h_i \equiv \left| \frac{\partial \boldsymbol{r}}{\partial q_i} \right| \tag{6.23}$$

と定義し，$\dfrac{\partial \boldsymbol{r}}{\partial q_i}$ と $\dfrac{\partial \boldsymbol{r}}{\partial q_j}$ のなす角を θ_{ij} とすると，

$$g_{ij} = h_i h_j \cos\theta_{ij}$$
$$h_i = \sqrt{g_{ii}}, \qquad \cos\theta_{ij} = \frac{g_{ij}}{\sqrt{g_{ii} g_{jj}}}$$

となる．$i \neq j$ のとき，$g_{ij} = 0$ ならば，曲線座標系は直交系である．すなわち，$\boldsymbol{e}_1, \boldsymbol{e}_2, \boldsymbol{e}_3$ は直交する．このとき，

$$\boldsymbol{e}_i = \frac{1}{h_i} \frac{\partial \boldsymbol{r}}{\partial q_i} \tag{6.24}$$

となる．

これを示すために，まず，一般的な式を導こう．q_1, q_2, q_3 は曲線座標系なので，q_1, q_2, q_3 を独立に変化させると 3 次元空間をおおいつくすが，q_i のみを

変化させるとき，$\boldsymbol{r}(q_1, q_2, q_3)$ は曲線で $\dfrac{\partial \boldsymbol{r}}{\partial q_i}$ はその接線ベクトルとなるから，

$\dfrac{\partial \boldsymbol{r}}{\partial q_1}, \dfrac{\partial \boldsymbol{r}}{\partial q_2}, \dfrac{\partial \boldsymbol{r}}{\partial q_3}$ は独立であり，基底ベクトルとなる．これらを規格化して

$$\boldsymbol{f}_i \equiv \frac{1}{\left|\dfrac{\partial \boldsymbol{r}}{\partial q_i}\right|} \frac{\partial \boldsymbol{r}}{\partial q_i} = \frac{1}{h_i} \frac{\partial \boldsymbol{r}}{\partial q_i} \tag{6.25}$$

と定義する．すると，g_{ij} は，

$$g_{ij} = \left(\frac{\partial \boldsymbol{r}}{\partial q_i}, \frac{\partial \boldsymbol{r}}{\partial q_j} \right) = h_i h_j (\boldsymbol{f}_i, \boldsymbol{f}_j) \tag{6.26}$$

と表される．次に，

$$q_i = q_i(x_1, x_2, x_3) = q_i(\boldsymbol{r}) \tag{6.27}$$

を q_j で偏微分する．すると

$$\delta_{ij} = \sum_{k=1}^{3} \frac{\partial q_i}{\partial x_k} \frac{\partial x_k}{\partial q_j} = \left(\nabla q_i, \frac{\partial \boldsymbol{r}}{\partial q_j} \right) \tag{6.28}$$

となる．この式と (6.19), (6.25), (6.28) より，

$$(\boldsymbol{e}_i, \boldsymbol{f}_j) = \frac{1}{|\nabla q_i| h_j} \delta_{ij} \tag{6.29}$$

を得る．$\boldsymbol{e}_i$ を $\boldsymbol{f}_1, \boldsymbol{f}_2, \boldsymbol{f}_3$ で次のように表す．

$$\boldsymbol{e}_i = \sum_j a^i_j \boldsymbol{f}_j. \tag{6.30}$$

以上のことを用いて，次の 3 つが同値であることを証明する．

（i）　$i \neq j$ のとき，$g_{ij} = 0$

（ii）　$\boldsymbol{e}_i = \boldsymbol{f}_i \left(= \dfrac{1}{h_i} \dfrac{\partial \boldsymbol{r}}{\partial q_i} \right)$

（iii）　$(\boldsymbol{e}_i, \boldsymbol{e}_j) = \delta_{ij}$

証明　(i) → (ii), (iii)　$\boldsymbol{f}_1, \boldsymbol{f}_2, \boldsymbol{f}_3$ は正規直交系となるから，(6.29)，(6.30) より，

$$(\boldsymbol{e}_i, \boldsymbol{f}_j) = a^i_j = \frac{1}{|\nabla q_i| h_j} \delta_{ij} \tag{6.31}$$

となる．よって，$i \neq j$ なら $a^i_j = 0$ で，また，$a^i_i = \dfrac{1}{|\nabla q_i| h_i} > 0$ となる．したがって，$\boldsymbol{e}_i = a^i_i \boldsymbol{f}_i$ であるが，$\boldsymbol{e}_i$ は規格化されているので，$a^i_i = 1$ である．したがって，

$$\boldsymbol{e}_i = \boldsymbol{f}_i, \quad |\nabla q_i| = \frac{1}{h_i}$$

となり，(ii)，(iii) が成り立つ．

(ii) → (i), (iii)　$\boldsymbol{e}_i = \boldsymbol{f}_i$ なので，式 (6.29) より，

$$|\nabla q_i| h_j (\boldsymbol{e}_i, \boldsymbol{e}_j) = \delta_{ij}$$

となる．したがって，$i \neq j$ のとき，$(\boldsymbol{e}_i, \boldsymbol{e}_j) = 0$ である．$\boldsymbol{e}_i$ は規格化されているから，(iii) が成立する．また，(6.26) より，(i) が成立する．

(iii) → (i)，(ii)　(6.29) より，$i \neq j$ なら，$(\boldsymbol{e}_i, \boldsymbol{f}_j) = 0$ であるから，$\boldsymbol{f}_i$ は $\boldsymbol{e}_i$ に比例する．また，$(\boldsymbol{e}_i, \boldsymbol{f}_i) > 0$ であるから，$\boldsymbol{e}_i = \boldsymbol{f}_i$ となる．したがって，(i)，(ii) が成立する．

直交座標系において，次式が成立する[3)]．

$$\frac{\partial \boldsymbol{e}_i}{\partial q_j} = \frac{1}{h_i} \frac{\partial h_j}{\partial q_i} \boldsymbol{e}_i \qquad (i \neq j) \tag{6.32}$$

$$\frac{\partial \boldsymbol{e}_i}{\partial q_i} = -\sum_{j(\neq i)} \frac{1}{h_j} \frac{\partial h_i}{\partial q_j} \boldsymbol{e}_j \tag{6.33}$$

問 6.1.2　円筒座標系と球座標系は，直交座標系であることを示せ．

他の座標の値は固定して，q_i の値を dq_i だけ増やす場合を考えよう．$dq_i > 0$ と仮定する．図 6.6 のように，c を定数とすると，$q_i = c$ と $q_i = c + dq_i$ は 2 つの曲面を定める．曲面 $q_i = c$ 上の点 P にもっとも近い，曲面 $q_i = c + dq_i$ 上の点を Q とし，PQ 間の距離が ds_i であるとする．q_i がもっとも増加する向きは ∇q_i の向きであるから，ds_i は ∇q_i の向きに測った距離である．すなわち，$\boldsymbol{e}_i$ の向きに測った距離である．

$ds_i = \left| \dfrac{\partial \boldsymbol{r}}{\partial q_i} dq_i \right|$ であるから，$ds_i = h_i dq_i$ となる．ds_i を変位と考えれば

3) 付録の発展問題 3 参照．

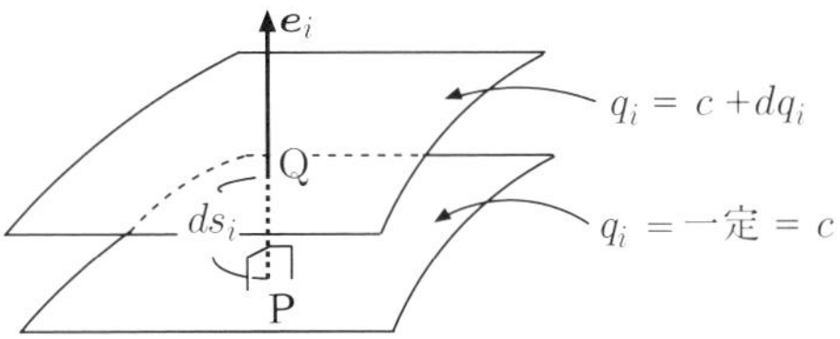

図 **6.6**

$dq_i < 0$ のときにも，$ds_i = h_i dq_i$ となる．

$\boldsymbol{e}_1, \boldsymbol{e}_2, \boldsymbol{e}_3$ が直交系なら，(6.20)，(6.24) より

$$d\boldsymbol{r} = \sum_{i=1}^{3} h_i dq_i \boldsymbol{e}_i \tag{6.34}$$

となる．直交系でないときは，このようには表現できない（図 6.7 を参照）．

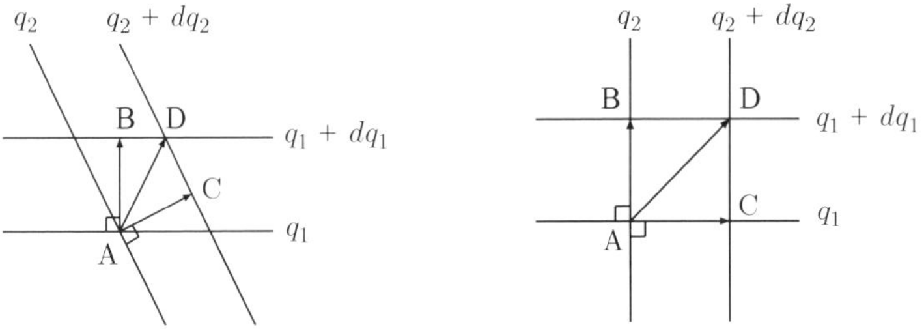

図 **6.7**

図 6.7 の左図は直交系でない場合で，$\overrightarrow{\mathrm{AB}} + \overrightarrow{\mathrm{AC}} \neq \overrightarrow{\mathrm{AD}}$ であるが，右図は直交系の場合で，$\overrightarrow{\mathrm{AB}} + \overrightarrow{\mathrm{AC}} = \overrightarrow{\mathrm{AD}}$ となる．

以下では，直交座標系のみを考える．後で示すように，円筒座標系や球座標系は直交座標系である．直交座標系では，ベクトルの内積や外積はデカルト座標系と同様の式で与えられることは，内積と外積の性質よりただちに分かる．すなわち，ベクトル $\boldsymbol{A}, \boldsymbol{B}$ が

$$\boldsymbol{A} = A_1\boldsymbol{e}_1 + A_2\boldsymbol{e}_2 + A_3\boldsymbol{e}_3$$

$$\boldsymbol{B} = B_1\boldsymbol{e}_1 + B_2\boldsymbol{e}_2 + B_3\boldsymbol{e}_3$$

と表されているときに，内積と外積[4)]は次のようになる．

$$\text{内積}：(\boldsymbol{A}, \boldsymbol{B}) = A_1B_1 + A_2B_2 + A_3B_3 \tag{6.35}$$

$$\text{外積}：\boldsymbol{A} \times \boldsymbol{B} = \begin{vmatrix} \boldsymbol{e}_1 & \boldsymbol{e}_2 & \boldsymbol{e}_3 \\ A_1 & A_2 & A_3 \\ B_1 & B_2 & B_3 \end{vmatrix} \tag{6.36}$$

問 6.1.3 (6.35), (6.36) を示せ．

6.2 曲線座標系における勾配，発散，回転，ラプラシアンなどの表式

スカラー場の勾配，グラディエント，grad

スカラー場 $\psi(q_1, q_2, q_3)$ の曲線座標系での勾配 $\nabla\psi(q_1, q_2, q_3)$ の表式を求めよう．すなわち，$\nabla\psi(q_1, q_2, q_3)$ を基底ベクトル $\boldsymbol{e}_1, \boldsymbol{e}_2, \boldsymbol{e}_3$ で次のように展開したときの $\boldsymbol{e}_i$ の係数 a_i を求める．a_i が曲線座標系での勾配の成分である．

$$\nabla\psi(q_1, q_2, q_3) = a_1\boldsymbol{e}_1 + a_2\boldsymbol{e}_2 + a_3\boldsymbol{e}_3 \tag{6.37}$$

直交系なので，$a_i = (\nabla\psi, \boldsymbol{e}_i)$ となる．$\boldsymbol{e}_i = \dfrac{1}{h_i}\dfrac{\partial \boldsymbol{r}}{\partial q_i}$ であるから，

$$\begin{aligned} a_i = (\nabla\psi, \boldsymbol{e}_i) &= \frac{1}{h_i}\left(\nabla\psi(q_1, q_2, q_3), \frac{\partial \boldsymbol{r}}{\partial q_i}\right) \\ &= \frac{1}{h_i}\sum_j \frac{\partial \psi}{\partial x_j}\frac{\partial x_j}{\partial q_i} = \frac{1}{h_i}\frac{\partial \psi}{\partial q_i} \end{aligned} \tag{6.38}$$

となる．最後の行で合成関数の微分の公式を用いた．(6.38) は次のようにして導くこともできる．$\nabla\psi$ の $\boldsymbol{e}_1$ 成分は，$\boldsymbol{e}_1$ の向きへの方向微分であるが，その向きへの変位を s_1 とすると，$ds_1 = h_1 dq_1$ であるから，

$$(\nabla\psi, \boldsymbol{e}_1) = \left.\frac{d\psi}{ds_1}\right|_{q_2, q_3} = \left.\frac{d\psi}{h_1 dq_1}\right|_{q_2, q_3} = \frac{1}{h_1}\frac{\partial \psi}{\partial q_1}$$

となる．他の成分も同様である．したがって，$a_i = \dfrac{1}{h_i}\dfrac{\partial \psi}{\partial q_i}$ が導かれる．よって，

[4)] $\boldsymbol{e}_1, \boldsymbol{e}_2, \boldsymbol{e}_3$ が右手系のとき．

$$\nabla\psi = \frac{1}{h_1}\frac{\partial\psi}{\partial q_1}\boldsymbol{e}_1 + \frac{1}{h_2}\frac{\partial\psi}{\partial q_2}\boldsymbol{e}_2 + \frac{1}{h_3}\frac{\partial\psi}{\partial q_3}\boldsymbol{e}_3 \tag{6.39}$$

となる．

$\nabla\psi$ の $(\boldsymbol{e}_1, \boldsymbol{e}_2, \boldsymbol{e}_3)$ での成分

$$\nabla\psi = \left(\frac{1}{h_1}\frac{\partial\psi}{\partial q_1}, \frac{1}{h_2}\frac{\partial\psi}{\partial q_2}, \frac{1}{h_3}\frac{\partial\psi}{\partial q_3}\right)$$

ベクトル場の発散，ダイバージェンス，湧きだし，div

ベクトル場 $\boldsymbol{A}$ の曲線座標系での発散，$\mathrm{div}\boldsymbol{A}$，の表式を求めよう．図 6.8 のように，デカルト座標系において，q_1, q_2, q_3 が一定となる 6 つの面で囲まれる微小領域に，次のガウスの発散定理を適用する．

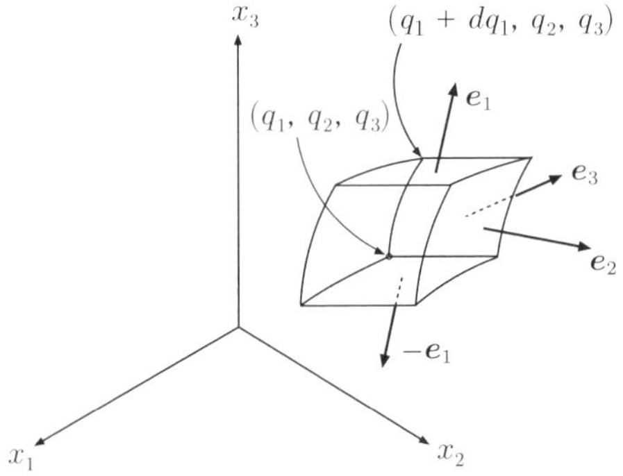

図 6.8

$$\iint_{\text{表面}} \boldsymbol{A}\cdot\boldsymbol{n}\, dS = \iiint_{\text{体積}} \mathrm{div}\boldsymbol{A}\, dV$$

まず，左辺の表面積分を計算しよう．直交系なので，点 (q_1, q_2, q_3) における基底ベクトル $(\boldsymbol{e}_1, \boldsymbol{e}_2, \boldsymbol{e}_3)$ は直交している．したがって，図 6.9 のように微小領域を直方体のように描いてある．

q_1 が一定の面のうち，上の面における表面積分の値 ΔX_1 は近似的に

$$\Delta X_1 \simeq \{\boldsymbol{A}\ \text{の}\ \boldsymbol{e}_1\ \text{方向の成分} \times (\text{上の面の面積})\}\big|_{(q_1+dq_1, q_2, q_3)}$$

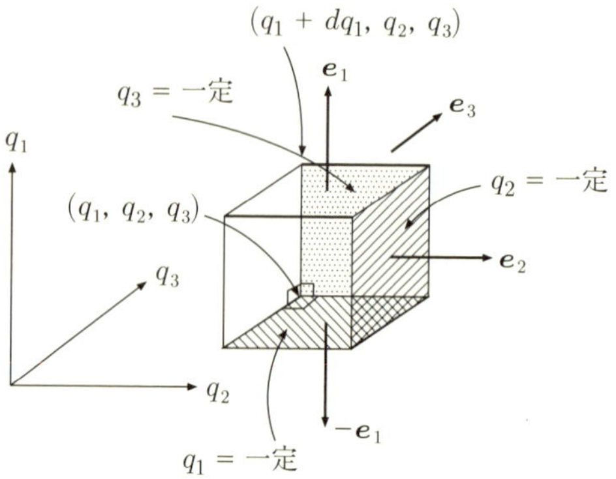

図 **6.9**

であるが，q_i が dq_i だけ変化したときの 2 点間の距離は $h_i dq_i$ であるから，上の面の面積は近似的に $h_2 h_3 dq_2 dq_3$ となる．したがって

$$\Delta X_1 \simeq (A_1 h_2 h_3 dq_2 dq_3)\big|_{(q_1+dq_1, q_2, q_3)}$$

となる．同様にして，q_1 が一定の面のうち，下の面における表面積分の値 ΔX_2 は近似的に

$$\Delta X_2 \simeq -(A_1 h_2 h_3 dq_2 dq_3)\big|_{(q_1, q_2, q_3)}$$

となる．したがって q_1 が一定の面からの表面積分への寄与 ΔX は，

$$\begin{aligned}
\Delta X &= \Delta X_1 + \Delta X_2 \\
&\simeq (A_1 h_2 h_3)\big|_{(q_1+dq_1, q_2, q_3)} dq_2 dq_3 - (A_1 h_2 h_3)\big|_{(q_1, q_2, q_3)} dq_2 dq_3 \\
&\simeq \frac{\partial (A_1 h_2 h_3)}{\partial q_1} dq_1 dq_2 dq_3
\end{aligned}$$

となる．q_2, q_3 が一定の面からの寄与 $\Delta Y, \Delta Z$ も同様にして

$$\Delta Y \simeq \frac{\partial (A_2 h_3 h_1)}{\partial q_2} dq_1 dq_2 dq_3$$

$$\Delta Z \simeq \frac{\partial (A_3 h_1 h_2)}{\partial q_3} dq_1 dq_2 dq_3$$

となるので，表面積分の値は

$$\iint_{\text{表面}} \boldsymbol{A}\cdot\boldsymbol{n}\,dS \simeq \left\{\frac{\partial(A_1h_2h_3)}{\partial q_1}+\frac{\partial(A_2h_3h_1)}{\partial q_2}+\frac{\partial(A_3h_1h_2)}{\partial q_3}\right\} dq_1dq_2dq_3$$

である．一方，体積積分は

$$\iiint_{\text{体積}} \mathrm{div}\ \boldsymbol{A}\,dV \simeq \mathrm{div}\ \boldsymbol{A}\times(\text{体積}) = \mathrm{div}\ \boldsymbol{A}\ h_1h_2h_3\ dq_1dq_2dq_3$$

となる．したがって，$dq_i \to 0\ (i=1,2,3)$ の極限をとると，ベクトル場の発散は，次のようになる．

ベクトル場 $\boldsymbol{A}$ の発散

$$\mathrm{div}\boldsymbol{A} = \frac{1}{h_1h_2h_3}\left[\frac{\partial}{\partial q_1}(A_1h_2h_3)+\frac{\partial}{\partial q_2}(A_2h_3h_1)+\frac{\partial}{\partial q_3}(A_3h_1h_2)\right]$$

ベクトル場の回転，循環，ローテーション，rot，curl

次に，ベクトル場 $\boldsymbol{A}$ の曲線座標系での回転，$\mathrm{rot}\boldsymbol{A}$，の表式を求めよう．図 6.10 の右図のように，デカルト座標系において，$q_1 =$ 一定 の曲面を考える．この面上で，図 6.10 の左図のように，q_2, q_3 が一定となる 4 つの曲線 C_1, C_2, C_3, C_4 で囲まれる微小領域にストークスの定理を適用する．$q_1 =$ 一定なので，q_2, q_3 座標のみを記す．

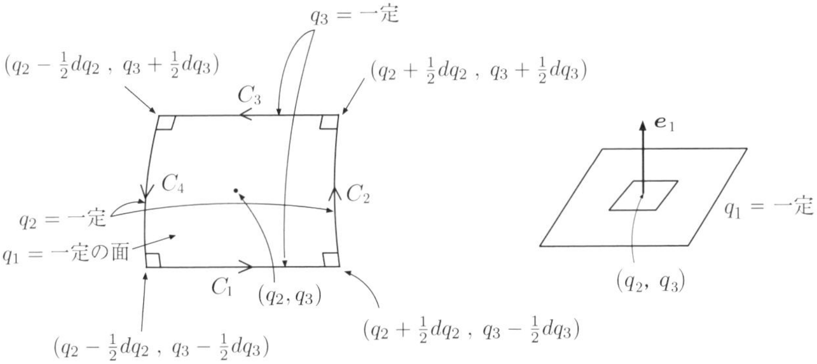

図 6.10

ベクトル場 $\boldsymbol{A}$ についてのストークスの定理は，

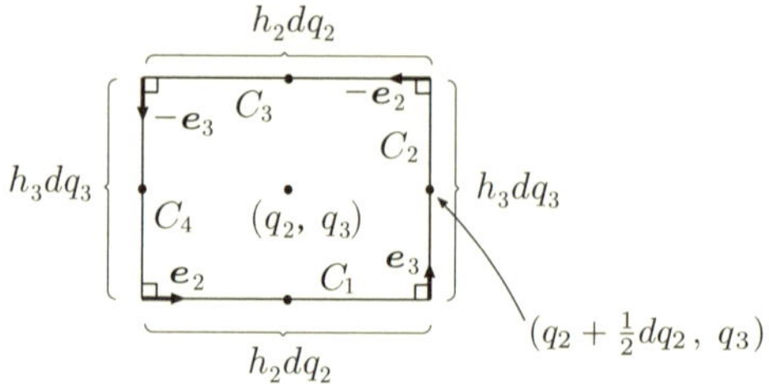

図 6.11

$$\oint \boldsymbol{A}\cdot d\boldsymbol{r} = \iint_S \mathrm{rot}\boldsymbol{A}\cdot\boldsymbol{n}\,dS \tag{6.40}$$

である．(6.40) の左辺の線積分を計算しよう．直交系なので，点 (q_2, q_3) における基底ベクトル $(\boldsymbol{e}_2, \boldsymbol{e}_3)$ は直交しているため，図 6.11 のように微小領域を長方形のように描いてある．線積分を C_1, C_2, C_3, C_4 の部分に分けて，各小曲線における積分値を曲線の中心での値と曲線の長さとの積で近似すると，

$$\int_{C_1}\boldsymbol{A}\cdot d\boldsymbol{r}+\int_{C_3}\boldsymbol{A}\cdot d\boldsymbol{r} \simeq (A_2h_2dq_2)|_{(q_2,q_3-\frac{1}{2}dq_3)} - (A_2h_2dq_2)|_{(q_2,q_3+\frac{1}{2}dq_3)}$$
$$\simeq -\frac{\partial}{\partial q_3}\,(A_2h_2)|_{(q_2,q_3)}\,dq_2dq_3$$
$$\int_{C_2}\boldsymbol{A}\cdot d\boldsymbol{r}+\int_{C_4}\boldsymbol{A}\cdot d\boldsymbol{r} \simeq (A_3h_3dq_3)|_{(q_2+\frac{1}{2}dq_2,q_3)} - (A_3h_3dq_3)|_{(q_2-\frac{1}{2}dq_2,q_3)}$$
$$\simeq \frac{\partial}{\partial q_2}\,(A_3h_3)|_{(q_2,q_3)}\,dq_2dq_3$$

となるので，

$$\oint \boldsymbol{A}\cdot d\boldsymbol{r} \simeq \left.\left\{\frac{\partial}{\partial q_2}(A_3h_3) - \frac{\partial}{\partial q_3}(A_2h_2)\right\}\right|_{(q_2,q_3)} dq_2dq_3$$

となる．右辺の (6.40) の面積積分は，微小領域の面積が $h_2h_3dq_2dq_3$ と近似できるので，

$$\iint_S(\mathrm{rot}\boldsymbol{A})\cdot\boldsymbol{n}dS \simeq (\mathrm{rot}\boldsymbol{A})_1|_{(q_2,q_3)}\,h_2h_3dq_2dq_3$$

となる．ここで，$(\mathrm{rot}\boldsymbol{A})_1$，は $\mathrm{rot}\boldsymbol{A}$ の $\boldsymbol{e}_1$ 成分であり，$\boldsymbol{n}$ が $\boldsymbol{e}_1$ の向きを向くことを用いた．したがって，$dq_2\to 0$，$dq_3\to 0$ として，

$$(\mathrm{rot}\boldsymbol{A})_1 = \frac{1}{h_2h_3}\left\{\frac{\partial}{\partial q_2}(h_3A_3) - \frac{\partial}{\partial q_3}(h_2A_2)\right\}$$

となる．他の成分も同様に求めることができる．したがって，ベクトル場の回転は次のようになる．

ベクトル場 $\boldsymbol{A}$ の回転

$$\mathrm{rot}\ \boldsymbol{A} = \frac{1}{h_1h_2h_3}\begin{vmatrix} h_1\boldsymbol{e}_1 & h_2\boldsymbol{e}_2 & h_3\boldsymbol{e}_3 \\ \dfrac{\partial}{\partial q_1} & \dfrac{\partial}{\partial q_2} & \dfrac{\partial}{\partial q_3} \\ h_1A_1 & h_2A_2 & h_3A_3 \end{vmatrix}$$

ラプラシアン $(\nabla\cdot\nabla) = \nabla^2 = \Delta$

スカラー場 ψ の曲線座標系でのラプラシアンは，勾配と発散の表式を組み合わせて次のように求めることができる．

スカラー場 ψ のラプラシアン

$$\nabla^2\psi = \mathrm{div}\ \mathrm{grad}\ \psi$$
$$= \frac{1}{h_1h_2h_3}\left[\frac{\partial}{\partial q_1}\left(\frac{h_2h_3}{h_1}\ \frac{\partial\psi}{\partial q_1}\right) + \frac{\partial}{\partial q_2}\left(\frac{h_3h_1}{h_2}\ \frac{\partial\psi}{\partial q_2}\right) + \frac{\partial}{\partial q_3}\left(\frac{h_1h_2}{h_3}\ \frac{\partial\psi}{\partial q_3}\right)\right]$$

最後に，ラプラシアンをベクトル場 $\boldsymbol{A}$ に作用させた結果できるベクトル場 $\Delta\boldsymbol{A}$ について考えよう．5.2 節でデカルト座標系で次の公式を証明した．

$$\nabla\times(\nabla\times\boldsymbol{A}) = \nabla(\nabla\cdot\boldsymbol{A}) - \nabla^2\boldsymbol{A} \tag{6.41}$$

(6.41) を書き換えると，

$$\nabla^2\boldsymbol{A} = \nabla(\nabla\cdot\boldsymbol{A}) - \nabla\times(\nabla\times\boldsymbol{A}) \tag{6.42}$$

となる．(6.42) の右辺は，ベクトル場の発散や回転の組み合わせであるから，すでに曲線座標系における表式が求まっている．したがって，これより曲線座標系での $\nabla^2\boldsymbol{A}$ の成分が求まる．

円筒座標系

円筒座標系におけるリーマン計量，基底ベクトル，勾配，発散，回転などを計算してみよう (図 6.12 参照).

$$x = \rho\cos\phi, \qquad y = \rho\sin\phi, \qquad z = z$$

であるから，$(q_1, q_2, q_3) = (\rho, \phi, z)$ とする．x, y, z の全微分は

$$\begin{aligned} dx &= \frac{\partial x}{\partial \rho}d\rho + \frac{\partial x}{\partial \phi}d\phi + \frac{\partial x}{\partial z}dz \\ &= \cos\phi d\rho - \rho\sin\phi d\phi \\ dy &= \sin\phi d\rho + \rho\cos\phi d\phi \\ dz &= dz \end{aligned}$$

なので，$(ds)^2 = (dx)^2 + (dy)^2 + (dz)^2$ は，

$$\begin{aligned} (ds)^2 &= (\cos\phi d\rho - \rho\sin\phi d\phi)^2 + (\sin\phi d\rho + \rho\cos\phi d\phi)^2 + (dz)^2 \\ &= (d\rho)^2 + \rho^2(d\phi)^2 + (dz)^2 \end{aligned}$$

となる．リーマン計量 g_{ij} は

$$(ds)^2 = \sum_{ij} g_{ij}dq_idq_j$$

で定義されている．表記を簡単にするために，g_{ij} を $g_{\rho\rho}, g_{\rho\phi}, g_{\rho z}$ などと記すと，

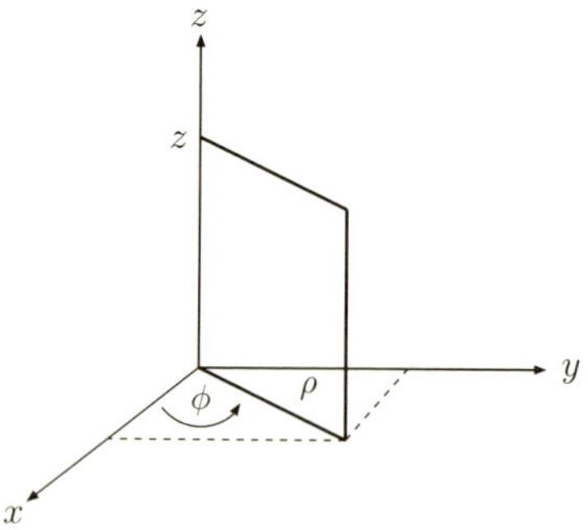

図 6.12

$$g_{\rho\rho} = 1, \quad g_{\phi\phi} = \rho^2, \quad g_{zz} = 1$$

$$\text{他は } 0$$

である．したがって，直交座標系であり，基底ベクトル $\boldsymbol{e}_\rho, \boldsymbol{e}_\phi, \boldsymbol{e}_z$ は直交する．また，$h_i = \sqrt{g_{ii}}$ より

$$h_\rho = 1, \quad h_\phi = \rho, \quad h_z = 1$$

となる．直交系の場合，基底ベクトルは $\boldsymbol{e}_i = \dfrac{1}{h_i}\dfrac{\partial \boldsymbol{r}}{\partial q_i}$ となるから，

$$\boldsymbol{e}_\rho = \frac{1}{h_\rho}\ \frac{\partial \boldsymbol{r}}{\partial \rho} = \left(\frac{\partial x}{\partial \rho}, \frac{\partial y}{\partial \rho}, \frac{\partial z}{\partial \rho}\right) = (\cos\phi, \sin\phi, 0)$$

$$\boldsymbol{e}_\phi = \frac{1}{h_\phi}\ \frac{\partial \boldsymbol{r}}{\partial \phi} = \frac{1}{\rho}\ \frac{\partial \boldsymbol{r}}{\partial \phi} = \frac{1}{\rho}\ (-\rho\sin\phi, \rho\cos\phi, 0) = (-\sin\phi, \cos\phi, 0)$$

$$\boldsymbol{e}_z = \frac{1}{h_z}\ \frac{\partial \boldsymbol{r}}{\partial z} = \frac{\partial \boldsymbol{r}}{\partial z} = (0, 0, 1)$$

であり，$\boldsymbol{e}_\rho, \boldsymbol{e}_\phi, \boldsymbol{e}_z$ は右手系となる．h_i や，勾配，発散，回転，ラプラシアンなどの表式を以下にまとめる．

$$h_\rho = 1, \quad h_\phi = \rho, \quad h_z = 1 \tag{6.43}$$

$$\nabla\psi = \frac{\partial \psi}{\partial \rho}\boldsymbol{e}_\rho + \frac{1}{\rho}\ \frac{\partial \psi}{\partial \phi}\boldsymbol{e}_\phi + \frac{\partial \psi}{\partial z}\boldsymbol{e}_z \tag{6.44}$$

$$\nabla \cdot \boldsymbol{A} = \frac{1}{\rho}\ \frac{\partial}{\partial \rho}(\rho A_\rho) + \frac{1}{\rho}\ \frac{\partial}{\partial \phi}A_\phi + \frac{\partial}{\partial z}A_z \tag{6.45}$$

$$\nabla^2\psi = \frac{1}{\rho}\ \frac{\partial}{\partial \rho}\left(\rho\frac{\partial \psi}{\partial \rho}\right) + \frac{1}{\rho^2}\ \frac{\partial^2 \psi}{\partial \phi^2} + \frac{\partial^2 \psi}{\partial z^2} \tag{6.46}$$

$$\begin{aligned}
\nabla \times \boldsymbol{A} &= \frac{1}{\rho}\begin{vmatrix} \boldsymbol{e}_\rho & \rho\boldsymbol{e}_\phi & \boldsymbol{e}_z \\ \dfrac{\partial}{\partial \rho} & \dfrac{\partial}{\partial \phi} & \dfrac{\partial}{\partial z} \\ A_\rho & \rho A_\phi & A_z \end{vmatrix} \\
&= \left(\frac{1}{\rho}\frac{\partial A_z}{\partial \phi} - \frac{\partial A_\phi}{\partial z}\right)\boldsymbol{e}_\rho + \left(\frac{\partial A_\rho}{\partial z} - \frac{\partial A_z}{\partial \rho}\right)\boldsymbol{e}_\phi \\
&\quad + \frac{1}{\rho}\left(\frac{\partial}{\partial \rho}(\rho A_\phi) - \frac{\partial A_\rho}{\partial \phi}\right)\boldsymbol{e}_z,
\end{aligned} \tag{6.47}$$

$$\nabla^2\boldsymbol{A} = (\nabla^2\boldsymbol{A})_\rho\boldsymbol{e}_\rho + (\nabla^2\boldsymbol{A})_\phi\boldsymbol{e}_\phi + (\nabla^2\boldsymbol{A})_z\boldsymbol{e}_z, \tag{6.48}$$

$$(\nabla^2 \boldsymbol{A})_\rho = \nabla^2 A_\rho - \frac{1}{\rho^2} A_\rho - \frac{2}{\rho^2} \frac{\partial A_\phi}{\partial \phi} \tag{6.49}$$

$$(\nabla^2 \boldsymbol{A})_\phi = \nabla^2 A_\phi - \frac{1}{\rho^2} A_\phi + \frac{2}{\rho^2} \frac{\partial A_\rho}{\partial \phi} \tag{6.50}$$

$$(\nabla^2 \boldsymbol{A})_z = \nabla^2 A_z \tag{6.51}$$

前節で直接的計算により極座標系における勾配等の表式を求めたが，一般的な公式からそれらを導いてみよう．

極座標系

極座標系は，円筒座標系で z 成分を無視したものに他ならない．したがって，円筒座標系での式で，$\rho \to r, \phi \to \theta$ とし，スカラーやベクトルの z 成分依存性はないとする．ただし，回転は，z 成分のみとなる．すると，次のようになる．

$$h_r = 1, \quad h_\theta = r \tag{6.52}$$

$$\nabla \psi = \frac{\partial \psi}{\partial r} \boldsymbol{e}_r + \frac{1}{r} \frac{\partial \psi}{\partial \theta} \boldsymbol{e}_\theta \tag{6.53}$$

$$\nabla \cdot \boldsymbol{A} = \frac{1}{r} \frac{\partial}{\partial r}(r A_r) + \frac{1}{r} \frac{\partial}{\partial \theta} A_\theta \tag{6.54}$$

$$\nabla^2 \psi = \frac{1}{r} \frac{\partial}{\partial r} \left(r \frac{\partial \psi}{\partial r} \right) + \frac{1}{r^2} \frac{\partial^2 \psi}{\partial \theta^2} \tag{6.55}$$

$$\begin{aligned} \nabla \times \boldsymbol{A} &= \frac{1}{r} \begin{vmatrix} \boldsymbol{e}_r & r\boldsymbol{e}_\theta & \boldsymbol{e}_z \\ \dfrac{\partial}{\partial r} & \dfrac{\partial}{\partial \theta} & \dfrac{\partial}{\partial z} \\ A_r & r A_\theta & 0 \end{vmatrix} \\ &= \frac{1}{r} \left(\frac{\partial}{\partial r}(r A_\theta) - \frac{\partial A_r}{\partial \theta} \right) \boldsymbol{e}_z, \end{aligned} \tag{6.56}$$

$$\nabla^2 \boldsymbol{A} = (\nabla^2 \boldsymbol{A})_r \boldsymbol{e}_r + (\nabla^2 \boldsymbol{A})_\theta \boldsymbol{e}_\theta, \tag{6.57}$$

$$(\nabla^2 \boldsymbol{A})_r = \nabla^2 A_r - \frac{1}{r^2} A_r - \frac{2}{r^2} \frac{\partial A_\theta}{\partial \theta} \tag{6.58}$$

$$(\nabla^2 \boldsymbol{A})_\theta = \nabla^2 A_\theta - \frac{1}{r^2} A_\theta + \frac{2}{r^2} \frac{\partial A_\rho}{\partial \theta} \tag{6.59}$$

前節で求めた極座標における勾配，発散，ラプラシアン，回転の結果 (6.10), (6.15), (6.16), (6.18) は，これらと一致することが分かる．

球座標系

球座標系におけるリーマン計量，基底ベクトル，勾配，発散，回転などを計算してみよう (図 6.13 参照).

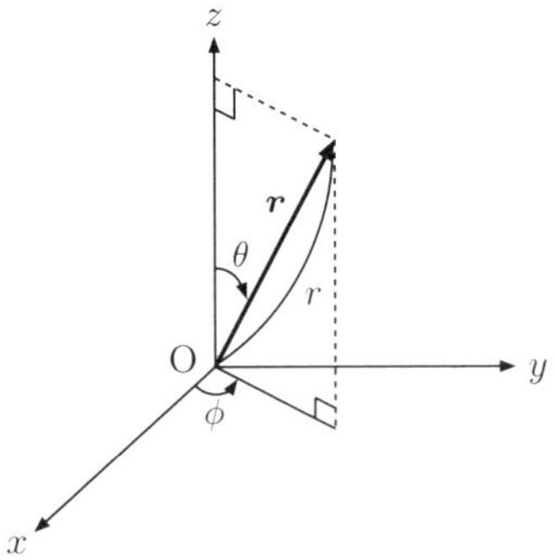

図 6.13

座標変換の式および全微分は,

$$x = r\sin\theta\cos\phi, \quad y = r\sin\theta\sin\phi, \quad z = r\cos\theta,$$

$$dx = \sin\theta\cos\phi dr + r\cos\theta\cos\phi d\theta - r\sin\theta\sin\phi d\phi,$$

$$dy = \sin\theta\sin\phi dr + r\cos\theta\sin\phi d\theta + r\sin\theta\cos\phi d\phi,$$

$$dz = \cos\theta dr - r\sin\theta d\theta$$

となるので，$(ds)^2$ は

$$(ds)^2 = (dr)^2 + r^2(d\theta)^2 + r^2\sin^2\theta(d\phi)^2$$

となる．したがって,

$$g_{rr} = 1, g_{\theta\theta} = r^2, g_{\phi\phi} = r^2\sin^2\theta$$

その他の g_{ij} は 0

となるので，直交座標系である．また，$h_r = 1, h_\theta = r, h_\phi = r\sin\theta$ であり，基底ベクトルは,

$$\boldsymbol{e}_r = \frac{1}{h_r}\frac{\partial \boldsymbol{r}}{\partial r} = (\sin\theta\cos\phi, \sin\theta\sin\phi, \cos\theta),$$

$$\boldsymbol{e}_\theta = \frac{1}{h_\theta}\frac{\partial \boldsymbol{r}}{\partial \theta} = (\cos\theta\cos\phi, \cos\theta\sin\phi, -\sin\theta),$$
$$\boldsymbol{e}_\phi = \frac{1}{h_\phi}\frac{\partial \boldsymbol{r}}{\partial \phi} = (-\sin\phi, \cos\phi, 0)$$

となり，$(\boldsymbol{e}_r, \boldsymbol{e}_\theta, \boldsymbol{e}_\phi)$ は右手系となる．したがって，h_i や，勾配，発散，回転，ラプラシアンなどの表式は以下のようになる．

$$h_r = 1, \quad h_\theta = r, \quad h_\phi = r\sin\theta \tag{6.60}$$

$$\nabla\psi = \frac{\partial\psi}{\partial r}\boldsymbol{e}_r + \frac{1}{r}\frac{\partial\psi}{\partial\theta}\boldsymbol{e}_\theta + \frac{1}{r\sin\theta}\frac{\partial\psi}{\partial\phi}\boldsymbol{e}_\phi \tag{6.61}$$

$$\nabla\cdot\boldsymbol{A} = \frac{1}{r^2}\frac{\partial}{\partial r}(r^2 A_r) + \frac{1}{r\sin\theta}\frac{\partial}{\partial\theta}(\sin\theta\ A_\theta) + \frac{1}{r\sin\theta}\frac{\partial}{\partial\phi}A_\phi \tag{6.62}$$

$$\nabla^2\psi = \frac{1}{r^2}\frac{\partial}{\partial r}\left(r^2\frac{\partial\psi}{\partial r}\right) + \frac{1}{r^2\sin\theta}\frac{\partial}{\partial\theta}\left(\sin\theta\ \frac{\partial\psi}{\partial\theta}\right) + \frac{1}{r^2\sin^2\theta}\frac{\partial^2\psi}{\partial\phi^2} \tag{6.63}$$

$$\begin{aligned}\nabla\times\boldsymbol{A} &= \frac{1}{r^2\sin\theta}\begin{vmatrix} \boldsymbol{e}_r & r\boldsymbol{e}_\theta & r\sin\theta\boldsymbol{e}_\phi \\ \dfrac{\partial}{\partial r} & \dfrac{\partial}{\partial\theta} & \dfrac{\partial}{\partial\phi} \\ A_r & rA_\theta & r\sin\theta\ A_\phi \end{vmatrix} \\ &= \frac{1}{r\sin\theta}\left(\frac{\partial}{\partial\theta}(\sin\theta A_\phi) - \frac{\partial A_\theta}{\partial\phi}\right)\boldsymbol{e}_r \\ &\quad + \frac{1}{r}\left(\frac{1}{\sin\theta}\frac{\partial A_r}{\partial\phi} - \frac{\partial}{\partial r}(rA_\phi)\right)\boldsymbol{e}_\theta + \frac{1}{r}\left(\frac{\partial}{\partial r}(rA_\theta) - \frac{\partial A_r}{\partial\theta}\right)\boldsymbol{e}_\phi\end{aligned} \tag{6.64}$$

$$\nabla^2\boldsymbol{A} = (\nabla^2\boldsymbol{A})_r\boldsymbol{e}_r + (\nabla^2\boldsymbol{A})_\theta\boldsymbol{e}_\theta + (\nabla^2\boldsymbol{A})_\phi\boldsymbol{e}_\phi, \tag{6.65}$$

$$(\nabla^2\boldsymbol{A})_r = \nabla^2 A_r - \frac{2}{r^2}A_r - \frac{2}{r^2}\ \frac{\partial A_\theta}{\partial\theta} - \frac{2\cos\theta}{r^2\sin\theta}A_\theta - \frac{2}{r^2\sin\theta}\ \frac{\partial A_\phi}{\partial\phi}, \tag{6.66}$$

$$(\nabla^2\boldsymbol{A})_\theta = \nabla^2 A_\theta - \frac{1}{r^2\sin^2\theta}A_\theta + \frac{2}{r^2}\ \frac{\partial A_r}{\partial\theta} - \frac{2\cos\theta}{r^2\sin^2\theta}\ \frac{\partial A_\phi}{\partial\phi}, \tag{6.67}$$

$$(\nabla^2\boldsymbol{A})_\phi = \nabla^2 A_\phi - \frac{1}{r^2\sin^2\theta}A_\phi + \frac{2}{r^2\sin\theta}\ \frac{\partial A_r}{\partial\phi} + \frac{2\cos\theta}{r^2\sin^2\theta}\ \frac{\partial A_\theta}{\partial\phi}. \tag{6.68}$$

第 7 章

フーリエ級数とフーリエ変換

この章では，フーリエ級数やフーリエ変換について学ぶ．これらは，第 8 章で偏微分方程式を解く際にも用いられる．まず，基本的な定理を記す[1)]．それを具体的な問題に適用することで，フーリエ展開やフーリエ変換の応用方法を学ぶ．

7.1 フーリエ級数

$\sin x$ や $\cos x$ は，2π の周期をもつ周期関数である．また，n を自然数として，$\sin(nx)$ や $\cos(nx)$ は $\dfrac{2\pi}{n}$ の周期をもつ周期関数であるから，これらも x が 2π 変化するともとの値に戻る．周期 2π の実数値関数 $f(x)$ を次のようにこれらの三角関数で表すことを考えよう．

$$\begin{aligned} f(x) &= \frac{1}{2}a_0 + a_1\cos x + b_1\sin x + a_2\cos(2x) + b_2\sin(2x) + \cdots \\ &= \frac{1}{2}a_0 + \sum_{n=1}^{\infty}(a_n\cos(nx) + b_n\sin(nx)). \end{aligned} \tag{7.1}$$

ここで，$a_0, a_1, b_1, a_2, b_2, \cdots$ は実定数で，**フーリエ係数**とよばれる．右辺は，一般には無限級数となり，**フーリエ級数**とよばれるが，その収束性が問題となる．

(7.1) のように表すことのできる条件はあとで述べることにして，フーリエ係数を求めてみよう．まず，m, n が自然数 $(m, n = 1, 2, \cdots)$ のとき，次式が成り立つことが分かる．

$$\int_{-\pi}^{\pi} \sin(mx)dx = 0, \tag{7.2}$$

$$\int_{-\pi}^{\pi} \cos(mx)dx = 0, \tag{7.3}$$

[1)] 証明は巻末の参考書を参照のこと．

$$\frac{1}{\pi}\int_{-\pi}^{\pi}\sin(mx)\sin(nx)dx=\delta_{mn}, \tag{7.4}$$

$$\frac{1}{\pi}\int_{-\pi}^{\pi}\cos(mx)\cos(nx)dx=\delta_{mn}, \tag{7.5}$$

$$\int_{-\pi}^{\pi}\sin(mx)\cos(nx)dx=0 \tag{7.6}$$

問 7.1.1 (7.2)-(7.6) を示せ.

l を自然数として，$\cos(lx)$ を (7.1) の両辺にかけて $[-\pi,\pi]$ で積分し π で割る．すると，

$$\text{左辺}=\frac{1}{\pi}\int_{-\pi}^{\pi}f(x)\cos(lx)dx \tag{7.7}$$

となる．一方，右辺は，積分と無限和の順序を入れ変えることができるとすると，

$$\begin{aligned}&\text{右辺}\\&=\frac{1}{2}a_0\times\frac{1}{\pi}\int_{-\pi}^{\pi}\cos(lx)dx\\&\quad+\sum_{n=1}^{\infty}\left(a_n\times\frac{1}{\pi}\int_{-\pi}^{\pi}\cos(lx)\cos(nx)dx+b_n\times\frac{1}{\pi}\int_{-\pi}^{\pi}\cos(lx)\sin(nx)dx\right)\\&=\sum_{n=1}^{\infty}a_n\delta_{nl}=a_l\end{aligned} \tag{7.8}$$

となる．したがって，

$$a_l=\frac{1}{\pi}\int_{-\pi}^{\pi}f(x)\cos(lx)dx \tag{7.9}$$

となる．$\sin(lx)$ についても同様にして，

$$b_l=\frac{1}{\pi}\int_{-\pi}^{\pi}f(x)\sin(lx)dx \tag{7.10}$$

となる．また，(7.1) の両辺を $[-\pi,\pi]$ で積分し π で割ることにより，

$$a_0=\frac{1}{\pi}\int_{-\pi}^{\pi}f(x)dx \tag{7.11}$$

を得る．後で述べるように，a_l, b_l は，実際に，これらの式 (7.9)，(7.10)，(7.11)

で表される．

以下で，周期関数がフーリエ級数展開できる条件について述べよう．

フーリエ級数展開定理[2)]

$f(x)$ は周期 2π の周期関数であり，また，$[-\pi,\pi]$[3)]で区分的に滑らかな関数とする．このとき，

$$\frac{1}{2}\{f(x+0)+f(x-0)\}=\frac{1}{2}a_0+\sum_{n=1}^{\infty}\{a_n\cos(nx)+b_n\sin(nx)\} \quad (7.12)$$

となる．ここで，a_n, b_n は，次式で与えられる．

$$a_n=\frac{1}{\pi}\int_{-\pi}^{\pi}f(t)\cos(nt)dt \qquad (n=0,1,2,\cdots) \quad (7.13)$$

$$b_n=\frac{1}{\pi}\int_{-\pi}^{\pi}f(t)\sin(nt)dt \qquad (n=1,2,\cdots). \quad (7.14)$$

(7.12) は，$f(x)$ が連続な点では，

$$f(x)=\frac{1}{2}a_0+\sum_{n=1}^{\infty}\{a_n\cos(nx)+b_n\sin(nx)\} \quad (7.15)$$

となる．

例題 $\qquad f(x)=x \qquad (x\in(-\pi,\pi])$

を実数軸に周期的に拡張した関数を考えよう（図 7.1 参照）．拡張した関数も $f(x)$ と表す．

この関数のフーリエ級数展開を求めてみよう．フーリエ係数 a_n $(n=0,1,2,\cdots)$ は，

$$a_n=\frac{1}{\pi}\int_{-\pi}^{\pi}t\cos(nt)dt=0$$

となる．これは，被積分関数が奇関数であることより従う．b_n $(n=1,2,\cdots)$

3) この定理は，$[-\pi,\pi]$ で区分的に滑らかな関数の空間で，$\{1,\cos x,\sin x,\cos(2x),\sin(2x),\cdots\}$ の全体が完全系をなすことを意味している．

3) $f(x)$ は周期 2π なので，長さ 2π の区間であればどこでもよい．

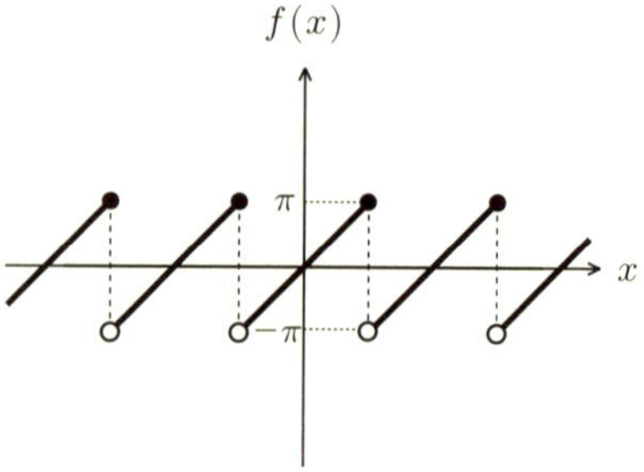

図 7.1

は,

$$b_n = \frac{1}{\pi}\int_{-\pi}^{\pi} t\sin(nt)dt = \frac{1}{\pi}\left[-\frac{1}{n}\cos(nt)t\right]_{-\pi}^{\pi} + \frac{1}{\pi}\int_{-\pi}^{\pi}\frac{1}{n}\cos(nt)dt$$
$$= \frac{2}{n}(-1)^{n+1}$$

となる．したがって，不連続点 $\pm\pi, \pm 3\pi, \pm 5\pi, \cdots$ 以外では，

$$f(x) = \sum_{n=1}^{\infty}\frac{2}{n}(-1)^{n+1}\sin(nx) \tag{7.16}$$

となる．不連続点 π では

$$\frac{1}{2}(f(\pi-0)+f(\pi+0)) = \frac{1}{2}(\pi+(-\pi)) = 0$$

であるが，フーリエ級数の右辺に $x=\pi$ を代入した値も，

$$\sum_{n=1}^{\infty}\frac{2}{n}(-1)^{n+1}\sin(n\pi) = 0 \tag{7.17}$$

となり，(7.12) が成立していることがわかる．他の不連続点でも同様である．特に，$(-\pi,\pi)$ では，

$$x = \sum_{n=1}^{\infty}\frac{2}{n}(-1)^{n+1}\sin(nx) \tag{7.18}$$

となる．また，(7.18) に $x=\dfrac{\pi}{2}$ を代入して両辺を 2 で割ると，

$$\frac{\pi}{4} = 1-\frac{1}{3}+\frac{1}{5}-\frac{1}{7}+\cdots = \sum_{n=1}^{\infty}\frac{(-1)^{n-1}}{2n-1}$$

が得られる．以下の問題にもあるように．同様な関係式がフーリエ級数を用いて得られる．

問 7.1.2 次の関数をフーリエ級数に展開せよ．また，x に特別な値を代入することにより，以下に示されている等式を導け．

（1） $f(x) = |x|,\ x \in [-\pi, \pi]$

$$\left(\text{答}\ |x| = \frac{\pi}{2} - \frac{4}{\pi}\sum_{n=1}^{\infty}\frac{1}{(2n-1)^2}\cos((2n-1)x),\ \frac{\pi^2}{8} = \sum_{n=1}^{\infty}\frac{1}{(2n-1)^2}\right)$$

（2） $f(x) = x^2,\ x \in [-\pi, \pi]$

$$\left(\text{答}\ x^2 = \frac{\pi^2}{3} + 4\sum_{n=1}^{\infty}\frac{(-1)^n}{n^2}\cos(nx).\ \frac{\pi^2}{6} = \sum_{n=1}^{\infty}\frac{1}{n^2} = \zeta(2)\right)$$

（3） $f(x) = x^4,\ x \in [-\pi, \pi]$

$$\left(\text{答}\ x^4 = \frac{\pi^4}{5} + 8\pi^2\sum_{n=1}^{\infty}\frac{(-1)^n}{n^2}\cos(nx) - 48\sum_{n=1}^{\infty}\frac{(-1)^n}{n^4}\cos(nx),\right.$$

$$\left.\frac{\pi^4}{90} = \sum_{n=1}^{\infty}\frac{1}{n^4} = \zeta(4)\right)$$

（4） $f(x) = \begin{cases} -1 & (x \in (-\pi, 0)) \\ 1 & (x \in (0, \pi)) \\ 0 & (x = 0,\ \pm\pi\ ^{4)}) \end{cases}$

$$\left(\text{答}\ f(x) = \frac{4}{\pi}\sum_{n=1}^{\infty}\frac{1}{2n-1}\sin((2n-1)x),\ \frac{\pi}{4} = \sum_{n=1}^{\infty}\frac{(-1)^{n-1}}{2n-1}\right)$$

ここで，$\zeta(z) = \sum_{n=1}^{\infty}\frac{1}{n^z}$ はリーマンのゼータ関数とよばれる特殊関数である．

フーリエ正弦展開（フーリエサイン展開），フーリエ余弦展開（フーリエコサイン展開）

$f(x)$ が区間 $[0, \pi]$ で区分的に滑らかな関数であるとする．$f(x)$ の $[-\pi, 0]$ での値は，勝手に決めることができる．そこで，まず，$f(x)$ が奇関数になるように $[-\pi, 0]$ での値を決めよう (図 7.2 参照)．つまり，$f(x)$ を奇関数として区間 $[-\pi, \pi]$ に拡張する．

---

4) $f(x)$ の $x = 0,\ \pm\pi$ での値は任意でよいが，フーリエ級数の値としては 0 であるのでこのように定義する．

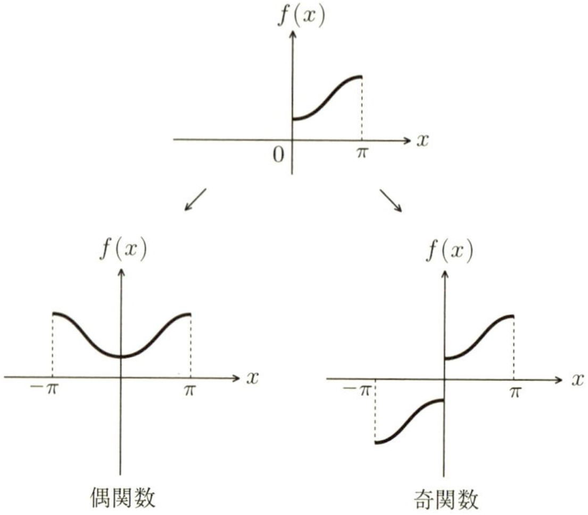

図 7.2

すると，

$$a_n = \frac{1}{\pi}\int_{-\pi}^{\pi} f(t)\cos(nt)dt = 0 \qquad (n = 0, 1, 2, \cdots) \tag{7.19}$$

$$b_n = \frac{2}{\pi}\int_{0}^{\pi} f(t)\sin(nt)dt \qquad (n = 1, 2, \cdots) \tag{7.20}$$

となる．第一式は，被積分関数が奇関数であることより従う．したがって，

$$\frac{1}{2}\{f(x+0) + f(x-0)\} = \sum_{n=1}^{\infty} b_n \sin(nx) \tag{7.21}$$

となる．これは，$f(x)$ の**フーリエ正弦展開**または**フーリエサイン展開**とよばれる．次に，$f(x)$ を偶関数として区間 $[-\pi, \pi]$ に拡張する（図 7.2 参照）．この場合には，

$$a_n = \frac{1}{\pi}\int_{-\pi}^{\pi} f(t)\cos(nt)dt = \frac{2}{\pi}\int_{0}^{\pi} f(t)\cos(nt)dt \qquad (n = 0, 1, 2, \cdots) \tag{7.22}$$

$$b_n = \frac{1}{\pi}\int_{-\pi}^{\pi} f(t)\sin(nt)dt = 0 \qquad (n = 1, 2, \cdots) \tag{7.23}$$

となる．第二式は，被積分関数が奇関数であることより従う．したがって，

$$\frac{1}{2}\{f(x+0)+f(x-0)\} = \frac{1}{2}a_0 + \sum_{n=1}^{\infty} a_n \cos(nx) \tag{7.24}$$

となる．これは，$f(x)$ の**フーリエ余弦展開**または**フーリエコサイン展開**とよばれる．

問 7.1.3 次の関数を，$0 < x < \pi$ でフーリエ正弦展開，またはフーリエ余弦展開せよ．

（1） $f(x) = x$，(フーリエ正弦展開)

$\left(答\ x = 2\sum_{n=1}^{\infty} \frac{(-1)^{n-1}}{n} \sin(nx),\ 0 \leq x < \pi \right)$

（2） $f(x) = x^2$，(フーリエ正弦展開)

$\left(答\ x^2 = -\pi \sum_{n=1}^{\infty} \frac{1}{n} \sin(2nx) + \sum_{n=1}^{\infty} \left(\frac{2\pi}{2n-1} - \frac{8}{(2n-1)^3 \pi} \right) \sin((2n-1)x),\ 0 \leq x < \pi \right)$

（3） $f(x) = \sin x$，(フーリエ余弦展開)

$\left(答\ \sin x = \frac{2}{\pi} - \frac{4}{\pi} \sum_{n=1}^{\infty} \frac{1}{(2n-1)(2n+1)} \cos(2nx),\ 0 \leqq x \leqq \pi \right)$

一般の区間でのフーリエ級数展開定理

$f(x)$ を周期 $2L$ の周期関数とする．また，$f(x)$ は，区間 $[-L, L]$ で区分的に滑らかな関数とする．このとき，

$$\frac{1}{2}\{f(x+0)+f(x-0)\} = \frac{1}{2}a_0 + \sum_{n=1}^{\infty} \left\{ a_n \cos\left(\frac{n\pi x}{L}\right) + b_n \sin\left(\frac{n\pi x}{L}\right) \right\} \tag{7.25}$$

となる．ここで，a_n, b_n は，次式で与えられる．

$$a_n = \frac{1}{L}\int_{-L}^{L} f(t) \cos\left(\frac{n\pi t}{L}\right) dt \qquad (n = 0, 1, 2, \cdots) \tag{7.26}$$

$$b_n = \frac{1}{L}\int_{-L}^{L} f(t) \sin\left(\frac{n\pi t}{L}\right) dt \qquad (n = 1, 2, \cdots). \tag{7.27}$$

これは，$y = \dfrac{\pi}{L}x$ として，$[-\pi, \pi]$ におけるフーリエ級数展開定理を $g(y) = f\left(\dfrac{L}{\pi}y\right) = f(x)$ に適用することにより導かれる．

一般の区間でのフーリエサイン展開，フーリエコサイン展開

$f(x)$ が区間 $[0, L]$ で区分的に滑らかな関数であるとする．まず，$f(x)$ を奇関数として区間 $[-L, L]$ に拡張すると，フーリエ正弦展開が得られる．

$$\frac{1}{2}\{f(x+0)+f(x-0)\} = \sum_{n=1}^{\infty} b_n \sin\left(\frac{n\pi x}{L}\right), \tag{7.28}$$

$$b_n = \frac{2}{L}\int_0^L f(t)\sin\left(\frac{n\pi t}{L}\right)dt \qquad (n = 1, 2, \cdots). \tag{7.29}$$

次に，$f(x)$ を偶関数として区間 $[-L, L]$ に拡張すると，フーリエコサイン展開が得られる．

$$\frac{1}{2}\{f(x+0)+f(x-0)\} = \frac{1}{2}a_0 + \sum_{n=1}^{\infty} a_n \cos\left(\frac{n\pi x}{L}\right), \tag{7.30}$$

$$a_n = \frac{2}{L}\int_0^L f(t)\cos\left(\frac{n\pi t}{L}\right)dt \qquad (n = 0, 1, 2, \cdots). \tag{7.31}$$

複素数値関数のフーリエ級数展開定理

$f(x)$ を周期 $2L$ の複素数値をとる周期関数とする．また，$f(x)$ は，区間 $[-L, L]$ で区分的に滑らかな関数とする．このとき，

$$\frac{1}{2}\{f(x+0)+f(x-0)\} = \sum_{n=-\infty}^{\infty} c_n e^{i\frac{n\pi}{L}x} \tag{7.32}$$

となる．ここで，c_n は次式で与えられる[5]．

$$c_n = \frac{1}{2L}\int_{-L}^{L} f(t)e^{-i\frac{n\pi}{L}t}dt, \ (n = 0, \pm 1, \pm 2, \cdots). \tag{7.33}$$

---

[5] 定義域が実数で値域が複素数となる関数の微分，積分については，巻末の参考書を参照．微分積分学の基本定理が実関数の場合と同様に成り立つ．

$f(x)$ が実数値関数の場合には，$c_n^* = c_{-n}$ であり，(7.26), (7.27) の a_n, b_n と

$$c_n = \frac{1}{2}(a_n - ib_n) \qquad (n > 0), \tag{7.34}$$

$$c_{-n} = \frac{1}{2}(a_n + ib_n) \qquad (n > 0), \tag{7.35}$$

$$c_0 = \frac{1}{2}a_0 \tag{7.36}$$

の関係にある.

問 7.1.4 (7.25), (7.26), (7.27) より (7.32), (7.33), (7.34), (7.35), (7.36) を導け.

問 7.1.5 次の関数を複素フーリエ級数に展開せよ.

（1） $f(x) = x,\ x \in (-\pi, \pi)$ $\left(\text{答 } x = i \sum_{n \neq 0} \frac{(-1)^n}{n} e^{inx}\right)$

（2） $f(x) = x,\ x \in (0, 2\pi)$ $\left(\text{答 } x = \pi + i \sum_{n=-\infty, n \neq 0}^{\infty} \frac{1}{n} e^{inx}\right)$

（3） $f(x) = e^{ax},\ x \in (-\pi, \pi)$, a は実数

$\left(\text{答 } e^{ax} = \frac{1}{\pi} \sum_{n=-\infty}^{\infty} \frac{(-1)^n (a + in)}{a^2 + n^2} \sinh(a\pi) e^{inx}\right)$

7.2 フーリエ変換

前節では，周期的な関数，あるいは有限区間で定義されている関数を全空間に周期的に拡張した関数について，関数系 $\{1, \cos x, \sin x, \cos(2x), \sin(2x), \cdots\}$ 等で展開することを考えた．今度は，周期性を持たない関数を扱う．まず，$[-L, L]$ で定義された関数のフーリエ級数展開より，$L \to \infty$ として**フーリエ変換**を求めてみよう．$f(x)$ が連続な点でフーリエ級数展開を変形すると，

$$\begin{aligned} f(x) &= \frac{1}{2}a_0 + \sum_{n=1}^{\infty} \left\{ a_n \cos\left(\frac{n\pi x}{L}\right) + b_n \sin\left(\frac{n\pi x}{L}\right) \right\} \\ &= \frac{1}{2L} \int_{-L}^{L} f(t)dt + \sum_{n=1}^{\infty} \left(\cos\left(\frac{n\pi x}{L}\right) \frac{1}{L} \int_{-L}^{L} f(t) \cos\left(\frac{n\pi t}{L}\right) dt \right. \\ &\quad \left. + \sin\left(\frac{n\pi x}{L}\right) \frac{1}{L} \int_{-L}^{L} f(t) \sin\left(\frac{n\pi t}{L}\right) dt \right) \end{aligned}$$

$$= \frac{1}{2L}\int_{-L}^{L} f(t)dt + \sum_{n=1}^{\infty} \frac{1}{\pi}\Delta\omega \int_{-L}^{L} f(t)\cos(\omega_n(x-t))dt \tag{7.37}$$

となる．ここで，$\dfrac{n\pi}{L} = \omega_n, \dfrac{\pi}{L} = \Delta\omega$ とおいた．$L \to \infty$ のとき，すべての積分が収束するとする．すると，第一項は 0 となる．また，このとき，$\Delta\omega \to 0$ となるが，無限和を ω での積分で置き換えることができるとすると，

$$f(x) = \frac{1}{\pi}\int_{0}^{\infty} d\omega \int_{-\infty}^{\infty} f(t)\cos(\omega(x-t))dt \tag{7.38}$$

となる．

以上の議論は厳密ではない．しかし，$f(x)$ がある条件を満たせば，(7.38) が成り立つことが示される．その条件を述べる前に，(7.38) をもう少し変形しよう．まず，

$$\int_{-\infty}^{\infty} d\omega \int_{-\infty}^{\infty} f(t)\sin(\omega(x-t))dt = 0 \tag{7.39}$$

となることに注意する．これは，$\sin(\omega(x-t))$ が ω の奇関数であることより従う．(7.38) 式の右辺の積分は，被積分関数が ω の偶関数なので，ω の積分範囲を $(-\infty, \infty)$ として $\frac{1}{2}$ としたものと等しい．このように変形した式に (7.39) 式を $i/(2\pi)$ 倍したものを加えると，

$$\begin{aligned} f(x) &= \frac{1}{2\pi}\int_{-\infty}^{\infty} d\omega \int_{-\infty}^{\infty} dt f(t) e^{i\omega(x-t)} \\ &= \frac{1}{2\pi}\int_{-\infty}^{\infty} d\omega e^{i\omega x} \int_{-\infty}^{\infty} dt f(t) e^{-i\omega t} \end{aligned} \tag{7.40}$$

となる．

さて，フーリエ変換が可能な条件を定理として述べよう．

フーリエ積分定理

$f(x)$ は，$(-\infty, \infty)$ で定義された複素数値関数で，次の性質を満たすものとする．

(i) 任意の有限区間で区分的に滑らか．

(ii) $\displaystyle\int_{-\infty}^{\infty} |f(x)| dx < \infty$

このとき，

$$\frac{1}{2}\{f(x+0) + f(x-0)\} = \frac{1}{\sqrt{2\pi}} \int_{-\infty}^{\infty} d\omega e^{i\omega x} \hat{f}(\omega) \tag{7.41}$$

が成り立つ．ただし，$\hat{f}(\omega)$ は，

$$\hat{f}(\omega) = \frac{1}{\sqrt{2\pi}} \int_{-\infty}^{\infty} dt f(t) e^{-i\omega t} \tag{7.42}$$

で与えられる．$\hat{f}(\omega)$ は $f(x)$ の**フーリエ変換**とよばれる．また，

$$\frac{1}{\sqrt{2\pi}} \int_{-\infty}^{\infty} d\omega e \hat{f}(\omega)^{i\omega x} \tag{7.43}$$

は，$\hat{f}(\omega)$ の**フーリエ逆変換**とよばれる．

関数 $f(x)$ のフーリエ変換の表記法として，$F(\omega), \mathcal{F}(f)(\omega), \mathcal{F}(f(x))(\omega)$ などが用いられる．また，ω を省略する場合もある．ここでは，導関数のフーリエ変換の際に $\mathcal{F}(f)(\omega)$ を用いる．教科書によっては，指数関数の肩の符号が逆のものをフーリエ変換，フーリエ逆変換と定義している場合がある．つまり，

$$\hat{f}(\omega) = \frac{1}{\sqrt{2\pi}} \int_{-\infty}^{\infty} dt f(t) e^{i\omega t} \tag{7.44}$$

とし，そのフーリエ逆変換を

$$\frac{1}{\sqrt{2\pi}} \int_{-\infty}^{\infty} dt \hat{f}(\omega) e^{-i\omega t} \tag{7.45}$$

としている場合がある．また，積分の前の係数も教科書によって異なる場合があるので注意が必要である．

$$\hat{f}(\omega) = \mathcal{F}(f(x))(\omega) = \frac{1}{\sqrt{2\pi}} \int_{-\infty}^{\infty} dx f(x) e^{-i\omega x}$$

であるから

$$\mathcal{F}(\hat{f}(\omega))(-x) = \frac{1}{\sqrt{2\pi}} \int_{-\infty}^{\infty} d\omega \hat{f}(\omega) e^{i\omega x}$$

となる．したがって，(7.41) 式は，

$$\begin{aligned} \frac{1}{2}\{f(x+0)+f(x-0)\} &= \frac{1}{\sqrt{2\pi}} \int_{-\infty}^{\infty} d\omega e^{i\omega x} \hat{f}(\omega) = \mathcal{F}(\hat{f}(\omega))(-x) \\ &= \frac{1}{\sqrt{2\pi}} \int_{-\infty}^{\infty} d\omega e^{-i\omega x} \hat{f}(-\omega) = \mathcal{F}(\hat{f}(-\omega))(x) \end{aligned} \tag{7.46}$$

となる．3 つめの等号は，最初の積分で，$\omega \to -\omega$ とすればただちに従う．

例　$f(x) = e^{-x^2/2}$ のフーリエ変換は，$\hat{f}(\omega) = e^{-\omega^2/2}$ となる．

これは，次のガウス積分の公式よりただちに従う[6)]．

ガウス積分の公式

$$\int_{-\infty}^{\infty} d\xi e^{-\alpha\xi^2 + i\beta\xi} = \sqrt{\frac{\pi}{\alpha}} e^{-\frac{\beta^2}{4\alpha}} \tag{7.47}$$

ここで，$\alpha > 0$ で，β は任意の複素数である．

特に，

$$\frac{1}{2}\{f(x+0)+f(x-0)\} = \frac{1}{\pi} \int_0^{\infty} d\omega \int_{-\infty}^{\infty} dt f(t) \cos(\omega(t-x)) \tag{7.48}$$

が成り立つ．これは，(7.38) に他ならない．(7.48) は次のように書き換えられる．

$$\begin{aligned} \frac{1}{2}\{f(x+0)+f(x-0)\} = \frac{1}{\pi} \int_0^{\infty} d\omega \Big(&\cos(\omega x) \int_{-\infty}^{\infty} dt f(t) \cos(\omega t) \\ &+ \sin(\omega x) \int_{-\infty}^{\infty} dt f(t) \sin(\omega t) \Big). \end{aligned} \tag{7.49}$$

---

6) この公式は，理工系の各分野で頻繁に用いられる．証明は付録を参照のこと．

さらに，係数 $A(\omega), B(\omega)$ を以下のように定義して書き換えると，

$$\frac{1}{2}\{f(x+0)+f(x-0)\}=\frac{1}{\pi}\int_0^{\infty}d\omega\Big(A(\omega)\cos(\omega x)+B(\omega)\sin(\omega x)\Big), \tag{7.50}$$

$$A(\omega)=\int_{-\infty}^{\infty}dt f(t)\cos(\omega t), \tag{7.51}$$

$$B(\omega)=\int_{-\infty}^{\infty}dt f(t)\sin(\omega t) \tag{7.52}$$

となる．$f(x)$ が $[0,\infty)$ で定義されているときには，偶関数として $(-\infty,0)$ に拡張すると

$$A(\omega)=2\int_0^{\infty}dt f(t)\cos(\omega t),$$
$$B(\omega)=0$$

となるので，

$$\frac{1}{2}\{f(x+0)+f(x-0)\}=\frac{1}{\pi}\int_0^{\infty}d\omega A(\omega)\cos(\omega x) \tag{7.53}$$

と表される．一方，奇関数として $(-\infty,0)$ に拡張すると，

$$A(\omega)=0,$$
$$B(\omega)=2\int_0^{\infty}dt f(t)\sin(\omega t)$$

となるので，

$$\frac{1}{2}\{f(x+0)+f(x-0)\}=\frac{1}{\pi}\int_0^{\infty}d\omega B(\omega)\sin(\omega x) \tag{7.54}$$

と表される．したがって，次のように**フーリエ正弦変換**，**フーリエ余弦変換**を定義する．

$$\hat{f}_s(\omega)=\sqrt{\frac{2}{\pi}}\int_0^{\infty}f(x)\sin(\omega x)dx：\ \text{フーリエ正弦変換}, \tag{7.55}$$

$$\hat{f}_c(\omega)=\sqrt{\frac{2}{\pi}}\int_0^{\infty}f(x)\cos(\omega x)dx：\ \text{フーリエ余弦変換}. \tag{7.56}$$

このとき，(7.53), (7.54) は，それぞれ

$$\frac{1}{2}\{f(x+0)+f(x-0)\} = \sqrt{\frac{2}{\pi}}\int_0^\infty d\omega \hat{f}_c(\omega)\cos(\omega x), \tag{7.57}$$

$$\frac{1}{2}\{f(x+0)+f(x-0)\} = \sqrt{\frac{2}{\pi}}\int_0^\infty d\omega \hat{f}_s(\omega)\sin(\omega x) \tag{7.58}$$

となる.

問 7.2.1 (1) 次の関数のフーリエ変換を求めよ.

$$f(x) = \begin{cases} 1 & (0 \leqq |x| \leqq 1) \\ 0 & (1 < |x|) \end{cases}$$

(2) その結果を用いて, 次の等式を示せ.

$$\int_0^\infty \frac{\sin\omega\cos(\omega x)}{\omega}d\omega = \begin{cases} \dfrac{\pi}{2} & (0 \leq |x| < 1) \\ \dfrac{\pi}{4} & (|x| = 1) \\ 0 & (|x| > 1) \end{cases}$$

したがって, 特に,

$$\int_0^\infty \frac{\sin\omega}{\omega}d\omega = \frac{\pi}{2} \tag{7.59}$$

となる.

問 7.2.2 次の関数のフーリエ変換を求めよ.

$$f(x) = \begin{cases} x & (0 \leqq |x| \leqq 1) \\ 0 & (1 < |x|) \end{cases}$$

導関数のフーリエ変換

f の導関数のフーリエ変換 $\mathcal{F}\left(\dfrac{df}{dx}\right)(\omega)$ を求めよう.

$$\begin{aligned}\mathcal{F}\Big(\frac{df}{dx}\Big)(\omega) &= \frac{1}{\sqrt{2\pi}}\int_{-\infty}^\infty dx\frac{df}{dx}e^{-ix\omega} \\ &= \frac{1}{\sqrt{2\pi}}\Big([fe^{-ix\omega}]_{-\infty}^\infty + i\omega\int_{-\infty}^\infty dx f e^{-ix\omega}\Big)\end{aligned}$$

$$
\begin{aligned}
&= i\omega \frac{1}{\sqrt{2\pi}} \int_{-\infty}^{\infty} dx f e^{-ix\omega} \\
&= i\omega \mathcal{F}(f)(\omega) \qquad (7.60)
\end{aligned}
$$

となる．ただし，$x \to \pm\infty$ で，$f \to 0$ とした．このように，導関数のフーリエ変換は，f のフーリエ変換の $i\omega$ 倍になる．同様にして，適当な条件のもとで，n 階導関数のフーリエ変換は f のフーリエ変換の $(i\omega)^n$ 倍になる．この性質により，偏微分方程式を解く際にフーリエ変換が威力を発揮する（第 8 章を参照）．

多変数のフーリエ変換

n 変数の関数，$f(\boldsymbol{x})$ のフーリエ変換 $\mathcal{F}(f)(\boldsymbol{\omega})$ は，次式で定義される．ここで，$\boldsymbol{x} = (x_1, \cdots, x_n)$，$\boldsymbol{\omega} = (\omega_1, \cdots, \omega_n)$，$(\boldsymbol{x}, \boldsymbol{\omega}) = x_1\omega_1 + x_2\omega_2 + \cdots + x_n\omega_n)$，$d\boldsymbol{x} = dx_1 \cdots dx_n$，$d\boldsymbol{\omega} = d\omega_1 \cdots d\omega_n$ とする．

$$
\mathcal{F}(f)(\boldsymbol{\omega}) = \left(\frac{1}{\sqrt{2\pi}}\right)^n \int_{-\infty}^{\infty} \cdots \int_{-\infty}^{\infty} f(\boldsymbol{x}) e^{-i(\boldsymbol{x},\boldsymbol{\omega})} d\boldsymbol{x}. \qquad (7.61)
$$

$f(\boldsymbol{x})$ が適当な条件を満たせば，1 変数の場合と同様に次の関係が成り立つ．

$$
f(\boldsymbol{x}) = \left(\frac{1}{\sqrt{2\pi}}\right)^n \int_{-\infty}^{\infty} \cdots \int_{-\infty}^{\infty} \hat{f}(\boldsymbol{\omega}) e^{i(\boldsymbol{x},\boldsymbol{\omega})} d\boldsymbol{\omega}. \qquad (7.62)
$$

また，適当な条件の下で，以下のように，f の偏導関数のフーリエ変換が求まる．

$$
\begin{aligned}
\mathcal{F}\Big(\frac{\partial f}{\partial x_1}\Big)(\boldsymbol{\omega}) &= \Big(\frac{1}{\sqrt{2\pi}}\Big)^n \int_{-\infty}^{\infty} \cdots \int_{-\infty}^{\infty} \frac{\partial f}{\partial x_1} e^{-i(\boldsymbol{x},\boldsymbol{\omega})} d\boldsymbol{x} \\
&= \Big(\frac{1}{\sqrt{2\pi}}\Big)^n \int_{-\infty}^{\infty} \cdots \int_{-\infty}^{\infty} dx_2 dx_3 \cdots dx_n \\
&\quad \times \Big([f e^{-i(\boldsymbol{x},\boldsymbol{\omega})}]_{-\infty}^{\infty} + i\omega_1 \int_{-\infty}^{\infty} dx_1 f e^{-i(\boldsymbol{x},\boldsymbol{\omega})} \Big) \\
&= i\omega_1 \Big(\frac{1}{\sqrt{2\pi}}\Big)^n \int_{-\infty}^{\infty} \cdots \int_{-\infty}^{\infty} d\boldsymbol{x} f e^{-i(\boldsymbol{x},\boldsymbol{\omega})} \\
&= i\omega_1 \mathcal{F}(f)(\boldsymbol{\omega}). \qquad (7.63)
\end{aligned}
$$

同様にして，次のことが分かる．$\dfrac{\partial f}{\partial x_j}$ のフーリエ変換 $\mathcal{F}\Big(\dfrac{\partial f}{\partial x_j}\Big)$ は f のフーリエ変換 $\mathcal{F}(f)$ に $i\omega_j$ をかけたものである．

$$\mathcal{F}\left(\frac{\partial f}{\partial x_j}\right) = i\omega_j \mathcal{F}(f). \tag{7.64}$$

高階の偏導関数についても同様である．たとえば，

$$\mathcal{F}\left(\frac{\partial^2 f}{\partial x_j \partial x_k}\right) = i\omega_j i\omega_k \mathcal{F}(f) = -\omega_j\omega_k \mathcal{F}(f) \tag{7.65}$$

となる．

例　x を位置座標として，関数 $f(x)$ のフーリエ変換を $\hat{f}(k)$ とすると，連続な点で

$$f(x) = \frac{1}{\sqrt{2\pi}}\int_{-\infty}^{\infty} \hat{f}(k)e^{ikx}dk \tag{7.66}$$

となる．これは，$f(x)$ を平面波 e^{ikx} の重ね合わせとして表したものと解釈できる．k は波数とよばれ，$\lambda = \dfrac{2\pi}{k}$ は平面波 e^{ikx} の波長となる．3 次元の場合には，$\boldsymbol{x} = (x, y, z)$，$\boldsymbol{k} = (k_x, k_y, k_z)$，$(\boldsymbol{x}, \boldsymbol{k}) = xk_x + yk_y + zk_z$，$d\boldsymbol{k} = dk_x dk_y dk_z$ として，

$$f(\boldsymbol{x}) = \frac{1}{(2\pi)^{3/2}}\int_{-\infty}^{\infty}\int_{-\infty}^{\infty}\int_{-\infty}^{\infty} \hat{f}(\boldsymbol{k})e^{i(\boldsymbol{k},\boldsymbol{x})}d\boldsymbol{k} \tag{7.67}$$

となる．$\boldsymbol{k}$ は波数ベクトルとよばれる．さらに，f が時間 t の関数でもある場合には，慣例として，ω の符号を逆に定義して，

$$f(\boldsymbol{x}, t) = \frac{1}{(2\pi)^2}\int_{-\infty}^{\infty}\int_{-\infty}^{\infty}\int_{-\infty}^{\infty}\int_{-\infty}^{\infty} \hat{f}(\boldsymbol{k}, \omega)e^{i\left((\boldsymbol{k},\boldsymbol{x})-\omega t\right)}d\boldsymbol{k}d\omega \tag{7.68}$$

のように表す．$e^{i\left((\boldsymbol{k},\boldsymbol{x})-\omega t\right)}$ は，$\boldsymbol{k}$ の方向に進行する平面波を表し，ω は角振動数，$T = \dfrac{2\pi}{\omega}$ は周期を表す．

たたみ込み

関数 $f(x), g(x)$ について，

$$f * g(x) = \frac{1}{\sqrt{2\pi}}\int_{-\infty}^{\infty} dy g(y) f(x - y) \tag{7.69}$$

を f と g の区間 $(-\infty, \infty)$ にわたる**たたみ込み**と定義する．関数 $f(x), g(x)$ のフーリエ変換を $\hat{f}(\omega), \hat{g}(\omega)$ とすると，

$$
\begin{aligned}
f * g(x) &= \frac{1}{\sqrt{2\pi}} \int_{-\infty}^{\infty} dy g(y) \frac{1}{\sqrt{2\pi}} \int_{-\infty}^{\infty} d\omega e^{i\omega(x-y)} \hat{f}(\omega) \\
&= \frac{1}{\sqrt{2\pi}} \int_{-\infty}^{\infty} d\omega \hat{f}(\omega) \frac{1}{\sqrt{2\pi}} \int_{-\infty}^{\infty} dy g(y) e^{-i\omega y} e^{i\omega x} \\
&= \frac{1}{\sqrt{2\pi}} \int_{-\infty}^{\infty} d\omega \hat{f}(\omega) \hat{g}(\omega) e^{i\omega x} \qquad (7.70)
\end{aligned}
$$

となる．この結果は，フーリエ変換の積のフーリエ逆変換はたたみ込みとなることを意味している．(7.70) で $x=0$ とすると，

$$
\int_{-\infty}^{\infty} d\omega \hat{f}(\omega) \hat{g}(\omega) = \int_{-\infty}^{\infty} dy f(-y) g(y) \qquad (7.71)
$$

となる．特に，$g(x) = (f(-x))^*$ の場合には，

$$
\int_{-\infty}^{\infty} d\omega |\hat{f}(\omega)|^2 = \int_{-\infty}^{\infty} dy |f(y)|^2 \qquad (7.72)
$$

となる．

問 **7.2.3** (7.72) を示せ．

フーリエ正弦変換とフーリエ余弦変換に対するたたみ込み方程式は以下のようになる．

$$
\frac{1}{2} \int_{-\infty}^{\infty} dy g(y) f(x-y) = -\int_{0}^{\infty} d\omega \hat{f}_s(\omega) \hat{g}_s(\omega) \cos(\omega x)
$$
$$
(f, g \text{ は奇関数}) \qquad (7.73)
$$

$$
\frac{1}{2} \int_{-\infty}^{\infty} dy g(y) f(x-y) = \int_{0}^{\infty} d\omega \hat{f}_c(\omega) \hat{g}_c(\omega) \cos(\omega x)
$$
$$
(f, g \text{ は偶関数}) \qquad (7.74)
$$

問 **7.2.4** (7.73), (7.74) を示せ．

デルタ関数のフーリエ変換

デルタ関数 $\delta(x)$ のフーリエ変換をここでは $\hat{\delta}(x)$ と書こう[7]．デルタ関数を

[7] デルタ関数のフーリエ変換は超関数の意味で存在する．巻末の参考書を参照．

通常の関数と考えて，定義式から計算すると，

$$\hat{\delta}(\omega) = \frac{1}{\sqrt{2\pi}} \int_{-\infty}^{\infty} \delta(x) e^{-ix\omega} dx = \frac{1}{\sqrt{2\pi}} \tag{7.75}$$

となる．これは，試行関数を用いる方法でも次のようにして示すことができる．フーリエ変換可能な関数 $g(x)$ とそのフーリエ変換を $\hat{g}(\omega)$ とする．(7.71)[8] より，

$$\begin{aligned} \int_{-\infty}^{\infty} d\omega \hat{\delta}(\omega) \hat{g}(\omega) &= \int_{-\infty}^{\infty} dy \delta(-y) g(y) = g(0) \\ &= \frac{1}{\sqrt{2\pi}} \int_{-\infty}^{\infty} d\omega \hat{g}(\omega) \end{aligned} \tag{7.76}$$

となる．$\hat{g}(\omega)$ は任意の試行関数とみなせるから，

$$\hat{\delta}(\omega) = \frac{1}{\sqrt{2\pi}} \tag{7.77}$$

が得られる．したがって，

$$\delta(x) = \frac{1}{2\pi} \int_{-\infty}^{\infty} d\omega e^{i\omega x} \tag{7.78}$$

が得られる．(7.78) はデルタ関数の積分表示である．

8) 超関数の場合にも成り立つ．

第 8 章

偏微分方程式

8.1　偏微分方程式

この章では，偏微分方程式の初歩について述べる．特に，理工系でよく出てくる偏微分方程式の典型的な解法について解説する．

まず，2 階線形偏微分方程式の分類から始めよう．

8.1.1　2 階線形偏微分方程式の分類

2 階線形偏微分方程式の一般形は，n 変数 $x_1, \cdots, x_n$ の未知の関数 $u(x_1, \cdots, x_n)$ に対して，

$$L(u) = \sum_{i,j=1}^{n} a_{ij} \frac{\partial^2 u}{\partial x_i \partial x_j} + \sum_{i=1}^{n} b_i \frac{\partial u}{\partial x_i} + cu \tag{8.1}$$

とおいたとき，

$$L(u) = f(x_1, \cdots, x_n) \tag{8.2}$$

となる．ここで，$a_{ij} = a_{ji}$ で，a_{ij}, b_i, c は，$x_1, \cdots, x_n$ のみの実関数とする．また，$f(x_1, \cdots, x_n)$ は既知の関数とする．いまの表記では，t も $x_1, \cdots, x_n$ に含めている．

まず，a_{ij} を成分とする実対称行列 A を考える．$\boldsymbol{x} = (x_1, \cdots, x_n)$ とする．A の $\boldsymbol{x}$ 依存性を，あらわに $A(\boldsymbol{x})$ と書く．$A(\boldsymbol{x})$ の n 個の固有値はすべて実数である．これらの固有値の符号によって，偏微分方程式の分類を行う．

（1）$A(\boldsymbol{x})$ の固有値がすべて同符号のとき，$\boldsymbol{x}$ で**楕円形**とよぶ．

（2）$A(\boldsymbol{x})$ の固有値のうち m 個が正，$(n-m)$ 個が負のとき，$\boldsymbol{x}$ で**双曲形**とよぶ．ただし，$0 < m < n$ とする．

（3）$A(\boldsymbol{x})$ が少なくとも 1 個の 0 固有値を持つとき，$\boldsymbol{x}$ で**放物形**とよぶ．

さらに，n 次元空間のある領域で，(1), (2), (3) となるとき，その領域で，楕円形，双曲形，放物形とよぶ．

u はある領域 D で (8.2) を満たすとし，初期条件や境界条件を与えて偏微分方程式を解く．境界 ∂D 上で既知の関数に等しくなる場合を，**ディリクレー問題**といい，境界の外向き法線方向の微分 $\boldsymbol{n}\cdot\nabla u$ が既知の関数に等しくなる場合を，**ノイマン問題**という．

8.1.2 2 階線形偏微分方程式の例

弦や膜の波動方程式

弦の振動を表す偏微分方程式は次のようになる．弦が水平にはられて静止しているとき，水平方向に座標軸 x をとる．時刻 t で，x における軸に垂直な方向の弦の変位を $u(x,t)$ とする．弦の単位長さあたりの質量を ρ，張力を T，単位長さあたりの軸に垂直な方向の外力を P とすると，

$$\frac{\partial^2 u}{\partial t^2} = v^2\frac{\partial^2 u}{\partial x^2} + \frac{1}{\rho}P \tag{8.3}$$

となる．ここで，$v = \sqrt{\frac{T}{\rho}}$ である．弾性体の棒の振動の場合も同じ式となる．ただし，棒の方向を x 軸とし，断面は x 座標によらずに一様とする．$u(x,t)$ は，場所 x における静止状態からの棒方向の変位であり，$v = \sqrt{\frac{E}{\rho}}$ で，ρ は密度，E はヤング率である．

同様にして，膜の振動を考える．膜が水平にはられて静止しているとき，水平面内に座標系 (x,y) をとる．時刻 t で，点 (x,y) における水平面に垂直な方向の膜の変位を $u(x,y,t)$ とする．膜の単位面積あたりの質量を ρ，張力を T，単位面積あたりの水平面に垂直な方向の外力を P とすると，

$$\frac{\partial^2 u}{\partial t^2} = v^2\left(\frac{\partial^2 u}{\partial x^2} + \frac{\partial^2 u}{\partial y^2}\right) + \frac{1}{\rho}P \tag{8.4}$$

となる．$v = \sqrt{\frac{T}{\rho}}$ である．

電信方程式

第 5 章で導いた電信方程式 (5.111)，(5.112)

$$\frac{1}{c^2}\frac{\partial^2 \boldsymbol{E}}{\partial t^2} = \nabla^2 \boldsymbol{E}, \qquad \frac{1}{c^2}\frac{\partial^2 \boldsymbol{H}}{\partial t^2} = \nabla^2 \boldsymbol{H} \tag{8.5}$$

も波動方程式の例である．$v = c = \dfrac{1}{\sqrt{\varepsilon_0 \mu_0}}$ は光速である．

熱伝導方程式

固体中の熱伝導を表す偏微分方程式は，次のようになる．固体内の点 (x, y, z) での時刻 t における温度を $u(x, y, z, t)$ とする．固体の密度を ρ，比熱を g，熱伝導率を C，熱源からの熱の生成を P とすると，

$$\frac{\partial u}{\partial t} = D\nabla^2 u + \frac{1}{\rho g}P \tag{8.6}$$

となる．ここで，∇^2 は，3 次元のラプラシアンである．これは，**拡散方程式**ともよばれる．一様な棒の場合には，棒の方向を x 軸として，

$$\frac{\partial u}{\partial t} = D\frac{\partial^2 u}{\partial x^2} + \frac{1}{\rho g}P \tag{8.7}$$

である．ともに，$D = \dfrac{C}{\rho g}$ となる．D は拡散係数とよばれる．

ラプラス方程式

n 次元のラプラス方程式は次式で与えられる．

$$\Delta u = 0. \tag{8.8}$$

ここで，

$$\nabla^2 = \Delta = \frac{\partial^2}{\partial x_1^2} + \cdots + \frac{\partial^2}{\partial x_n^2} \tag{8.9}$$

は，n 次元のラプラシアンである．前項で示した波動方程式や熱伝導方程式は，定常かつ外力や熱源がなければ，1，2，3 次元のラプラス方程式になる．ラプラス方程式の解は，調和関数とよばれる．

ポアソン方程式

電磁気学において，電荷が 3 次元空間に分布し，時間的に変化しない場合は，

静電ポテンシャルを ϕ，電荷密度を ρ としたとき，

$$\Delta\phi = -\frac{\rho}{\varepsilon} \tag{8.10}$$

となる．これは，ポアソン方程式とよばれる．ここで，ε は誘電率で，真空中なら真空の誘電率 ε_0 となる．$\rho = 0$ ならラプラス方程式となる．

シュレーディンガー方程式

量子力学においては，例えば，質量 m の粒子が 1 次元空間を運動する場合には，粒子の状態は波動関数 $\psi(x,t)$ で表される．このとき，$|\psi(x,t)|^2dx$ は，粒子が時刻 t で，位置座標が $(x, x+dx)$ の範囲に存在する確率を表す[1]．$\psi(x,t)$ は次のような偏微分方程式に従う．

$$i\hbar\frac{\partial}{\partial t}\psi = \left(-\frac{\hbar^2}{2m}\frac{\partial^2}{\partial x^2} + V(x)\right)\psi \tag{8.11}$$

ここで，$\hbar = \dfrac{h}{2\pi}$ は，ディラックの h (エイチ)で，エイチバーともよばれる．h はプランク定数とよばれる普遍定数である．

$$H = -\frac{\hbar^2}{2m}\frac{\partial^2}{\partial x^2} + V(x) \tag{8.12}$$

は，ハミルトニアンとよばれ，粒子のエネルギーの演算子である．量子力学では，物理量は演算子で表され，その固有値が観測量と解釈される．$-\dfrac{\hbar^2}{2m}\dfrac{\partial^2}{\partial x^2}$ は運動エネルギーの演算子で，$V(x)$ は x における粒子の位置エネルギーである．(8.11) は，**時間に依存するシュレーディンガー方程式**とよばれる．一方，

$$\left(-\frac{\hbar^2}{2m}\frac{d^2}{dx^2} + V(x)\right)\psi = H\psi = E\psi \tag{8.13}$$

は，**時間に依存しないシュレーディンガー方程式**とよばれる．ここで，E は定数で，エネルギー固有値とよばれる．

上であげた偏微分方程式を分類してみよう．以下で，$x_1 = t$，$x_2 = x$，$x_3 = y$，$x_4 = z$ 等とする．(8.3), (8.4) の場合は，

---

[1] 巻末の量子力学の参考書を参照．

$$A = \begin{pmatrix} 1 & 0 \\ 0 & -v^2 \end{pmatrix}, \quad A = \begin{pmatrix} 1 & 0 & 0 \\ 0 & -v^2 & 0 \\ 0 & 0 & -v^2 \end{pmatrix}$$

であるから，双曲形である．(8.5) も双曲形である．(8.6) の場合は，

$$A = \begin{pmatrix} 0 & 0 & 0 & 0 \\ 0 & -v^2 & 0 & 0 \\ 0 & 0 & -v^2 & 0 \\ 0 & 0 & 0 & -v^2 \end{pmatrix}$$

であるから放物形である．(8.10) の場合は，

$$A = \begin{pmatrix} 1 & 0 & 0 \\ 0 & 1 & 0 \\ 0 & 0 & 1 \end{pmatrix}$$

であるから楕円形である．(8.8) も同様に楕円形である．

8.1.2.1　1 次元波動方程式の一般解（ダランベールの解）

(8.3) において，$P = 0$ の場合を考える．

$$\frac{\partial^2 u}{\partial t^2} = v^2 \frac{\partial^2 u}{\partial x^2}. \tag{8.14}$$

この偏微分方程式の一般解を求めよう．$\xi = x - vt$, $\eta = x + vt$ とおく．すると，

$$x = \frac{1}{2}(\xi + \eta), \quad t = \frac{1}{2v}(\eta - \xi)$$

であるから，

$$\frac{\partial}{\partial x} = \frac{\partial}{\partial \xi} + \frac{\partial}{\partial \eta}, \quad \frac{\partial}{\partial t} = -v\frac{\partial}{\partial \xi} + v\frac{\partial}{\partial \eta}$$

となる．したがって，

$$\frac{\partial^2}{\partial x^2} = \frac{\partial^2}{\partial \xi^2} + \frac{\partial^2}{\partial \eta^2} + 2\frac{\partial^2}{\partial \xi \partial \eta}, \quad \frac{\partial^2}{\partial t^2} = v^2\left(\frac{\partial^2}{\partial \xi^2} + \frac{\partial^2}{\partial \eta^2}\right) - 2v^2\frac{\partial^2}{\partial \xi \partial \eta}$$

となるので，

$$\left(\frac{\partial^2}{\partial t^2} - v^2 \frac{\partial^2}{\partial x^2}\right) u = -4v^2 \frac{\partial^2}{\partial \xi \partial \eta} u$$

となるから，(8.14) は，

$$\frac{\partial^2}{\partial \xi \partial \eta} u = 0 \tag{8.15}$$

となる．(8.15) を η で積分すると，

$$\frac{\partial}{\partial \xi} u = F(\xi)$$

を得る．ここで，$F(\xi)$ は ξ の C^1 級の任意の関数．つぎに，ξ で積分すると，

$$u = \int F(\xi) d\xi + g(\eta)$$

を得る．ここで，$g(\eta)$ は η の C^2 級の任意の関数．また，$\int F(\xi) d\xi = f(\xi)$ とおくと，これは ξ の C^2 級の任意関数．よって，(8.3) の一般解は，C^2 級の任意の関数を f, g として

$$u(x,t) = f(\xi) + g(\eta) = f(x - vt) + g(x + vt) \tag{8.16}$$

によって与えられる．これは，ダランベールの解とよばれる．$f(x - vt)$ は，形を変えずに x 軸の正の向きに速さ v で動く波を表している．同様にして，$g(x + vt)$ は，形を変えずに x 軸の負の向きに速さ v で動く波を表している．次に，初期条件が与えられたときの解を求めよう．$u_0(x), v_0(x)$ をそれぞれ C^2 級および C^1 級の任意関数として，次の初期条件が与えられている場合を考える．

$$u(x,0) = u_0(x), \ \left.\frac{\partial u}{\partial t}\right|_{t=0} = v_0(x). \tag{8.17}$$

これらの式より，

$$f(x) + g(x) = u_0(x), \tag{8.18}$$

$$-vf'(x) + vg'(x) = v_0(x) \tag{8.19}$$

を得る．最初の式を微分すると，

$$f'(x) + g'(x) = u_0'(x) \tag{8.20}$$

であるから，この式と (8.19) 式より，

$$f'(x) = \frac{1}{2}[u_0'(x) - \frac{1}{v}v_0(x)], \tag{8.21}$$

$$g'(x) = \frac{1}{2}[u_0'(x) + \frac{1}{v}v_0(x)] \tag{8.22}$$

となる．これらを積分することにより，$f(x), g(x)$ が求まる．

8.1.3 偏微分方程式の解法

偏微分方程式では，初期条件や境界条件を与えて解を求める．ここでは，よく用いられるいくつかの解法について解説する．

8.1.3.1 変数分離法

いくつかの例を用いて説明する．

例 1（シュレーディンガー方程式） 例として，時間に依存する 1 次元のシュレーディンガー方程式 (8.11) を考えよう．$\psi(x,t) = X(x)T(t)$ とおく．このように，解を変数 x の関数と変数 t の関数の積の形に仮定するので変数分離法とよばれる．これを (8.11) に代入し，両辺を XT で割ると，

$$\frac{i\hbar}{T(t)}\frac{dT(t)}{dt} = \frac{1}{X(x)}HX(x) \tag{8.23}$$

となる．左辺は t のみの関数，右辺は x のみの関数だから，これは定数でなければならない．この定数を E とおく．すると，

$$\frac{i\hbar}{T(t)}\frac{dT(t)}{dt} = E, \tag{8.24}$$

$$\frac{1}{X(x)}HX(x) = E \tag{8.25}$$

が得られる．第 1 式はただちに積分できて，

$$T(t) = Ce^{-\frac{i}{\hbar}Et} \tag{8.26}$$

となる．ここで，C は積分定数．第 2 式は，

$$HX(x) = EX(x) \tag{8.27}$$

で，これは時間に依存しないシュレーディンガー方程式 (8.13) に他ならない．次の例題のように，境界条件を与えると $X(x)$ と E が求まる．

例題 質量 m の 1 次元自由粒子の従う時間に依存するシュレーディンガー方程式

$$i\hbar\frac{\partial}{\partial t}\psi = -\frac{\hbar^2}{2m}\frac{\partial^2}{\partial x^2}\psi.$$

を変数分離法で解こう．ただし，周期的境界条件

$$\psi(x+L,t) = \psi(x,t)$$

を課す．

解答 解を $\psi(x,t) = X(x)T(t)$ とおくと，(8.26)，(8.27) より，

$$T(t) = Ce^{-\frac{i}{\hbar}Et},$$

$$-\frac{\hbar^2}{2m}\frac{d^2}{dx^2}X(x) = EX(x)$$

となる．第 2 式より，

$$\frac{d^2X}{dx^2} = -\frac{2m}{\hbar^2}E = -k^2X$$

となる．ここで，$k^2 = \dfrac{2m}{\hbar^2}E$ とおいた．この微分方程式の解は，定数倍を除いて，

$$X = e^{ikx}$$

である．境界条件より，$X(x+L) = X(x)$ であるから，

$$e^{ikL} = 1$$

となる．したがって，

$$kL = 2\pi n \qquad (n = \pm 1, \pm 2, \cdots)$$

となる．

$$k_n = \frac{2\pi}{L}n \qquad (n = 1, 2, \cdots)$$

とおくと，自然数 n を決めたとき，解は，e^{ik_nx} と e^{-ik_nx} である．したがって，エネルギーは

$$E_n = \frac{\hbar^2}{2m} k_n^2 \tag{8.28}$$

となり，各 n に対して，独立な解が 2 つある，すなわち，エネルギー E_n は 2 重に縮退している．また，この式より，$E_n > 0$ となる．$k = k_n$ のとき，$e^{ik_n x}$ と $e^{-ik_n x}$ は，独立な特解であるから，これらを重ね合わせた，$a_n e^{ik_n x} + b_n e^{-ik_n x}$ が X の一般解である．ここで，a_n, b_n は定数．時間依存性も入れると，解は，

$$\begin{aligned}\psi_n(x,t) &= Ce^{-\frac{i}{\hbar}E_n t}(a_n e^{ik_n x} + b_n e^{-ik_n x}) \\ &= C_n e^{-\frac{i}{\hbar}E_n t + ik_n x} + D_n e^{-\frac{i}{\hbar}E_n t - ik_n x}\end{aligned} \tag{8.29}$$

となる．ここで，$C_n = Ca_n, D_n = Cb_n$．最後の式の第一項は，$+x$ 方向への進行波を，第二項は，$-x$ 方向への進行波を表している．さらに，これらの解を重ね合わせた解，つまり，n について和をとったものが，シュレーディンガー方程式の一般解となる．

$$\begin{aligned}\psi(x,t) &= \sum_{n=1}^{\infty} (C_n e^{-\frac{i}{\hbar}E_n t + ik_n t} + D_n e^{-\frac{i}{\hbar}E_n t - ik_n t}) \\ &= \sum_{n=1}^{\infty} e^{-\frac{i}{\hbar}E_n t}(C_n e^{ik_n t} + D_n e^{-ik_n t})\end{aligned} \tag{8.30}$$

例 2（弦の振動） 別の例をあげよう．両端を固定された弦の振動を考える．外力はないとする．弦の長さを L として，変位を $u(x,t)$ とする．波動方程式は，

$$\frac{\partial^2 u}{\partial t^2} = \frac{1}{v^2}\frac{\partial^2 u}{\partial x^2} \tag{8.31}$$

である．ここで，$v(>0)$ は定数．境界条件は，

$$u(x,t) = 0 \qquad (x = 0,\ x = L) \tag{8.32}$$

である．初期条件としては，時刻 0 での弦の変位と速度が既知の関数として与えられているとする．

$$u(x,0) = f(x),\ \left.\frac{\partial u}{\partial t}\right|_{t=0} = g(x). \tag{8.33}$$

ここで，$f(x)$，$g(x)$ は既知関数．解を $u(x,t) = X(x)T(t)$ とおく．すると，境界条件は，

$$X(0) = 0, \quad X(L) = 0 \tag{8.34}$$

となる．$u(x, t) = X(x)T(t)$ を (8.31) に代入して XT で割ると，

$$\frac{1}{T(t)} \frac{d^2 T(t)}{dt^2} = \frac{v^2}{X(x)} \frac{d^2 X(x)}{dx^2} \tag{8.35}$$

となる．両辺を定数 c とおくと，

$$\frac{d^2 T}{dt^2} = cT, \tag{8.36}$$

$$\frac{d^2 X}{dx^2} = \frac{c}{v^2} X \tag{8.37}$$

となる．次の積分を考えよう．

$$\begin{aligned} \int_0^L \frac{c}{v^2} X^2 dx &= \int_0^L X \frac{d^2 X}{dx^2} dx = \left[X \frac{dX}{dx} \right]_0^L - \int_0^L \left(\frac{dX}{dx} \right)^2 dx \\ &= -\int_0^L \left(\frac{dX}{dx} \right)^2 dx < 0 \end{aligned}$$

これより，$c < 0$ であるので，$\lambda = -c > 0$ とおく．X の従う式は，

$$\frac{d^2 X}{dx^2} = -\frac{\lambda}{v^2} X \tag{8.38}$$

となるので，ただちに積分できて，

$$X(x) = \alpha \sin\left(\frac{\sqrt{\lambda}}{v} x \right) + \beta \cos\left(\frac{\sqrt{\lambda}}{v} x \right) \tag{8.39}$$

となる．境界条件より，

$$\alpha \sin\left(\frac{\sqrt{\lambda}}{v} L \right) = 0, \quad \beta = 0 \tag{8.40}$$

を得る．したがって，

$$\sin\left(\frac{\sqrt{\lambda}}{v} L \right) = 0 \tag{8.41}$$

であるから，

$$\lambda = \left(\frac{n\pi}{L} v \right)^2 \qquad (n = 1, 2, \cdots) \tag{8.42}$$

となる．したがって，解は，

$$X(x) = \alpha \sin\left(\frac{n\pi}{L}x\right) \tag{8.43}$$

となる．(8.42) で，$n < 0$ をとらないのは，$n < 0$ の解は，$n > 0$ の解と線形独立でないためである．一方，T の方程式は，

$$\frac{d^2T}{dt^2} = cT = -\left(\frac{n\pi}{L}v\right)^2 T \tag{8.44}$$

であるから，積分して

$$T(t) = A\cos\left(\frac{n\pi}{L}vt\right) + B\sin\left(\frac{n\pi}{L}vt\right) \tag{8.45}$$

となる．線形方程式なので，これらの解の一次結合

$$u(x,t) = \sum_{n=1}^{\infty}\left(A_n\cos\left(\frac{n\pi}{L}vt\right) + B_n\sin\left(\frac{n\pi}{L}vt\right)\right)\sin\left(\frac{n\pi}{L}x\right) \tag{8.46}$$

が一般解となる．

次に，初期条件を満たす解を求めよう．(8.33) より，

$$u(x,0) = \sum_{n=1}^{\infty} A_n \sin\left(\frac{n\pi}{L}x\right) = f(x), \tag{8.47}$$

$$\left.\frac{\partial u}{\partial t}\right|_{t=0} = \sum_{n=1}^{\infty} B_n \frac{n\pi}{L} v \sin\left(\frac{n\pi}{L}x\right) = g(x) \tag{8.48}$$

となる．これらは，$[0, L]$ での $f(x)$，$g(x)$ のフーリエサイン展開となっているから，

$$A_n = \frac{2}{L}\int_0^L f(x)\sin\left(\frac{n\pi}{L}x\right)dx, \tag{8.49}$$

$$B_n = \frac{2}{n\pi v}\int_0^L g(x)\sin\left(\frac{n\pi}{L}x\right)dx \tag{8.50}$$

となる．

問 8.1.1 2 次元領域 $(x, y) \in [0, a] \times [0, b]$ におけるラプラス方程式

$$\left(\frac{\partial^2}{\partial x^2} + \frac{\partial^2}{\partial y^2}\right)u(x, y) = 0 \tag{8.51}$$

を変数分離法で解け．ただし境界条件は，

$$u(0,y)=0,\quad u(a,y)=0,\quad u(x,b)=0,\quad u(x,0)=f(x),$$

$$f(0)=f(a)=0,\ \ 2\text{ 階の導関数 } f''(x) \text{ は，} [0,a] \text{ で連続な関数}$$

とする．

8.1.3.2 フーリエ級数による解法

例 1（**波動方程式**） 再び，一次元の振動をとりあげよう．ここでは，両端が自由端の場合を扱う．これは，例えば，両端が開いている管における気柱の共鳴の問題である．管の長さを L として，波動方程式を次の初期条件および境界条件のもとで解く．

$$\frac{\partial^2 u}{\partial t^2}=v^2\frac{\partial^2 u}{\partial x^2}\qquad (x\in[0,L]) \tag{8.52}$$

$$u(x,0)=f(x),\ \frac{\partial u}{\partial t}(x,0)=g(x)\qquad (x\in[0,L]) \tag{8.53}$$

$$\int_0^L f(x)dx=0,\ \int_0^L g(x)dx=0 \tag{8.54}$$

$$\frac{\partial u}{\partial x}(0,t)=\frac{\partial u}{\partial x}(L,t)=0\ (\text{ノイマン問題}). \tag{8.55}$$

ここでは，$u(x,t)$ を $[0,L]$ で次のようにフーリエ余弦展開して解く．

$$u(x,t)=\frac{1}{2}a_0(t)+\sum_{n=1}^{\infty}a_n(t)\cos\left(\frac{n\pi x}{L}\right). \tag{8.56}$$

(8.56) を (8.52) に代入すると，

$$\frac{1}{2}\frac{d^2a_0}{dt^2}+\sum_{n=1}^{\infty}\frac{d^2a_n}{dt^2}\cos\left(\frac{n\pi x}{L}\right)=-v^2\sum_{n=1}^{\infty}a_n(t)\left(\frac{n\pi}{L}\right)^2\cos\left(\frac{n\pi x}{L}\right) \tag{8.57}$$

となる．フーリエ展開の一意性により

$$\frac{1}{2}\frac{d^2a_0}{dt^2}=0, \tag{8.58}$$

$$\frac{d^2a_n}{dt^2}=-\left(\frac{n\pi v}{L}\right)^2a_n\qquad (n=1,2,\cdots) \tag{8.59}$$

が成り立つ．これより，

$$a_0=B_0t+A_0, \tag{8.60}$$

$$a_n = A_n \cos(\omega_n t) + B_n \sin(\omega_n t) \qquad (n = 1, 2, \cdots) \tag{8.61}$$

となる．ここで，$\omega_n = \dfrac{n\pi v}{L}$ で，A_n, B_n $(n = 0, 1, \cdots)$ は定数である．$u(x, 0) = f(x)$ より，

$$f(x) = \frac{1}{2}A_0 + \sum_{n=1}^{\infty} A_n \cos\left(\frac{n\pi x}{L}\right)$$

であるから，これは $f(x)$ のフーリエ余弦展開であり，

$$A_n = \frac{2}{L}\int_0^L f(x)\cos\left(\frac{n\pi x}{L}\right)dx \qquad (n = 0, 1, 2, \cdots) \tag{8.62}$$

となる．また，$\dfrac{\partial u}{\partial t}(x, 0) = g(x)$ より，

$$g(x) = \frac{1}{2}B_0 + \sum_{n=1}^{\infty} B_n \omega_n \cos\left(\frac{n\pi x}{L}\right)$$

であるから，これは $g(x)$ のフーリエ余弦展開であり，

$$B_0 = \frac{2}{L}\int_0^L g(x)dx,$$
$$B_n = \frac{2}{L\omega_n}\int_0^L g(x)\cos\left(\frac{n\pi x}{L}\right)dx \qquad (n = 1, 2, \cdots)$$

となる．$B_0/2$ は任意の時刻における変位速度の平均に等しいが，条件 (8.54) の第 2 式より，これは 0 である．このとき，$A_0/2$ は任意の時刻における変位の平均に等しいが，条件 (8.54) の第 1 式より，これも 0 になる．一方，境界条件，$\dfrac{\partial u}{\partial x}(0, t) = \dfrac{\partial u}{\partial x}(L, t) = 0$ は自動的に満たされていることが分かる．したがって，解は，

$$u(x, t) = \sum_{n=1}^{\infty} (A_n \cos(\omega_n t) + B_n \sin(\omega_n t)) \cos\left(\frac{n\pi x}{L}\right) \tag{8.63}$$

となる．

問 8.1.2　例 1 の問題において，境界条件のひとつ $\dfrac{\partial u}{\partial x}(0, t) = 0$ を $u(0, t) = 0$ にした場合の解をフーリエ展開を用いて解け．すなわち，$[0, L]$ における波動

方程式を，次の初期条件，境界条件のもとで解け．

$$\frac{\partial^2 u}{\partial t^2} = v^2 \frac{\partial^2 u}{\partial x^2} \qquad (x \in [0, L]) \tag{8.64}$$

$$u(x, 0) = f(x),\ \frac{\partial u}{\partial t}(x, 0) = g(x) \qquad (x \in [0, L]) \tag{8.65}$$

$$u(0, t) = 0,\ \frac{\partial u}{\partial x}(L, t) = 0, \tag{8.66}$$

これは，例えば，一端が閉じており，他端が開いている管の気柱の共鳴の問題である (ヒント：$[0, 2L]$ でフーリエ正弦展開して解き，得られた解を $[0, L]$ に制限する)．

例 2（**熱伝導方程式**） 次の 1 次元熱伝導方程式（拡散方程式）を考える．ただし，$x \in (0, L)$，$t > 0$ とする．

$$\frac{\partial u}{\partial t} = D \frac{\partial^2 u}{\partial x^2}. \tag{8.67}$$

また，$D > 0$ とする．初期条件，境界条件は

$$u(x, 0) = f(x), \tag{8.68}$$

$$\frac{\partial u}{\partial x}(0, t) = \frac{\partial u}{\partial x}(L, t) = 0 \ (\text{ノイマン問題}) \tag{8.69}$$

とする．これも，フーリエ余弦展開で解く．

$$u(x, t) = \frac{1}{2} a_0(t) + \sum_{n=1}^{\infty} a_n(t) \cos\left(\frac{n\pi x}{L}\right) \tag{8.70}$$

と展開する．(8.70) を (8.67) に代入して整理すると，

$$\frac{1}{2} \frac{da_0}{dt} = 0, \tag{8.71}$$

$$\frac{da_n}{dt} = -D \left(\frac{n\pi}{L}\right)^2 a_n \qquad (n = 1, 2, \cdots) \tag{8.72}$$

を得る．これより，

$$a_0 = A_0, \tag{8.73}$$

$$a_n = A_n e^{-D(\frac{n\pi}{L})^2 t} \qquad (n = 1, 2, \cdots) \tag{8.74}$$

となる．ここで，$A_n (n = 0, 1, \cdots)$ は定数である．$u(x, 0) = f(x)$ より，

$$f(x) = \frac{1}{2}A_0 + \sum_{n=1}^{\infty} A_n \cos\left(\frac{n\pi x}{L}\right)$$

であるから，

$$A_n = \frac{2}{L}\int_0^L f(x)\cos\left(\frac{n\pi x}{L}\right)dx \qquad (n = 0, 1, 2, \cdots) \tag{8.75}$$

となる．境界条件 (8.69) は，自動的に満たされていることが分かる．

よって解は，

$$u(x,t) = \frac{1}{2}A_0 + \sum_{n=1}^{\infty} A_n\, e^{-D(\frac{n\pi}{L})^2 t}\cos\left(\frac{n\pi x}{L}\right)$$

となる．

8.1.3.3 フーリエ変換による解法

1 次元熱伝導方程式 (8.67) を，無限区間 $x \in (-\infty, \infty)$ で考えよう．初期条件は，

$$u(x,0) = f(x)$$

とする．このとき，$t > 0$ での解を，$u(x,t)$ のフーリエ変換を用いて求めよう．第 7 章で，$u(x,t)$ の x についてのフーリエ変換 $U(\xi,t)$ を次式で定義した．

$$U(\xi,t) = \frac{1}{\sqrt{2\pi}}\int_{-\infty}^{\infty} dx e^{-i\xi x}u(x,t). \tag{8.76}$$

第 7 章で示したように，$\dfrac{\partial^2 u}{\partial x^2}$ の x についてのフーリエ変換は，

$$\frac{1}{\sqrt{2\pi}}\int_{-\infty}^{\infty} dx e^{-i\xi x}\frac{\partial^2 u}{\partial x^2} = -\xi^2 U(\xi,t) \tag{8.77}$$

となる．ただし，$\dfrac{\partial u}{\partial x}, u$ は，$x \to \pm\infty$ で 0 になるとする．よって，(8.67) の両辺をフーリエ変換して

$$\frac{\partial}{\partial t}U(\xi,t) = -D\xi^2 U(\xi,t) \tag{8.78}$$

を得る．これを積分すると，

$$U(\xi,t) = F(\xi)e^{-D\xi^2 t} \tag{8.79}$$

となる．ここで，$F(\xi)$ は，ξ の任意関数．フーリエ逆変換の公式より，

$$\begin{aligned} u(x,t) &= \frac{1}{\sqrt{2\pi}}\int_{-\infty}^{\infty} d\xi e^{i\xi x} U(\xi,t) \\ &= \frac{1}{\sqrt{2\pi}}\int_{-\infty}^{\infty} d\xi e^{i\xi x} F(\xi) e^{-D\xi^2 t} \end{aligned} \tag{8.80}$$

となる．一方，$u(x,0) = f(x)$ であるから，

$$f(x) = \frac{1}{\sqrt{2\pi}}\int_{-\infty}^{\infty} d\xi e^{i\xi x} F(\xi) \tag{8.81}$$

となる．よって，

$$F(\xi) = \frac{1}{\sqrt{2\pi}}\int_{-\infty}^{\infty} dx e^{-i\xi x} f(x) \tag{8.82}$$

が得られる．これを (8.80) に代入して，

$$\begin{aligned} u(x,t) &= \frac{1}{\sqrt{2\pi}}\int_{-\infty}^{\infty} d\xi e^{i\xi x} e^{-D\xi^2 t}\left\{\frac{1}{\sqrt{2\pi}}\int_{-\infty}^{\infty} dx' e^{-i\xi x'} f(x')\right\} \\ &= \frac{1}{\sqrt{2\pi}}\int_{-\infty}^{\infty} dx' f(x')\left\{\frac{1}{\sqrt{2\pi}}\int_{-\infty}^{\infty} d\xi e^{i\xi(x-x')} e^{-D\xi^2 t}\right\} \\ &= \frac{1}{\sqrt{2\pi}}\int_{-\infty}^{\infty} dx' f(x') \frac{1}{\sqrt{2Dt}} e^{-\frac{(x-x')^2}{4Dt}} \end{aligned} \tag{8.83}$$

となる．最後の等号で，ガウス積分の公式 (7.47) を用いた．

特に，時刻 $t=0$ で，原点 $x=0$ にデルタ関数的に‘熱’が与えられた場合には，$u(x,0) = f(x) = \delta(x)$ とおいて，

$$u(x,t) = \frac{1}{\sqrt{4\pi Dt}} e^{-\frac{x^2}{4Dt}} \tag{8.84}$$

となる．これは，$t=0$ で $x=0$ に集中していた熱が，時間とともに拡散していく様子を示している．

グリーン関数

この節では，グリーン関数について述べよう[2)]．以下の方法は，物理や工学

[2)] ここでは，特に物理で用いられる定義を採用する．一般的な議論は紙数の関係で省略する．詳細は巻末の文献を参照のこと．

でよく用いられる．

（偏）微分方程式の解を，グリーン関数とよばれる関数の積分の形で表すことを考えよう．例えば，微分作用素 $L[x]$ のグリーン関数 $G(x)$ は，デルタ関数を用いて，以下の微分方程式の解として定義される．

$$L[x]G(x) = -\delta(x). \tag{8.85}$$

$f(x)$ を既知関数として，

$$L[x]u(x) = f(x) \tag{8.86}$$

の解は，グリーン関数を用いて以下のように表される．

$$u(x) = -\int dyG(x-y)f(y). \tag{8.87}$$

これは，次のようにして確かめられる．

$$L[x]u(x) = -\int dyL[x]G(x-y)f(y) = \int dy\delta(x-y)f(y) = f(x).$$

ただし，$\dfrac{\partial}{\partial x} = \dfrac{\partial}{\partial(x-y)}$ なので，$L[x]G(x-y) = L[x-y]G(x-y)$ となることを用いた．

以下に，グリーン関数の例をいくつか示す．

例 1（3 次元ラプラシアンのグリーン関数） $L = \nabla^2$ を 3 次元のラプラシアンとする．$\boldsymbol{x} = (x_1, x_2, x_3)$ とする．L のグリーン関数 $G(\boldsymbol{x})$ は

$$\nabla^2 G(\boldsymbol{x}) = -\delta(\boldsymbol{x}) \tag{8.88}$$

を満たす．ここで，$\delta(\boldsymbol{x}) = \delta(x_1)\delta(x_2)\delta(x_3)$ は 3 次元のデルタ関数である．$\boldsymbol{\xi} = (\xi_1, \xi_2, \xi_3)$ として，$G(\boldsymbol{x})$ のフーリエ変換を $U(\boldsymbol{\xi})$ とする．

$$U(\boldsymbol{\xi}) = (2\pi)^{-3/2}\int_{-\infty}^{\infty}\int_{-\infty}^{\infty}\int_{-\infty}^{\infty} d\boldsymbol{x}e^{-i(\boldsymbol{\xi},\boldsymbol{x})}G(\boldsymbol{x}). \tag{8.89}$$

(8.88) の両辺のフーリエ変換を行うと，

$$-\boldsymbol{\xi}^2 U(\boldsymbol{\xi}) = -(2\pi)^{-3/2}\int_{-\infty}^{\infty}\int_{-\infty}^{\infty}\int_{-\infty}^{\infty} d\boldsymbol{x}\delta(\boldsymbol{x})e^{-i(\boldsymbol{\xi},\boldsymbol{x})} = -(2\pi)^{-3/2}$$

が得られる．したがって，

$$U(\boldsymbol{\xi}) = (2\pi)^{-3/2}\frac{1}{\xi^2} \tag{8.90}$$

となる．ここで，$\xi = |\boldsymbol{\xi}|$ である．(8.90) のフーリエ逆変換を行ない，ξ_3 軸を $\boldsymbol{x}$ の向きにとった球座標で積分すると，

$$\begin{aligned}
G(\boldsymbol{x}) &= (2\pi)^{-3/2}\int_{-\infty}^{\infty}\int_{-\infty}^{\infty}\int_{-\infty}^{\infty} d\boldsymbol{\xi} e^{i(\boldsymbol{\xi},\boldsymbol{x})}(2\pi)^{-3/2}\frac{1}{\xi^2}\\
&= (2\pi)^{-3}\int_0^{\infty} d\xi \int_0^{2\pi} d\phi \int_0^{\pi} d\theta \xi^2 \sin\theta e^{i\xi|\boldsymbol{x}|\cos\theta}\frac{1}{\xi^2}\\
&= -(2\pi)^{-2}\int_0^{\infty} d\xi \frac{1}{i\xi|\boldsymbol{x}|}\left[e^{i\xi|\boldsymbol{x}|\cos\theta}\right]_0^{\pi}\\
&= (2\pi)^{-2}\int_0^{\infty} d\xi \frac{1}{\xi|\boldsymbol{x}|}2\sin(\xi|\boldsymbol{x}|)\\
&= (2\pi)^{-2}2\frac{1}{|\boldsymbol{x}|}\frac{\pi}{2} = \frac{1}{4\pi|\boldsymbol{x}|}
\end{aligned}$$

となる．ここで，

$$\int_0^{\infty} dx \frac{\sin x}{x} = \frac{\pi}{2}$$

を用いた[3)]．したがって，

$$G(\boldsymbol{x}) = \frac{1}{4\pi|\boldsymbol{x}|} \tag{8.91}$$

を得るが，これは球対称で無限遠で 0 となる解となっている．(8.88) に (8.91) を代入すると

$$\nabla^2\frac{1}{|\boldsymbol{x}|} = -4\pi\delta(\boldsymbol{x}) \tag{8.92}$$

となるが，これは第 5 章のデルタ関数の関係式 (5.211) と同じである．ポアソン方程式 (8.10)

$$\Delta\phi = -\frac{\rho}{\varepsilon} \tag{8.93}$$

の解は，グリーン関数を用いて，

---

3) 第 7 章 (7.59) 式参照．

$$\phi(\boldsymbol{x}) = \int_{-\infty}^{\infty}\int_{-\infty}^{\infty}\int_{-\infty}^{\infty} d\boldsymbol{y} G(\boldsymbol{x}-\boldsymbol{y})\frac{\rho(\boldsymbol{y})}{\varepsilon}$$
$$= \frac{1}{4\pi\varepsilon}\int_{-\infty}^{\infty}\int_{-\infty}^{\infty}\int_{-\infty}^{\infty} d\boldsymbol{y}\frac{\rho(\boldsymbol{y})}{|\boldsymbol{x}-\boldsymbol{y}|} \tag{8.94}$$

で与えられる (第 5 章 (5.129) 参照).

例 2 (3 次元ヘルムホルツ方程式のグリーン関数) 今度は，次の形の偏微分方程式を考える．これは，**ヘルムホルツ方程式**とよばれる．

$$\left(\nabla^2 - \frac{1}{\lambda^2}\right)u(\boldsymbol{x}) = 0 \tag{8.95}$$

グリーン関数は，

$$\left(\nabla^2 - \frac{1}{\lambda^2}\right)G(\boldsymbol{x}) = -\delta(\boldsymbol{x}) \tag{8.96}$$

の解である．例 1 と同様にしてフーリエ変換を用いて解く．(8.96) の両辺のフーリエ変換を行うと，

$$-\left(\boldsymbol{\xi}^2 + \frac{1}{\lambda^2}\right)U(\boldsymbol{\xi}) = -(2\pi)^{-3/2}$$

となるので，$\xi = |\boldsymbol{\xi}|$ として，

$$U(\boldsymbol{\xi}) = (2\pi)^{-3/2}\frac{1}{\xi^2 + \frac{1}{\lambda^2}} \tag{8.97}$$

となる．(8.97) のフーリエ逆変換を行ない，ξ_3 軸を $\boldsymbol{x}$ の向きにとった球座標で積分すると，

$$G(\boldsymbol{x}) = (2\pi)^{-3/2}\int_{-\infty}^{\infty}\int_{-\infty}^{\infty}\int_{-\infty}^{\infty} d\boldsymbol{\xi} e^{i(\boldsymbol{\xi},\boldsymbol{x})}(2\pi)^{-3/2}\frac{1}{\xi^2 + \frac{1}{\lambda^2}}$$
$$= -(2\pi)^{-2}\int_0^{\infty} d\xi \frac{1}{i|\boldsymbol{x}|}\left[e^{i\xi|\boldsymbol{x}|\cos\theta}\right]_0^{\pi}\frac{\xi}{\xi^2 + \frac{1}{\lambda^2}}$$
$$= \frac{1}{8\pi^2}\frac{1}{i|\boldsymbol{x}|}\int_{-\infty}^{\infty} d\xi\left(e^{i\xi|\boldsymbol{x}|} - e^{-i\xi|\boldsymbol{x}|}\right)\frac{\xi}{\xi^2 + \frac{1}{\lambda^2}}$$

となる．ここで，以下の定積分 K_+, K_- を計算する．

$$K_+ = \int_{-\infty}^{\infty} d\xi e^{i\xi|\boldsymbol{x}|}\frac{\xi}{\xi^2 + \frac{1}{\lambda^2}}, \tag{8.98}$$

$$K_- = \int_{-\infty}^{\infty} d\xi e^{-i\xi|\boldsymbol{x}|} \frac{\xi}{\xi^2 + \frac{1}{\lambda^2}} \tag{8.99}$$

K_+, K_- を複素空間 $z = x + iy$ での複素積分と考える[4]．被積分関数が $z_\pm = \pm\dfrac{i}{\lambda}$ で一位の極を持つので，K_+ を求めるために，図 8.1 のように，区間 $I = [-R, R]$ と上半平面を回る半円 C_1 で積分すると，留数定理により $2\pi i \ \mathrm{res}(z_+)$となる．一方，$K_-$ を求めるために，図のように，区間 $I = [-R, R]$ と下平面を回る半円 C_2 で積分すると，$-2\pi i \ \mathrm{res}(z_-)$ となる．ここで $\mathrm{res}(z_\pm)$ は，$z_\pm$ における $e^{\pm i\xi|\boldsymbol{x}|}\dfrac{\xi}{\xi^2 + \frac{1}{\lambda^2}}$ の留数である (複号同順).

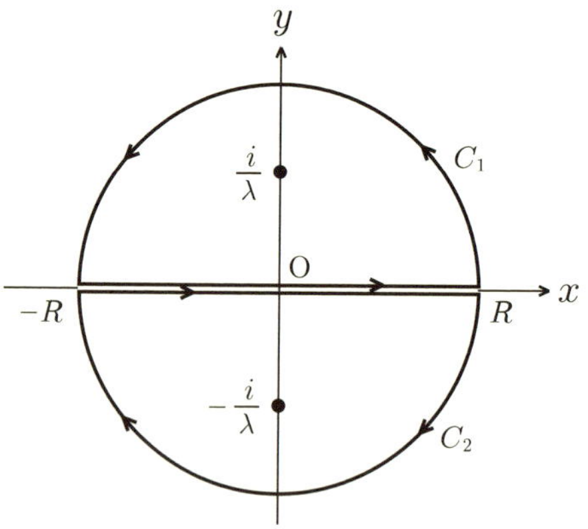

図 8.1

$R \to \infty$ のとき，I での積分はそれぞれ $K_\pm$ に収束し，半円での積分は 0 となる．したがって，

$$K_+ = 2\pi i \ \mathrm{res}(z_+), \qquad K_- = -2\pi i \ \mathrm{res}(z_-)$$

となる．

問 8.1.3 $R \to \infty$ のとき，半円での積分が 0 となることを示せ．

---

4) 複素関数論をまだ学習していない読者は，計算の詳細はスキップしてよい．複素関数論の参考書を参照のこと．

一方，留数は，

$$\mathrm{res}(z_\pm) = \lim_{z\to z_\pm}(z-z_\pm)e^{\pm iz|\boldsymbol{x}|}\frac{z}{z^2+\frac{1}{\lambda^2}}$$
$$= \lim_{z\to z_\pm} e^{\pm iz|\boldsymbol{x}|}\frac{z}{z-z_\mp} = e^{\pm iz_\pm|\boldsymbol{x}|}\frac{1}{2} = e^{-|\boldsymbol{x}|/\lambda}\frac{1}{2} \tag{8.100}$$

となる．したがって，

$$K_\pm = \pm 2\pi i\ \mathrm{res}(z_\pm) = \pm i\pi e^{-|\boldsymbol{x}|/\lambda} \quad (\text{複号同順}) \tag{8.101}$$

であるから，グリーン関数は，球対称で無限遠で 0 となる解となっており，$r = |\boldsymbol{x}|$ として，

$$G(r) = \frac{1}{4\pi r}e^{-r/\lambda} \tag{8.102}$$

となる．これは，湯川ポテンシャルともよばれる．非斉次方程式

$$(\varDelta - \frac{1}{\lambda^2})u(\boldsymbol{x}) = f(\boldsymbol{x}) \tag{8.103}$$

の解は，グリーン関数を用いて，

$$u(\boldsymbol{x}) = -\int_{-\infty}^{\infty}\int_{-\infty}^{\infty}\int_{-\infty}^{\infty} d\boldsymbol{y}G(\boldsymbol{x}-\boldsymbol{y})f(\boldsymbol{y})$$
$$= -\frac{1}{4\pi}\int_{-\infty}^{\infty}\int_{-\infty}^{\infty}\int_{-\infty}^{\infty} d\boldsymbol{y}\frac{f(\boldsymbol{y})}{|\boldsymbol{x}-\boldsymbol{y}|}e^{-|\boldsymbol{x}-\boldsymbol{y}|/\lambda} \tag{8.104}$$

で与えられる．

付　録

この付録では，本文中で証明なしに述べた命題や定理について，詳しい証明を行う．

具体的には，原点を固定した座標変換が座標系の回転になることの証明，ガウス積分の公式の複素積分を用いた証明，曲面が曲三角形の集合で表されてる場合のストークスの定理の証明，積分範囲が曲四面体の集合で表されてる場合のガウスの定理の証明[1]である．また，最後に発展問題を載せてある．

A.1　原点固定の座標変換 ── 座標系の回転

実直交行列を $A=(a_{ij})$ とし，その行列式が $\det A=1$ であるとする．

（1）　デカルト座標系 (O, X) の正規直交基底を $\boldsymbol{e}_1,\boldsymbol{e}_2,\boldsymbol{e}_3$ とし，右手系であるとする．3 つのベクトル $\boldsymbol{e}'_1,\boldsymbol{e}'_2,\boldsymbol{e}'_3$ を，それらの成分が $a_{ij}=(\boldsymbol{e}'_i,\boldsymbol{e}_j)$ $(i,j=1,2,3)$ となるものとする．このとき，$\boldsymbol{e}'_1,\boldsymbol{e}'_2,\boldsymbol{e}'_3$ は正規直交基底で，右手系となる．

証明　正規直交ベクトルとなること．

$$\boldsymbol{e}'_i=\sum_j a_{ij}\boldsymbol{e}_j,$$

$$(\boldsymbol{e}'_i,\boldsymbol{e}'_j)=\sum_{k,l}a_{ik}a_{jl}(\boldsymbol{e}_k,\boldsymbol{e}_l)=\sum_k a_{ik}a_{jk}=(AA^{\mathrm{T}})_{ij}=\delta_{ij}.$$

右手系となること．

$$(\boldsymbol{e}'_1\times\boldsymbol{e}'_2,\boldsymbol{e}'_3)=(\boldsymbol{e}'_1,\boldsymbol{e}'_2\times\boldsymbol{e}'_3)=\begin{vmatrix}a_{11}&a_{12}&a_{13}\\a_{21}&a_{22}&a_{23}\\a_{31}&a_{32}&a_{33}\end{vmatrix}=\det A=1.$$

（2）　A の固有値の絶対値は 1 で，固有値は，次の 3 つの場合がある．すなわち，3 つとも 1，1 つは 1 で他の 2 つは -1，1 つは 1 で他の 2 つは互いに複素共役の場合である．これらの 3 つの場合について，$\lambda_1=1,\lambda_2=e^{i\theta},\lambda_3=$

[1] 岩堀長慶『ベクトル解析』（裳華房）の議論を参照．

$e^{-i\theta}$ とする[2)]．複素共役の場合については，λ_i の固有ベクトルを列ベクトル $\boldsymbol{v}_i$ $(i=1,2,3)$ とすると，$\boldsymbol{v}_2^*$ は，λ_3 の固有ベクトルとなる．

証明　実直交行列はユニタリ行列の特殊な場合なので，固有値の絶対値は 1 である．特性方程式は実係数の 3 次方程式であり，

$$|A-\lambda E| = -(\lambda-\lambda_1)(\lambda-\lambda_2)(\lambda-\lambda_3)$$

となる．$|A| = \lambda_1\lambda_2\lambda_3 = 1$ であるから，実根が 3 つの場合には，$\lambda_1=\lambda_2=\lambda_3=1$ か，$\lambda_1=1$，$\lambda_2=\lambda_3=-1$ となる．実根が 1 つの場合には，実固有値 $\lambda_1=1$ と共役複素数となる固有値 $\lambda_2=e^{i\theta}, \lambda_3=e^{-i\theta}$ を持つ[3)]．また，λ_i に属する固有ベクトルを $\boldsymbol{v}_i$ とすると，$(A\boldsymbol{v}_2)^* = A\boldsymbol{v}_2^* = e^{-i\theta}\boldsymbol{v}_2^*$ より，$\boldsymbol{v}_2^*$ は $e^{-i\theta}$ に属する固有ベクトルとなる．

(3)　3 つの場合について，原点が O で，$\boldsymbol{e}_1', \boldsymbol{e}_2', \boldsymbol{e}_3'$ を基底ベクトルとする座標系を $(\mathrm{O}, \mathrm{X}')$ とする．$(\mathrm{O}, \mathrm{X}')$ は，(O, X) を $\boldsymbol{u}_1$ を回転軸として角度 θ だけ回転したものである．ただし，$\boldsymbol{u}_1$ は λ_1 に属する規格化された実固有ベクトルである．

証明　まず，複素固有値を持つ場合を考える．$\boldsymbol{v}_1, \boldsymbol{v}_2$ は，それぞれ$\lambda_1=1$，$\lambda_2=e^{i\theta}$ に属する固有ベクトルであるから，

$$A\boldsymbol{v}_1 = \boldsymbol{v}_1,$$

$$A\boldsymbol{v}_2 = e^{i\theta}\boldsymbol{v}_2$$

となる．$\boldsymbol{v}_1$ は実ベクトルで，$\boldsymbol{v}_2 = \boldsymbol{v}_r + i\boldsymbol{v}_i$，$\boldsymbol{v}_r, \boldsymbol{v}_i$ は実ベクトルとすると，第 2 式より，

$$A\boldsymbol{v}_r = \cos\theta\boldsymbol{v}_r - \sin\theta\boldsymbol{v}_i,$$

$$A\boldsymbol{v}_i = \cos\theta\boldsymbol{v}_i + \sin\theta\boldsymbol{v}_r$$

が導かれる．また，A は正規行列であるから，異なる固有値に属する固有ベクトルは直交する[4)]．したがって，

[2)] 一般性を失うことなく，$0 \le \theta \le \pi$ としてよい．

[3)] 偏角が $[0,\pi]$ 内の値をとるものを λ_2 とする．

[4)] 3.5 節に記載．詳細は線形代数の教科書を参照のこと．

$(\boldsymbol{v}_1, \boldsymbol{v}_2) = \boldsymbol{v}_1^{\mathrm{T}} \boldsymbol{v}_r + i \boldsymbol{v}_1^{\mathrm{T}} \boldsymbol{v}_i = 0$ より，$\boldsymbol{v}_1^{\mathrm{T}} \boldsymbol{v}_r = 0,\ \boldsymbol{v}_1^{\mathrm{T}} \boldsymbol{v}_i = 0,$

$(\boldsymbol{v}_2^*, \boldsymbol{v}_2) = 0$ より，

$\left((\boldsymbol{v}_2^*)^*\right)^{\mathrm{T}} \boldsymbol{v}_2 = \boldsymbol{v}_2^{\mathrm{T}} \boldsymbol{v}_2 = \boldsymbol{v}_r^{\mathrm{T}} \boldsymbol{v}_r - \boldsymbol{v}_i^{\mathrm{T}} \boldsymbol{v}_i + i(\boldsymbol{v}_r^{\mathrm{T}} \boldsymbol{v}_i + \boldsymbol{v}_i^{\mathrm{T}} \boldsymbol{v}_r) = 0.$[5)]

したがって，

$$\boldsymbol{v}_r^{\mathrm{T}} \boldsymbol{v}_r = \boldsymbol{v}_i^{\mathrm{T}} \boldsymbol{v}_i = |\boldsymbol{v}_r|^2 = |\boldsymbol{v}_i|^2,$$

$$\boldsymbol{v}_r^{\mathrm{T}} \boldsymbol{v}_i + \boldsymbol{v}_i^{\mathrm{T}} \boldsymbol{v}_r = 2\boldsymbol{v}_r^{\mathrm{T}} \boldsymbol{v}_i = 0$$

となる．$\boldsymbol{v}_1, \boldsymbol{v}_r, \boldsymbol{v}_i$ を規格化したベクトルを $\boldsymbol{u}_1, \boldsymbol{u}_2, \boldsymbol{u}_3$ とすると，これらは正規直交系となり，

$$A\boldsymbol{u}_1 = \boldsymbol{u}_1, \tag{A.1}$$

$$A\boldsymbol{u}_2 = \cos\theta \boldsymbol{u}_2 - \sin\theta \boldsymbol{u}_3, \tag{A.2}$$

$$A\boldsymbol{u}_3 = \cos\theta \boldsymbol{u}_3 + \sin\theta \boldsymbol{u}_2, \tag{A.3}$$

$$(\boldsymbol{u}_i, \boldsymbol{u}_j) = \boldsymbol{u}_i^{\mathrm{T}} \boldsymbol{u}_j = \delta_{ij} \tag{A.4}$$

となる．3 つとも実固有値の場合は，$\lambda_1, \lambda_2, \lambda_3$ に属する規格化された実固有ベクトルを $\boldsymbol{u}_1, \boldsymbol{u}_2, \boldsymbol{u}_3$ とすると，これらは正規直交系となる．以下では，3 つの場合について，同時に議論する．$\boldsymbol{u}_1, \boldsymbol{u}_2, \boldsymbol{u}_3$ は右手系とする[6)]．$\boldsymbol{u}_i$ の (O, X) 系での成分を (u_{1i}, u_{2i}, u_{3i}) として，これを成分とする列ベクトルも $\boldsymbol{u}_i$ で表し，行列 U を

$$U = (\boldsymbol{u}_1, \boldsymbol{u}_2, \boldsymbol{u}_3) \tag{A.5}$$

と定義すると，これは直交行列で，$\det U = 1$ となっている．また，

$$\begin{aligned} U^{\mathrm{T}} A U &= U^{\mathrm{T}}(A\boldsymbol{u}_1, A\boldsymbol{u}_2, A\boldsymbol{u}_3) \\ &= U^{\mathrm{T}}(\boldsymbol{u}_1, \cos\theta \boldsymbol{u}_2 - \sin\theta \boldsymbol{u}_3, \cos\theta \boldsymbol{u}_3 + \sin\theta \boldsymbol{u}_2) \\ &= \begin{pmatrix} 1 & 0 & 0 \\ 0 & \cos\theta & \sin\theta \\ 0 & -\sin\theta & \cos\theta \end{pmatrix} \end{aligned} \tag{A.6}$$

5) 複素ベクトル空間なので，内積は $(\boldsymbol{a}, \boldsymbol{b}) = (\boldsymbol{a}^*)^{\mathrm{T}} \boldsymbol{b}$ である．

6) そうでないときは，$\boldsymbol{u}_1 \to -\boldsymbol{u}_1$ とすればよい．

となる．

$$R = \begin{pmatrix} 1 & 0 & 0 \\ 0 & \cos\theta & \sin\theta \\ 0 & -\sin\theta & \cos\theta \end{pmatrix} \tag{A.7}$$

とすると，

$$U^{\mathrm{T}}AU = R \tag{A.8}$$

$$A = URU^{\mathrm{T}} \tag{A.9}$$

となる．(O, X) 系でベクトル $\boldsymbol{a}$ が成分を用いて列ベクトル $\boldsymbol{x} = (x_1, x_2, x_3)^{\mathrm{T}}$ で表されているとする．$\boldsymbol{a}$ の (O, X′) 系での成分が $\boldsymbol{x}' = (x_1', x_2', x_3')^{\mathrm{T}}$ で表されているとすると

$$\boldsymbol{x}' = A\boldsymbol{x} \tag{A.10}$$

となる．座標系 (O, X) と (O, X′) は，右手系で直交系であるから，座標系 (O, X) を‘動かして’，(O, X′) に重ねることができる．このとき，$\boldsymbol{a}$ が座標系とともに変化して，別のベクトル $\boldsymbol{b}$ になったとする．したがって，$\boldsymbol{b}$ の (O, X′) の基底による列ベクトルは $\boldsymbol{x} = (x_1, x_2, x_3)^{\mathrm{T}}$ で表される．$\boldsymbol{b}$ の (O, X) の基底による列ベクトルを $B\boldsymbol{x}$ とすると，

$$\boldsymbol{x} = AB\boldsymbol{x}$$

となる．$AA^{\mathrm{T}} = E$ であるから，$B = A^{\mathrm{T}}$ となる．つまり，座標系とともに動くベクトルは，(O, X) 系での成分が $\boldsymbol{x}$ から $A^{\mathrm{T}}\boldsymbol{x}$ のベクトルに変化する．(O, X) から (O, X′) への座標系の変化に伴って，基底ベクトルが $\boldsymbol{e}_i$ から $\boldsymbol{e}_i'$ に変化する．$\boldsymbol{e}_i$ の (O, X) での成分は i 成分が 1 で他は 0 である．この列ベクトルを $\boldsymbol{f}_i$ とする．したがって，$\boldsymbol{e}_i'$ の (O, X) の基底による列ベクトルは，$A^{\mathrm{T}}\boldsymbol{f}_i$ で与えられる．よって，その j 成分は

$$(A^{\mathrm{T}}\boldsymbol{f}_i)_j = \{\text{ 行列 } A \text{ の } i \text{ 行 }\} \text{ の } j \text{ 列目} = a_{ij} \tag{A.11}$$

となる．$(\boldsymbol{e}_i', \boldsymbol{e}_j) = a_{ij}$ であるから，この式は，

$$(\boldsymbol{e}_i', \boldsymbol{e}_j) = (A^{\mathrm{T}}\boldsymbol{f}_i, \boldsymbol{f}_j) = \boldsymbol{f}_i^{\mathrm{T}}A\boldsymbol{f}_j = \boldsymbol{f}_i^{\mathrm{T}}\boldsymbol{a}_j = a_{ij} \tag{A.12}$$

からも導かれる．ここで $\boldsymbol{a}_j$ は A の第 j 列．(A.1), (A.2), (A.3) の両辺に左から A^{T} をかけて整理すると，

$$A^{\mathrm{T}}\boldsymbol{u}_1 = \boldsymbol{u}_1, \tag{A.13}$$

$$A^{\mathrm{T}}\boldsymbol{u}_2 = \cos\theta\boldsymbol{u}_2 + \sin\theta\boldsymbol{u}_3, \tag{A.14}$$

$$A^{\mathrm{T}}\boldsymbol{u}_3 = \cos\theta\boldsymbol{u}_3 - \sin\theta\boldsymbol{u}_2, \tag{A.15}$$

となる．これらから，(O, X′) とともに $\boldsymbol{u}_1, \boldsymbol{u}_2, \boldsymbol{u}_3$ が動くとすると，$\boldsymbol{u}_1$ は不変で，$\boldsymbol{u}_2, \boldsymbol{u}_3$ は $\boldsymbol{u}_1$ のまわりに θ だけ回転していることが分かる．したがって，(O, X′) は (O, X) を $\boldsymbol{u}_1$ を回転軸として角度 θ だけ回転させたものであることが分かる．

（4） 3 つの場合について，a_{ij} は次式で与えられる．

$$a_{ij} = (1-\cos\theta)u_i u_j + \cos\theta\ \delta_{ij} + \sin\theta \sum_k \varepsilon_{ijk}u_k \tag{A.16}$$

ここで，$\boldsymbol{u}_1 = (u_1, u_2, u_3)^{\mathrm{T}}$ である．

証明　まず，記号を導入する．

$$U^{\mathrm{T}} = (\boldsymbol{s}_1, \boldsymbol{s}_2, \boldsymbol{s}_3), \tag{A.17}$$

$$\boldsymbol{s}_i = \begin{pmatrix} s_{1i} \\ s_{2i} \\ s_{3i} \end{pmatrix} = \begin{pmatrix} s_{1i} \\ \tilde{\boldsymbol{s}}_i \end{pmatrix},\ \tilde{\boldsymbol{s}}_i = \begin{pmatrix} s_{2i} \\ s_{3i} \end{pmatrix}, \tag{A.18}$$

$$R = \begin{pmatrix} 1 & \boldsymbol{0}^{\mathrm{T}} \\ \boldsymbol{0} & \tilde{R} \end{pmatrix},\ \boldsymbol{0} = \begin{pmatrix} 0 \\ 0 \end{pmatrix}, \tag{A.19}$$

$$\tilde{R} = \cos\theta\tilde{E} + \sin\theta\tilde{F},\ \tilde{E} = \begin{pmatrix} 1 & 0 \\ 0 & 1 \end{pmatrix},\ \tilde{F} = \begin{pmatrix} 0 & 1 \\ -1 & 0 \end{pmatrix} \tag{A.20}$$

とする．(A.5) 式より，

$$s_{ij} = u_{ji} \tag{A.21}$$

である．

$$\tilde{\boldsymbol{s}}_i{}^{\mathrm{T}}\tilde{E}\tilde{\boldsymbol{s}}_j = \tilde{\boldsymbol{s}}_i{}^{\mathrm{T}}\tilde{\boldsymbol{s}}_j = \boldsymbol{s}_i^{\mathrm{T}}\boldsymbol{s}_j - s_{1i}s_{1j} = \delta_{ij} - u_i u_j, \tag{A.22}$$

$$\tilde{\boldsymbol{s}}_i{}^{\mathrm{T}}\tilde{F}\tilde{\boldsymbol{s}}_j = s_{2i}s_{3j} - s_{3i}s_{2j} = (\boldsymbol{s}_i \times \boldsymbol{s}_j)_1 \tag{A.23}$$

であるから，

$$\tilde{\boldsymbol{s}}_i{}^{\mathrm{T}}\tilde{R}\tilde{\boldsymbol{s}}_j = \cos\theta(\delta_{ij} - u_i u_j) + \sin\theta(\boldsymbol{s}_i \times \boldsymbol{s}_j)_1 \tag{A.24}$$

となる．ここで，

$$(UU^{\mathrm{T}})_{ij} = \boldsymbol{s}_i^{\mathrm{T}}\boldsymbol{s}_j = \delta_{ij} \tag{A.25}$$

となることを用いた．また，

$$(\boldsymbol{s}_1, \boldsymbol{s}_2 \times \boldsymbol{s}_3) = \begin{vmatrix} \boldsymbol{s}_1^{\mathrm{T}} \\ \boldsymbol{s}_2^{\mathrm{T}} \\ \boldsymbol{s}_3^{\mathrm{T}} \end{vmatrix} = |\boldsymbol{s}_1\ \boldsymbol{s}_2\ \boldsymbol{s}_3| = |U^{\mathrm{T}}| = |U| = 1$$

なので，$\boldsymbol{s}_1, \boldsymbol{s}_2, \boldsymbol{s}_3$ は正規直交系で右手系である．よって，

$$(\boldsymbol{s}_i \times \boldsymbol{s}_j)_1 = \begin{cases} s_{1k} = u_k & ((i,j,k)\ \text{が}\ (1,\ 2,\ 3)\ \text{の偶置換}) \\ -s_{1k} = -u_k & ((i,j,k)\ \text{が}\ (1,\ 2,\ 3)\ \text{の奇置換}) \\ 0 & (\text{その他}) \end{cases} \tag{A.26}$$

となる．これは，$\sum_k \varepsilon_{ijk} u_k$ に等しい．したがって，(A.9) より，

$$\begin{aligned} a_{ij} &= (URU^{\mathrm{T}})_{ij} = (s_{1i}\ \tilde{\boldsymbol{s}}_i) \begin{pmatrix} 1 & \boldsymbol{0}^{\mathrm{T}} \\ \boldsymbol{0} & \tilde{R} \end{pmatrix} \begin{pmatrix} s_{1j} \\ \tilde{\boldsymbol{s}}_j \end{pmatrix} u_i u_j + \tilde{\boldsymbol{s}}_i{}^{\mathrm{T}}\tilde{R}\tilde{\boldsymbol{s}}_j \\ &= u_i u_j + \cos\theta(\delta_{ij} - u_i u_j) + \sin\theta \sum_k \varepsilon_{ijk} u_k \\ &= (1 - \cos\theta) u_i u_j + \cos\theta\delta_{ij} + \sin\theta \sum_k \varepsilon_{ijk} u_k \end{aligned} \tag{A.27}$$

となる．

（5）　3 つの場合について，(A.16) より，回転角 θ と回転軸 $\boldsymbol{u}_1$ の成分は，次の式で与えられる．

$$\theta = \mathrm{Cos}^{-1}\left(\frac{\mathrm{Tr}A - 1}{2}\right) \tag{A.28}$$

$\mathrm{Tr}\ A \neq 3, -1$ のとき，$0 < \theta < \pi$ であり，

$$u_1 = \frac{a_{23} - a_{32}}{2\sin\theta},\ u_2 = \frac{a_{31} - a_{13}}{2\sin\theta},\ u_3 = \frac{a_{12} - a_{21}}{2\sin\theta} \tag{A.29}$$

となる．Tr $A=-1$ のとき，$\theta=\pi$ であり $a_{ii}\neq -1$ として

$$u_i=\pm\sqrt{\frac{1+a_{ii}}{2}},\ u_j=\frac{a_{ij}}{2u_i},(j\neq i) \tag{A.30}$$

となる．Tr $A=3$ のとき，$\theta=0$ であり

$$A=E \tag{A.31}$$

となる．ここで，$y=\mathrm{Cos}^{-1}x$ は主値で，$y\in[0,\pi]$ である．

証明　(A.16) より，

$$\mathrm{Tr}A=\sum_i a_{ii}=1+2\cos\theta$$

となる．よって，Tr$A\neq 3,-1$ のときは，$\cos\theta\neq\pm1$ であるから，$0<\theta<\pi$ となる．$i\neq j$ とすると，

$$a_{ij}=(1-\cos\theta)u_iu_j+\sin\theta\varepsilon_{ijk}u_k \qquad (i,j,k\ \text{はすべて異なる}) \tag{A.32}$$

となる．これより，(A.29) が従う．Tr$A=-1$ のときは $\cos\theta=-1$ であるから $\theta=\pi$．また，対角成分のいずれかは -1 に等しくないから，それを a_{ii} とすると，(A.16) より (A.30) が得られる．Tr$A=3$ のときは $\cos\theta=1$ なので，$\theta=0$．(A.16) より $A=E$ となる．

A.2　ガウス積分の公式

$$\int_{-\infty}^{\infty}d\xi\, e^{-\alpha\xi^2+i\beta\xi}=\sqrt{\frac{\pi}{\alpha}}e^{-\frac{\beta^2}{4\alpha}}. \tag{A.33}$$

ここで，$\alpha>0$ で，β は任意の複素数である．

証明　まず，$a>0$ として，

$$\int_{-\infty}^{\infty}dx\, e^{-ax^2}=\sqrt{\frac{\pi}{a}} \tag{A.34}$$

を示そう．左辺を I とすると，

$$\int_{-\infty}^{\infty}\int_{-\infty}^{\infty}dxdy\, e^{-ax^2-ay^2}=\int_{-\infty}^{\infty}dx\, e^{-ax^2}\int_{-\infty}^{\infty}dy\, e^{-ay^2}=I^2 \tag{A.35}$$

となる．ここで累次積分を用いた．さらに，極座標に変数変換すると，

$$I^2 = \int_0^\infty dr \int_0^{2\pi} d\theta\, r e^{-ar^2} = -2\pi \left[\frac{1}{2a} e^{-ar^2}\right]_0^\infty = \frac{\pi}{a} \tag{A.36}$$

となる．次に，(A.33) を示す．この場合には，複素積分の知識を利用する．$-\alpha\xi^2 + i\beta\xi = -\alpha\left(\xi - i\dfrac{\beta}{2\alpha}\right)^2 - \dfrac{\beta^2}{4\alpha}$ となるので，積分変数を $z = \xi - i\dfrac{\beta}{2\alpha}$ に変換する．$\beta = \beta_r + i\beta_i$ (β_r，β_iは実数) とすると，複素平面での積分路は，$z = -i\dfrac{\beta_r}{2\alpha}$ を通る実軸に平行な直線 C になる (図 A.1)．以下では，便宜上，$\beta_r \geq 0$ とする．$\beta_r < 0$ でも同様である．

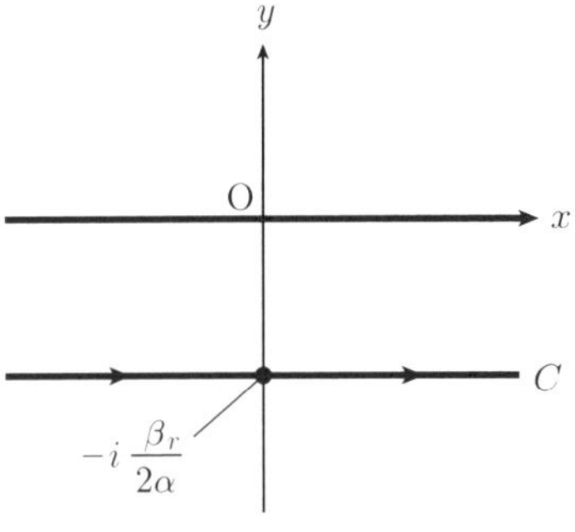

図 A.1

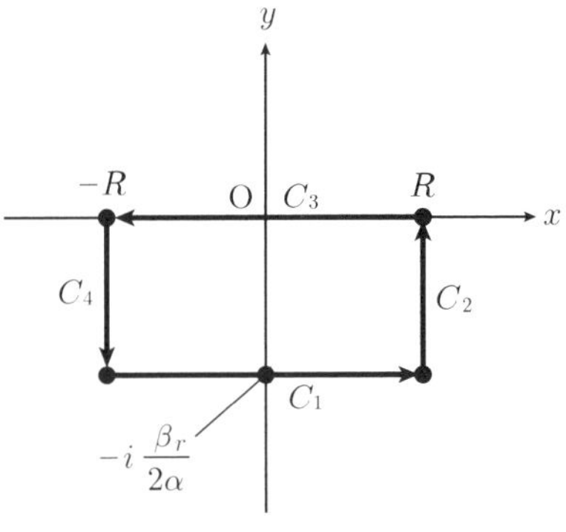

図 A.2

次の積分を J とおく．

$$J = \int_C dz\, e^{-\alpha z^2}. \tag{A.37}$$

被積分関数は正則なので，任意の閉曲線での積分が 0 になる．したがって，積分路を図 A.2 のようにとると

$$\int_{C_1} dz\, e^{-\alpha z^2} + \int_{C_2} dz\, e^{-\alpha z^2} + \int_{C_3} dz\, e^{-\alpha z^2} + \int_{C_4} dz\, e^{-\alpha z^2} = 0,$$
$$\int_{C_1} dz\, e^{-\alpha z^2} = -\int_{C_2} dz\, e^{-\alpha z^2} + \int_{-R}^{R} dx\, e^{-\alpha x^2} - \int_{C_4} dz\, e^{-\alpha z^2} \tag{A.38}$$

となる．$R \to \infty$ とすると，左辺は J に収束し，右辺第 2 項は $\sqrt{\dfrac{\pi}{\alpha}}$ に収束す

る．また，以下で示すように，右辺の第 1, 3 項は 0 に収束するので

$$J = \sqrt{\frac{\pi}{\alpha}}$$

となる．したがって，

$$\int_{-\infty}^{\infty} d\xi\, e^{-\alpha\xi^2 + i\beta\xi} = \int_C dz\, e^{-\alpha z^2} e^{-\frac{\beta^2}{4\alpha}} = \sqrt{\frac{\pi}{\alpha}} e^{-\frac{\beta^2}{4\alpha}}$$

となり，(A.33) が成り立つ．

(A.38) の右辺の第 1, 3 項が 0 となることを示そう．

第 1 項の積分路 C_2 は，次のようにパラメータ表示される．

$$C_2 : z = R + iy,\ y \in \left[-\frac{\beta_r}{2\alpha}, 0\right]. \tag{A.39}$$

よって，積分は，

$$\int_{C_2} dz\, e^{-\alpha z^2} = \int_{-\frac{\beta_r}{2\alpha}}^{0} e^{-\alpha(R^2 - y^2 + 2iRy)} \frac{dz}{dy} dy = e^{-\alpha R^2} i \int_{-\frac{\beta_r}{2\alpha}}^{0} e^{\alpha(y^2 - 2iRy)} dy$$

となる．したがって，

$$\left| \int_{C_2} dz e^{-\alpha z^2} \right| \le e^{-\alpha R^2} \int_{-\frac{\beta_r}{2\alpha}}^{0} e^{\alpha y^2} dy \le e^{-\alpha R^2} \frac{\beta_r}{2\alpha} e^{\frac{\beta_r^2}{4\alpha}}$$

となる．これより，$R \to \infty$ のとき，$\left| \int_{C_2} dz\, e^{-\alpha z^2} \right| \to 0$ となることが分かる．C_4 についても同様である．

A.3　ストークスの定理 —— 積分領域が曲三角形の和集合の場合

図 A.3 左のように，(u, v) 平面内の領域 D_i を三角形の内部とする．曲面 S_i のパラメータ表示を

$$D_i \ni (u, v) \to S_i \ni (x, y, z), \tag{A.40}$$

$$\boldsymbol{r}(u, v) = (x(u, v), y(u, v), z(u, v)) \tag{A.41}$$

とする．$\boldsymbol{r}(u, v)$ は C^2 級とする．D_i の像 $\boldsymbol{r}(D_i)$ は，図 A.3 右のような曲三角形となる．

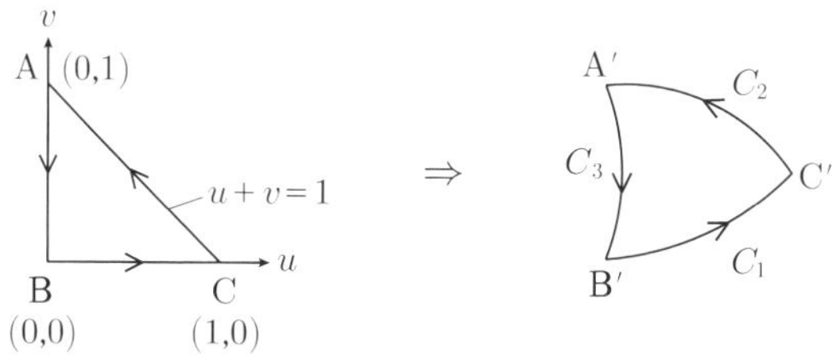

図 **A.3**

ベクトル場 $\boldsymbol{A}$ を，$\boldsymbol{A} = (A, 0, 0)$ とする[7)]．A は C^1 級とする．図のように u, v 平面における三角形 D_i の周を ABCA とし，三角形上の向きのついた 3 つの直線 B →C，C →A，A →B の像をそれぞれ，C_1，C_2，C_3 とする．

$$
\begin{aligned}
C_1 &: \boldsymbol{r}(u, 0) && (v = 0,\ u \in [0, 1]) \\
C_2 &: \boldsymbol{r}(u, 1-u) && (v = 1-u, u = 1 \to u = 0) \\
C_3 &: \boldsymbol{r}(0, v) && (u = 0, v = 1 \to v = 0)
\end{aligned}
$$

$\boldsymbol{A}$ は x 成分しかないため，各々の曲線での線積分は，次のようになる．

$$\int_{C_i} \boldsymbol{A} \cdot d\boldsymbol{r} = \int_{C_i} A\,dx$$

具体的に積分を書き下すと，

$$\int_{C_1} A\,dx = \int_0^1 du\,A(\boldsymbol{r}(u,0))\frac{d}{du}x(u,0), \tag{A.42}$$

$$
\begin{aligned}
\int_{C_2} A\,dx &= \int_1^0 du\,A(\boldsymbol{r}(u,1-u))\frac{d}{du}x(u,1-u) \\
&= \int_1^0 du\,A(\boldsymbol{r}(u,1-u)) \\
&\qquad \times \left\{\frac{\partial x}{\partial u}(u,1-u) - \frac{\partial x}{\partial v}(u,1-u)\right\}
\end{aligned} \tag{A.43}
$$

$$\int_{C_3} A\,dx = \int_1^0 dv\,A(\boldsymbol{r}(0,v))\frac{d}{dv}x(0,v) \tag{A.44}$$

---

7) y 成分のみ，あるいは z 成分のみ持つ場合も同様に証明できる．したがって，任意のベクトル場で成立することが分かる．

となる．面積積分は，次のように表される．

$$\iint_{S_i} \mathrm{rot}\boldsymbol{A}\cdot\boldsymbol{n}\,dS = \iint_{D_i} (\mathrm{rot}\boldsymbol{A}\cdot\boldsymbol{n})\left|\frac{\partial \boldsymbol{r}}{\partial u}\times\frac{\partial \boldsymbol{r}}{\partial v}\right| dudv \tag{A.45}$$

ここで，被積分関数は次のように求められる．

$$\boldsymbol{n} = \frac{\dfrac{\partial \boldsymbol{r}}{\partial u}\times\dfrac{\partial \boldsymbol{r}}{\partial v}}{\left|\dfrac{\partial \boldsymbol{r}}{\partial u}\times\dfrac{\partial \boldsymbol{r}}{\partial v}\right|}, \quad \frac{\partial \boldsymbol{r}}{\partial u}\times\frac{\partial \boldsymbol{r}}{\partial v} = \begin{vmatrix} \boldsymbol{i} & \boldsymbol{j} & \boldsymbol{k} \\ \dfrac{\partial x}{\partial u} & \dfrac{\partial y}{\partial u} & \dfrac{\partial z}{\partial u} \\ \dfrac{\partial x}{\partial v} & \dfrac{\partial y}{\partial v} & \dfrac{\partial z}{\partial v} \end{vmatrix}$$

$$\mathrm{rot}\boldsymbol{A} = \begin{vmatrix} \boldsymbol{i} & \boldsymbol{j} & \boldsymbol{k} \\ \dfrac{\partial}{\partial x} & \dfrac{\partial}{\partial y} & \dfrac{\partial}{\partial z} \\ A & 0 & 0 \end{vmatrix} = \frac{\partial A}{\partial z}\boldsymbol{j} - \frac{\partial A}{\partial y}\boldsymbol{k}$$

$$\begin{aligned}
(\mathrm{rot}\boldsymbol{A}\cdot\boldsymbol{n})\left|\frac{\partial \boldsymbol{r}}{\partial u}\times\frac{\partial \boldsymbol{r}}{\partial v}\right| &= \mathrm{rot}\boldsymbol{A}\cdot\left(\frac{\partial \boldsymbol{r}}{\partial u}\times\frac{\partial \boldsymbol{r}}{\partial v}\right) \\
&= \frac{\partial A}{\partial z}\left(\frac{\partial \boldsymbol{r}}{\partial u}\times\frac{\partial \boldsymbol{r}}{\partial v}\right)_y - \frac{\partial A}{\partial y}\left(\frac{\partial \boldsymbol{r}}{\partial u}\times\frac{\partial \boldsymbol{r}}{\partial v}\right)_z \\
&= -\frac{\partial A}{\partial z}\begin{vmatrix} \dfrac{\partial x}{\partial u} & \dfrac{\partial z}{\partial u} \\ \dfrac{\partial x}{\partial v} & \dfrac{\partial z}{\partial v} \end{vmatrix} - \frac{\partial A}{\partial y}\begin{vmatrix} \dfrac{\partial x}{\partial u} & \dfrac{\partial y}{\partial u} \\ \dfrac{\partial x}{\partial v} & \dfrac{\partial y}{\partial v} \end{vmatrix}.
\end{aligned}$$

したがって，面積積分は次のようになる．

$$\iint_{S_i} \mathrm{rot}\boldsymbol{A}\cdot\boldsymbol{n}\,dS = \iint_{D_i} \left\{ -\frac{\partial A}{\partial z}\begin{vmatrix} \dfrac{\partial x}{\partial u} & \dfrac{\partial z}{\partial u} \\ \dfrac{\partial x}{\partial v} & \dfrac{\partial z}{\partial v} \end{vmatrix} - \frac{\partial A}{\partial y}\begin{vmatrix} \dfrac{\partial x}{\partial u} & \dfrac{\partial y}{\partial u} \\ \dfrac{\partial x}{\partial v} & \dfrac{\partial y}{\partial v} \end{vmatrix} \right\} dudv$$

ここで，さらに被積分関数を書き直すと，

$$\begin{aligned}
\text{被積分関数} &= -\frac{\partial A}{\partial z}\left(\frac{\partial x}{\partial u}\frac{\partial z}{\partial v} - \frac{\partial z}{\partial u}\frac{\partial x}{\partial v}\right) - \frac{\partial A}{\partial y}\left(\frac{\partial x}{\partial u}\frac{\partial y}{\partial v} - \frac{\partial y}{\partial u}\frac{\partial x}{\partial v}\right) \\
&= \frac{\partial x}{\partial v}\left(\frac{\partial z}{\partial u}\frac{\partial A}{\partial z} + \frac{\partial y}{\partial u}\frac{\partial A}{\partial y} + \frac{\partial x}{\partial u}\frac{\partial A}{\partial x}\right) \\
&\quad - \frac{\partial x}{\partial u}\left(\frac{\partial z}{\partial v}\frac{\partial A}{\partial z} + \frac{\partial y}{\partial v}\frac{\partial A}{\partial y} + \frac{\partial x}{\partial v}\frac{\partial A}{\partial x}\right)
\end{aligned}$$

$$= \frac{\partial x}{\partial v}\frac{\partial A}{\partial u} - \frac{\partial x}{\partial u}\frac{\partial A}{\partial v}$$

となる．したがって，次式を得る．

$$\iint_{S_i} \mathrm{rot}\boldsymbol{A}\cdot\boldsymbol{n}\,dS = \iint_{D_i}\left(\frac{\partial x}{\partial v}\frac{\partial A}{\partial u} - \frac{\partial x}{\partial u}\frac{\partial A}{\partial v}\right)dudv. \tag{A.46}$$

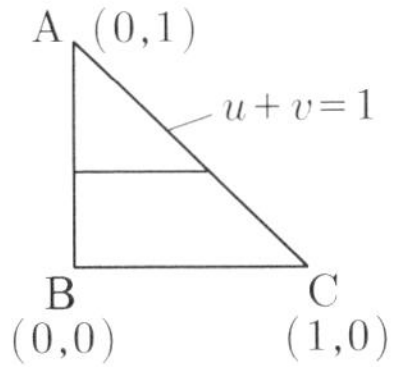

図 **A.4**

(A.46) の第一項を計算する．図 A.4 のように，累次積分を行うと

$$\begin{aligned}
&\iint_{D_i}\frac{\partial x}{\partial v}\frac{\partial A}{\partial u}dudv\\
&= \int_0^1 dv\int_0^{1-v} du\frac{\partial A}{\partial u}\frac{\partial x}{\partial v}\\
&= \int_0^1 dv\left\{\left[A\frac{\partial x}{\partial v}\right]_0^{1-v} - \int_0^{1-v} du\,A\frac{\partial^2 x}{\partial u\partial v}\right\}\\
&= \int_0^1 dv\left\{A(\boldsymbol{r}(1-v,v))\frac{\partial x}{\partial v}(1-v,v) - A(\boldsymbol{r}(0,v))\frac{\partial x}{\partial v}(0,v)\right\}\\
&\quad - \int_0^1 dv\int_0^{1-v} du\,A\frac{\partial^2 x}{\partial u\partial v}
\end{aligned} \tag{A.47}$$

となる．(A.46) の第 2 項も同様にして計算する．

$$\begin{aligned}
&\iint_{D_i}\frac{\partial A}{\partial v}\frac{\partial x}{\partial u}dudv\\
&= \int_0^1 du\int_0^{1-u} dv\frac{\partial A}{\partial v}\frac{\partial x}{\partial u}\\
&= \int_0^1 du\left\{\left[A\frac{\partial x}{\partial u}\right]_{v=0}^{v=1-u} - \int_0^{1-u} dv\,A\frac{\partial^2 x}{\partial v\partial u}\right\}\\
&= \int_0^1 du\left\{A(\boldsymbol{r}(u,1-u))\frac{\partial x}{\partial u}(u,1-u) - A(\boldsymbol{r}(u,0))\frac{\partial x}{\partial u}(u,0)\right\}
\end{aligned}$$

$$
-\int_0^1 du \int_0^{1-u} dv\, A\frac{\partial^2 x}{\partial v \partial u}. \tag{A.48}
$$

$x(u,v)$ が C^2 級なので，$\dfrac{\partial^2 x}{\partial v \partial u} = \dfrac{\partial^2 x}{\partial u \partial v}$ となるから，

$$
\begin{aligned}
&(A.47) - (A.48)\\
&= \iint_{S_i} \mathrm{rot}\boldsymbol{A}\cdot\boldsymbol{n}\,dS\\
&= \int_0^1 dv\, A(\boldsymbol{r}(1-v,v))\frac{\partial x}{\partial v}(1-v,v) - \int_0^1 dv\, A(\boldsymbol{r}(0,v))\frac{\partial x}{\partial v}(0,v)\\
&\quad - \int_0^1 du\, A(\boldsymbol{r}(u,1-u))\frac{\partial x}{\partial u}(u,1-u) + \int_0^1 du\, A(\boldsymbol{r}(u,0))\frac{\partial x}{\partial u}(u,0)
\end{aligned} \tag{A.49}
$$

となる．式 (A.49) の第 1 項で $u = 1-v$ と変数変換すると

$$
\begin{aligned}
\text{式 (A.49) の第 1 項} &= \int_0^1 du\, A(\boldsymbol{r}(u,1-u))\frac{\partial x}{\partial v}(u,1-u)\\
&= \text{式 (A.43) の第 2 項}
\end{aligned}
$$

となる．式 (A.49) の第 2 項は (A.44) に等しく，第 4 項は (A.42) に等しい．また，第 3 項は (A.43) の第一項に等しい．よって (A.49) = (A.42) + (A.43) + (A.44) となる．したがって，

$$
\int_{C_i} \boldsymbol{A}\cdot d\boldsymbol{r} = \iint_{S_i} \mathrm{rot}\boldsymbol{A}\cdot\boldsymbol{n}\,dS
$$

が成り立つ．これは，曲三角形の領域でのストークスの定理である．すべての曲三角形領域を足すことで，領域が曲三角形で分割されているときに，ストークスの定理が成り立つことが分かる．

A.4　ガウスの定理 —— 積分領域が曲四面体の和集合の場合

(5.193) と (5.194) より，1 つの領域について

$$
\iiint_{V_i} \nabla\cdot\boldsymbol{A}\,dV = \iint_{S_i} \boldsymbol{A}\cdot\boldsymbol{n}\,dS \tag{A.50}
$$

が成立すればよい.

まず, V_i が四面体の場合を考えよう. (u, v, w) 空間における四面体 ABCD の内部を K とし, その表面を T とする (図 A.5 参照).

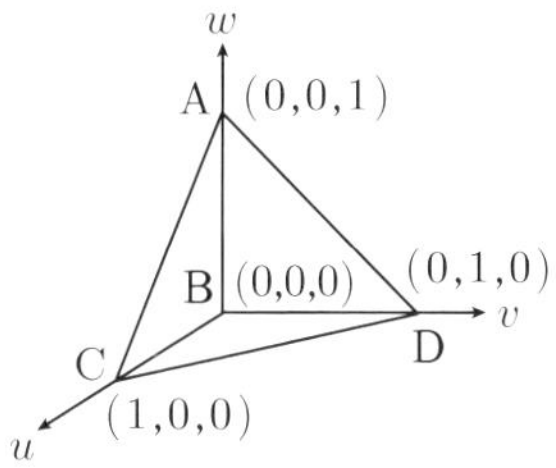

図 A.5

ベクトル場 $\boldsymbol{A}$ を $\boldsymbol{A} = (P(u, v, w), 0, 0)$ とする[8]. ここで P は C^1 級の関数である. このとき, 証明すべき式は,

$$\iiint_K \frac{\partial P}{\partial u} dudvdw = \iint_T \boldsymbol{A} \cdot \boldsymbol{n}\, dS \tag{A.51}$$

である. (A.51) の左辺において, (v, w) を固定し, u についての積分を先に行う (図 A.6 参照).

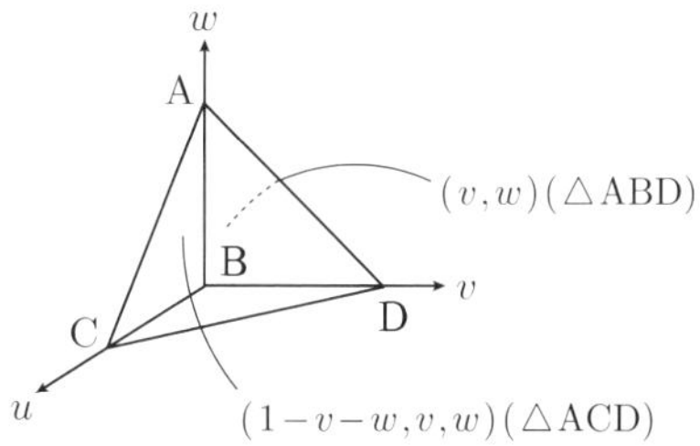

図 A.6

$$\iiint_K \frac{\partial P}{\partial u}(u, v, w) dudvdw$$

[8] y 成分のみ, あるいは z 成分のみ持つ場合も同様に証明できる. したがって, 任意のベクトル場で成立することが分かる.

$$
\begin{aligned}
&= \iiint_{\Delta\mathrm{ABD}} dvdw \int_0^{1-v-w} du \frac{\partial P}{\partial u}(u,v,w) \\
&= \iint_{\Delta\mathrm{ABD}} dvdw\{P(1-v-w,v,w) - P(0,v,w)\} \qquad \text{(A.52)}
\end{aligned}
$$

(A.51) の右辺は，

$$
\begin{aligned}
\iint_T \boldsymbol{A}\cdot\boldsymbol{n}\,dS &= \iint_{\Delta\mathrm{ABC}} \boldsymbol{A}\cdot\boldsymbol{n}\,dS + \iint_{\Delta\mathrm{ACD}} \boldsymbol{A}\cdot\boldsymbol{n}\,dS \\
&\quad + \iint_{\Delta\mathrm{ABD}} \boldsymbol{A}\cdot\boldsymbol{n}\,dS + \iint_{\Delta\mathrm{BCD}} \boldsymbol{A}\cdot\boldsymbol{n}\,dS \\
&= \iint_{\Delta\mathrm{ACD}} \boldsymbol{A}\cdot\boldsymbol{n}\,dS + \iint_{\Delta\mathrm{ABD}} \boldsymbol{A}\cdot\boldsymbol{n}\,dS \qquad \text{(A.53)}
\end{aligned}
$$

となる．面 ΔABD は，(v,w) をパラメータとして，

$$
\{(u,v,w)|u=0,\ 0\le v+w\le 1, 0\leqq v\leqq 1, 0\leqq w\leqq 1\}
$$

と表される．したがって，

$$
\frac{\partial \boldsymbol{u}}{\partial v}\times\frac{\partial \boldsymbol{u}}{\partial w} = (1,0,0)^{\mathrm{T}} = -\boldsymbol{n}
$$

であるから，

$$
\begin{aligned}
\iint_{\Delta\mathrm{ABD}} (\boldsymbol{A}\cdot\boldsymbol{n})\,dS &= \iint_{\Delta\mathrm{ABD}} (\boldsymbol{A}\cdot\boldsymbol{n}) \left|\frac{\partial \boldsymbol{u}}{\partial v}\times\frac{\partial \boldsymbol{u}}{\partial w}\right| dvdw \\
&= \iint_{\Delta\mathrm{ABD}} (P,0,0)(-1)\left(\frac{\partial \boldsymbol{u}}{\partial v}\times\frac{\partial \boldsymbol{u}}{\partial w}\right) dvdw \\
&= -\iint_{\Delta\mathrm{ABD}} P(0,v,w)dvdw \qquad \text{(A.54)}
\end{aligned}
$$

となる．ΔACD も，(v,w) をパラメータとして，

$$
\{(u,v,w)|u=1-v-w,\ 0\le v+w\le 1, 0\leqq v\leqq 1, 0\leqq w\leqq 1\}
$$

と表される．このとき，

$$
\frac{\partial \boldsymbol{u}}{\partial v} = \begin{pmatrix} -1 \\ 1 \\ 0 \end{pmatrix},\quad \frac{\partial \boldsymbol{u}}{\partial w} = \begin{pmatrix} -1 \\ 0 \\ 1 \end{pmatrix},
$$

$$\frac{\partial \boldsymbol{u}}{\partial v} \times \frac{\partial \boldsymbol{u}}{\partial w} = \begin{vmatrix} \boldsymbol{i} & \boldsymbol{j} & \boldsymbol{k} \\ -1 & 1 & 0 \\ -1 & 0 & 1 \end{vmatrix} = \boldsymbol{i} + \boldsymbol{j} + \boldsymbol{k} \qquad \text{(法線外向き)}$$

であるから，

$$\begin{aligned} \iint_{\Delta \mathrm{ACD}} \boldsymbol{A} \cdot \boldsymbol{n}\, dS &= \iint_{\Delta \mathrm{ABD}} (\boldsymbol{A}, \frac{\partial \boldsymbol{u}}{\partial \boldsymbol{v}} \times \frac{\partial \boldsymbol{u}}{\partial w}) dv dw \\ &= \iint_{\Delta \mathrm{ABD}} (P, 0, 0)(1, 1, 1)^T dv dw \\ &= \iint_{\Delta \mathrm{ABD}} P(1 - v - w, v, w) dv dw \end{aligned} \tag{A.55}$$

となる．したがって，(A.53)=(A.54)+(A.55)=(A.52) となるため，正四面体の場合について，ガウスの定理 (5.192) が証明された．

次に，一般の曲四面体の場合について証明する．以下では，曲四面体の表面を S, その内部を V とする．また，曲四面体を, パラメータ空間 (u, v, w) における四面体 (表面 T, その内部 K) の像として表し，以下のように，C^2 級の関数でパラメータ表示されているものとする（図 A.7 参照）．

$$\boldsymbol{r} = (x, y, z), \tag{A.56}$$

$$x = x(u, v, w),\ y = y(u, v, w),\ z = z(u, v, w). \tag{A.57}$$

また，$\dfrac{\partial(x, y, z)}{\partial(u, v, w)} > 0$ とする．

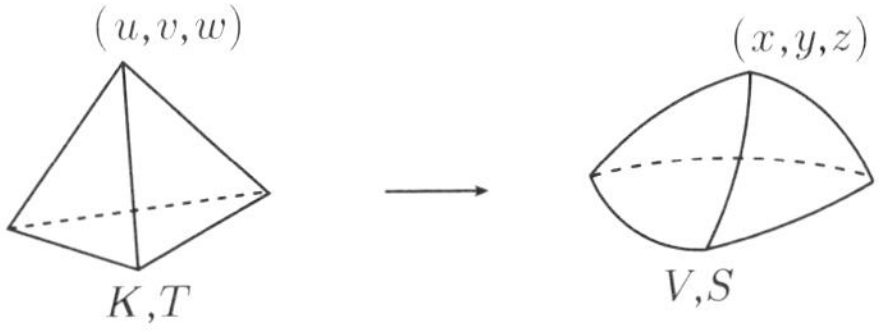

図 **A.7**

(x, y, z) 空間の規格直交基底を $(\boldsymbol{e}_x, \boldsymbol{e}_y, \boldsymbol{e}_z)$，$(u, v, w)$ 空間の規格直交基底を $(\boldsymbol{e}_u, \boldsymbol{e}_v, \boldsymbol{e}_w)$ とすると，

$$\nabla_{\boldsymbol{r}} = \boldsymbol{e}_x \frac{\partial}{\partial x} + \boldsymbol{e}_y \frac{\partial}{\partial y} + \boldsymbol{e}_z \frac{\partial}{\partial z},$$

$$\nabla_{\boldsymbol{u}} = \boldsymbol{e}_u \frac{\partial}{\partial u} + \boldsymbol{e}_v \frac{\partial}{\partial v} + \boldsymbol{e}_w \frac{\partial}{\partial w}$$

である．また，

$$\boldsymbol{A} = A_x \boldsymbol{e}_x + A_y \boldsymbol{e}_y + A_z \boldsymbol{e}_z$$

とする．仮定より，$\dfrac{\partial(x,y,z)}{\partial(u,v,w)} > 0$ であるから，座標変換の公式により，

$$\iiint_V \mathrm{div}_{\boldsymbol{r}} \boldsymbol{A}\, dxdydz = \iiint_K \mathrm{div}_{\boldsymbol{r}} \boldsymbol{A}\, \frac{\partial(x,y,z)}{\partial(u,v,w)} dudvdw \tag{A.58}$$

となる．今，四面体 K の表面のパラメータ表示を

$$\boldsymbol{u} = \boldsymbol{u}(\xi, \eta) \tag{A.59}$$

とし，定義域を E とする．これは C^1 級とする．すると，S のパラメータ表示は，

$$\boldsymbol{r} = \boldsymbol{r}(\boldsymbol{u}) = \boldsymbol{r}(\boldsymbol{u}(\xi, \eta)) \tag{A.60}$$

となる．したがって，定義より

$$\iint_S \boldsymbol{A} \cdot \boldsymbol{n}\, dS = \iint_E \boldsymbol{A} \cdot \left(\frac{\partial \boldsymbol{r}}{\partial \xi} \times \frac{\partial \boldsymbol{r}}{\partial \eta} \right) d\xi d\eta \tag{A.61}$$

となる．ここで，

$$\frac{\partial \boldsymbol{r}}{\partial \xi} = \frac{\partial \boldsymbol{r}}{\partial u}\frac{\partial u}{\partial \xi} + \frac{\partial \boldsymbol{r}}{\partial v}\frac{\partial v}{\partial \xi} + \frac{\partial \boldsymbol{r}}{\partial w}\frac{\partial w}{\partial \xi} \tag{A.62}$$

で，ベクトルの微分の意味は，

$$\frac{\partial \boldsymbol{r}}{\partial \xi} \text{ の } x \text{ 成分} = \frac{\partial}{\partial \xi} x(\boldsymbol{u}(\xi, \eta)) = \frac{\partial x}{\partial u}\frac{\partial u}{\partial \xi} + \frac{\partial x}{\partial v}\frac{\partial v}{\partial \xi} + \frac{\partial x}{\partial w}\frac{\partial w}{\partial \xi} \tag{A.63}$$

等である．

ところで，S は，定義域を T とする写像 $\boldsymbol{r} = \boldsymbol{r}(\boldsymbol{u})$ の像である (図 A.8 参照)．そこで，次式が成立するような (u, v, w) 空間のベクトル場 $\bar{\boldsymbol{A}}(\boldsymbol{u})$ を求めよう．

$$\iint_S \boldsymbol{A} \cdot \boldsymbol{n}\, dS = \iint_T \bar{\boldsymbol{A}} \cdot \bar{\boldsymbol{n}}\, dT. \tag{A.64}$$

ここで，$\boldsymbol{n}$ は S の単位法線ベクトル，$\bar{\boldsymbol{n}}$ は T の単位法線ベクトルである．右

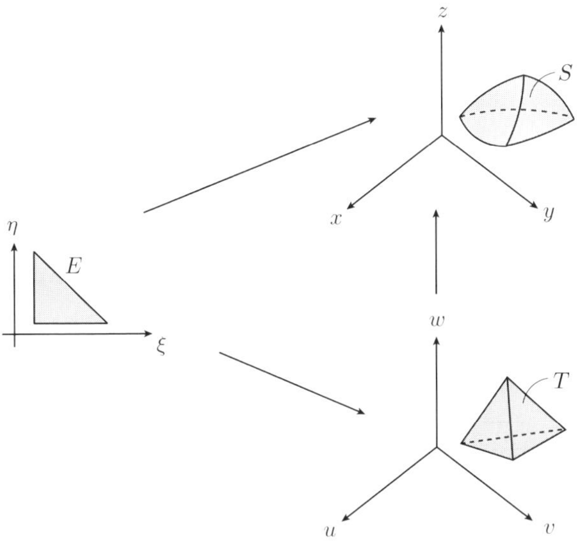

図 **A.8**

辺をパラメータ空間 (ξ,η) での積分で表すと，

$$\iint_T \bar{\boldsymbol{A}}\cdot\bar{\boldsymbol{n}}\,dT = \iint_E \bar{\boldsymbol{A}}\cdot\left(\frac{\partial \boldsymbol{u}}{\partial \xi}\times\frac{\partial \boldsymbol{u}}{\partial \eta}\right)d\xi d\eta$$

となる．(A.62) より

$$\begin{aligned}\frac{\partial \boldsymbol{r}}{\partial \xi}\times\frac{\partial \boldsymbol{r}}{\partial \eta} &= \left(\frac{\partial \boldsymbol{r}}{\partial u}\times\frac{\partial \boldsymbol{r}}{\partial v}\right)(u_\xi v_\eta - u_\eta v_\xi) + \left(\frac{\partial \boldsymbol{r}}{\partial v}\times\frac{\partial \boldsymbol{r}}{\partial w}\right)(v_\xi w_\eta - v_\eta w_\xi)\\ &\quad + \left(\frac{\partial \boldsymbol{r}}{\partial w}\times\frac{\partial \boldsymbol{r}}{\partial u}\right)(w_\xi u_\eta - w_\eta u_\xi)\\ &= \left(\frac{\partial \boldsymbol{r}}{\partial u}\times\frac{\partial \boldsymbol{r}}{\partial v}\right)\left(\frac{\partial \boldsymbol{u}}{\partial \xi}\times\frac{\partial \boldsymbol{u}}{\partial \eta}\right)_w + \left(\frac{\partial \boldsymbol{r}}{\partial v}\times\frac{\partial \boldsymbol{r}}{\partial w}\right)\left(\frac{\partial \boldsymbol{u}}{\partial \xi}\times\frac{\partial \boldsymbol{u}}{\partial \eta}\right)_u\\ &\quad + \left(\frac{\partial \boldsymbol{r}}{\partial w}\times\frac{\partial \boldsymbol{r}}{\partial u}\right)\left(\frac{\partial \boldsymbol{u}}{\partial \xi}\times\frac{\partial \boldsymbol{u}}{\partial \eta}\right)_v\end{aligned}$$

となるから，

$$\boldsymbol{A}\cdot\left(\frac{\partial \boldsymbol{r}}{\partial \xi}\times\frac{\partial \boldsymbol{r}}{\partial \eta}\right) = \bar{\boldsymbol{A}}\cdot\left(\frac{\partial \boldsymbol{u}}{\partial \xi}\times\frac{\partial \boldsymbol{u}}{\partial \eta}\right)$$

となるには，$\bar{\boldsymbol{A}}$ の (u,v,w) 空間での成分が，

$$\bar{A}_u = \boldsymbol{A}\cdot\left(\frac{\partial \boldsymbol{r}}{\partial v}\times\frac{\partial \boldsymbol{r}}{\partial w}\right)$$
$$\bar{A}_v = \boldsymbol{A}\cdot\left(\frac{\partial \boldsymbol{r}}{\partial w}\times\frac{\partial \boldsymbol{r}}{\partial u}\right)$$
$$\bar{A}_w = \boldsymbol{A}\cdot\left(\frac{\partial \boldsymbol{r}}{\partial u}\times\frac{\partial \boldsymbol{r}}{\partial v}\right)$$

であればよい．ここで，$u_\xi = \dfrac{\partial u}{\partial \xi}$ とした．その他も同様．したがって，この $\bar{\boldsymbol{A}}$ について，

$$\iint_S \boldsymbol{A}\cdot\boldsymbol{n}\,dS = \iint_T \bar{\boldsymbol{A}}\cdot\bar{\boldsymbol{n}}\,dT \tag{A.65}$$

となる．正四面体ではガウスの定理を示したので，

$$\iint_T \bar{\boldsymbol{A}}\cdot\bar{\boldsymbol{n}}\,dT = \iiint_K \mathrm{div}_{\boldsymbol{u}}\bar{\boldsymbol{A}}\,dudvdw \tag{A.66}$$

となる．ここで，

$$\mathrm{div}_{\boldsymbol{u}}\bar{\boldsymbol{A}} = \frac{\partial}{\partial u}\bar{A}_u + \frac{\partial}{\partial v}\bar{A}_v + \frac{\partial}{\partial w}\bar{A}_w$$

である．したがって，(A.58),(A.66) より，

$$\mathrm{div}_{\boldsymbol{u}}\bar{\boldsymbol{A}} = \mathrm{div}_{\boldsymbol{r}}\boldsymbol{A}\ \frac{\partial(x,y,z)}{\partial(u,v,w)} \tag{A.67}$$

が成立すればよい．(A.67) の左辺を計算する．

$$\begin{aligned}\bar{\boldsymbol{A}} &= \left\{\boldsymbol{A}\cdot\left(\frac{\partial \boldsymbol{r}}{\partial v}\times\frac{\partial \boldsymbol{r}}{\partial w}\right)\right\}\boldsymbol{e}_u \\ &\quad + \left\{\boldsymbol{A}\cdot\left(\frac{\partial \boldsymbol{r}}{\partial w}\times\frac{\partial \boldsymbol{r}}{\partial u}\right)\right\}\boldsymbol{e}_v + \left\{\boldsymbol{A}\cdot\left(\frac{\partial \boldsymbol{r}}{\partial u}\times\frac{\partial \boldsymbol{r}}{\partial v}\right)\right\}\boldsymbol{e}_w\end{aligned}$$

であるから，

$$\begin{aligned}\mathrm{div}_{\boldsymbol{u}}\bar{\boldsymbol{A}} &= \frac{\partial \boldsymbol{A}}{\partial u}\cdot\left(\frac{\partial \boldsymbol{r}}{\partial v}\times\frac{\partial \boldsymbol{r}}{\partial w}\right) + \boldsymbol{A}\cdot\frac{\partial}{\partial u}\left(\frac{\partial \boldsymbol{r}}{\partial v}\times\frac{\partial \boldsymbol{r}}{\partial w}\right) \\ &\quad + \frac{\partial \boldsymbol{A}}{\partial v}\cdot\left(\frac{\partial \boldsymbol{r}}{\partial w}\times\frac{\partial \boldsymbol{r}}{\partial u}\right) + \boldsymbol{A}\cdot\frac{\partial}{\partial v}\left(\frac{\partial \boldsymbol{r}}{\partial w}\times\frac{\partial \boldsymbol{r}}{\partial u}\right)\end{aligned}$$

$$
\begin{aligned}
&+\frac{\partial \boldsymbol{A}}{\partial w}\cdot\left(\frac{\partial \boldsymbol{r}}{\partial u}\times\frac{\partial \boldsymbol{r}}{\partial v}\right)+\boldsymbol{A}\cdot\frac{\partial}{\partial w}\left(\frac{\partial \boldsymbol{r}}{\partial u}\times\frac{\partial \boldsymbol{r}}{\partial v}\right)\\
=&\frac{\partial \boldsymbol{A}}{\partial u}\cdot\left(\frac{\partial \boldsymbol{r}}{\partial v}\times\frac{\partial \boldsymbol{r}}{\partial w}\right)+\frac{\partial \boldsymbol{A}}{\partial v}\cdot\left(\frac{\partial \boldsymbol{r}}{\partial w}\times\frac{\partial \boldsymbol{r}}{\partial u}\right)\\
&+\frac{\partial \boldsymbol{A}}{\partial w}\cdot\left(\frac{\partial \boldsymbol{r}}{\partial u}\times\frac{\partial \boldsymbol{r}}{\partial v}\right) \qquad \text{(A.68)}
\end{aligned}
$$

となる．ここで，$\boldsymbol{r}(u,v,w)$ が u,v,w について C^2 級であり，2 階偏導関数が偏微分の順序によらないことを用いた．(A.68) において，A_x を含む項のみを集めると，

$$
\begin{aligned}
&\frac{\partial A_x}{\partial u}\left(\frac{\partial \boldsymbol{r}}{\partial v}\times\frac{\partial \boldsymbol{r}}{\partial w}\right)_x+\frac{\partial A_x}{\partial v}\left(\frac{\partial \boldsymbol{r}}{\partial w}\times\frac{\partial \boldsymbol{r}}{\partial u}\right)_x+\frac{\partial A_x}{\partial w}\left(\frac{\partial \boldsymbol{r}}{\partial u}\times\frac{\partial \boldsymbol{r}}{\partial v}\right)_x\\
&=\begin{vmatrix}\dfrac{\partial A_x}{\partial u} & \dfrac{\partial A_x}{\partial v} & \dfrac{\partial A_x}{\partial w}\\ \dfrac{\partial y}{\partial u} & \dfrac{\partial y}{\partial v} & \dfrac{\partial y}{\partial w}\\ \dfrac{\partial z}{\partial u} & \dfrac{\partial z}{\partial v} & \dfrac{\partial z}{\partial w}\end{vmatrix}=\begin{vmatrix}\nabla_{\boldsymbol{u}}A_x\\ \nabla_{\boldsymbol{u}}y\\ \nabla_{\boldsymbol{u}}z\end{vmatrix}
\end{aligned}
$$

となる．A_y のみの項，A_z のみの項も同様に計算すると，次式を得る．

$$
\mathrm{div}_{\boldsymbol{u}}\bar{\boldsymbol{A}}=\begin{vmatrix}\nabla_{\boldsymbol{u}}A_x\\ \nabla_{\boldsymbol{u}}y\\ \nabla_{\boldsymbol{u}}z\end{vmatrix}+\begin{vmatrix}\nabla_{\boldsymbol{u}}A_y\\ \nabla_{\boldsymbol{u}}z\\ \nabla_{\boldsymbol{u}}x\end{vmatrix}+\begin{vmatrix}\nabla_{\boldsymbol{u}}A_z\\ \nabla_{\boldsymbol{u}}x\\ \nabla_{\boldsymbol{u}}y\end{vmatrix} \qquad \text{(A.69)}
$$

$\nabla_{\boldsymbol{u}}A_x$ を計算すると

$$
\begin{aligned}
\nabla_{\boldsymbol{u}}A_x=&\frac{\partial A_x}{\partial x}\frac{\partial x}{\partial u}\boldsymbol{e}_u+\frac{\partial A_x}{\partial y}\frac{\partial y}{\partial u}\boldsymbol{e}_u+\frac{\partial A_x}{\partial z}\frac{\partial z}{\partial u}\boldsymbol{e}_u\\
&+\frac{\partial A_x}{\partial x}\frac{\partial x}{\partial v}\boldsymbol{e}_v+\frac{\partial A_x}{\partial y}\frac{\partial y}{\partial v}\boldsymbol{e}_v+\frac{\partial A_x}{\partial z}\frac{\partial z}{\partial v}\boldsymbol{e}_v\\
&+\frac{\partial A_x}{\partial x}\frac{\partial x}{\partial w}\boldsymbol{e}_w+\frac{\partial A_x}{\partial y}\frac{\partial y}{\partial w}\boldsymbol{e}_w+\frac{\partial A_x}{\partial z}\frac{\partial z}{\partial w}\boldsymbol{e}_w\\
=&\frac{\partial A_x}{\partial x}\nabla_{\boldsymbol{u}}x+\frac{\partial A_x}{\partial y}\nabla_{\boldsymbol{u}}y+\frac{\partial A_x}{\partial z}\nabla_{\boldsymbol{u}}z
\end{aligned}
$$

となるので，$\mathrm{div}_{\boldsymbol{u}}\bar{\boldsymbol{A}}$ の式 (A.69) の第 1 項は，

$$\begin{vmatrix} \nabla_{\boldsymbol{u}} A_x \\ \nabla_{\boldsymbol{u}} y \\ \nabla_{\boldsymbol{u}} z \end{vmatrix} = \begin{vmatrix} \frac{\partial A_x}{\partial x}\nabla_{\boldsymbol{u}} x + \frac{\partial A_x}{\partial y}\nabla_{\boldsymbol{u}} y + \frac{\partial A_x}{\partial z}\nabla_{\boldsymbol{u}} z \\ \nabla_{\boldsymbol{u}} y \\ \nabla_{\boldsymbol{u}} z \end{vmatrix}$$

$$= \frac{\partial A_x}{\partial x}\begin{vmatrix} \nabla_{\boldsymbol{u}} x \\ \nabla_{\boldsymbol{u}} y \\ \nabla_{\boldsymbol{u}} z \end{vmatrix} + \frac{\partial A_x}{\partial y}\begin{vmatrix} \nabla_{\boldsymbol{u}} y \\ \nabla_{\boldsymbol{u}} y \\ \nabla_{\boldsymbol{u}} z \end{vmatrix} + \frac{\partial A_x}{\partial z}\begin{vmatrix} \nabla_{\boldsymbol{u}} z \\ \nabla_{\boldsymbol{u}} y \\ \nabla_{\boldsymbol{u}} z \end{vmatrix} = \frac{\partial A_x}{\partial x}\begin{vmatrix} \nabla_{\boldsymbol{u}} x \\ \nabla_{\boldsymbol{u}} y \\ \nabla_{\boldsymbol{u}} z \end{vmatrix}$$

となる．第 2 項，第 3 項も同様にして，

$$\begin{vmatrix} \nabla_{\boldsymbol{u}} A_y \\ \nabla_{\boldsymbol{u}} z \\ \nabla_{\boldsymbol{u}} x \end{vmatrix} = \frac{\partial A_y}{\partial y}\begin{vmatrix} \nabla_{\boldsymbol{u}} y \\ \nabla_{\boldsymbol{u}} z \\ \nabla_{\boldsymbol{u}} x \end{vmatrix} = \frac{\partial A_y}{\partial y}\begin{vmatrix} \nabla_{\boldsymbol{u}} x \\ \nabla_{\boldsymbol{u}} y \\ \nabla_{\boldsymbol{u}} z \end{vmatrix},$$

$$\begin{vmatrix} \nabla_{\boldsymbol{u}} A_z \\ \nabla_{\boldsymbol{u}} x \\ \nabla_{\boldsymbol{u}} y \end{vmatrix} = \frac{\partial A_z}{\partial z}\begin{vmatrix} \nabla_{\boldsymbol{u}} z \\ \nabla_{\boldsymbol{u}} x \\ \nabla_{\boldsymbol{u}} y \end{vmatrix} = \frac{\partial A_z}{\partial z}\begin{vmatrix} \nabla_{\boldsymbol{u}} x \\ \nabla_{\boldsymbol{u}} y \\ \nabla_{\boldsymbol{u}} z \end{vmatrix}$$

となる．したがって，

$$\mathrm{div}_{\boldsymbol{u}} \bar{\boldsymbol{A}} = \left(\frac{\partial A_x}{\partial x} + \frac{\partial A_y}{\partial y} + \frac{\partial A_z}{\partial z}\right)\begin{vmatrix} \nabla_{\boldsymbol{u}} x \\ \nabla_{\boldsymbol{u}} y \\ \nabla_{\boldsymbol{u}} z \end{vmatrix} = \mathrm{div}_{\boldsymbol{r}} \boldsymbol{A}\ \frac{\partial(x, y, z)}{\partial(u, v, w)}$$

となり，(A.67) が示された．したがって，ガウスの定理 (5.192) が，曲四面体の場合について示された．したがって，領域 V が曲四面体で分割されているときに，ガウスの定理が示された．

A.5 発展問題

発展問題 1　$m \to \infty$ で上の例の $\boldsymbol{j}$ に収束する次の連続な電流密度の列 $\boldsymbol{j}_m$ を考える．ただし，$a - \dfrac{1}{m} > 0$ とする．

$$\boldsymbol{j}_m = \begin{cases} \dfrac{I}{\pi a^2}\boldsymbol{e}_z & (\rho \leq \rho_-) \\ \dfrac{\rho_-}{\rho_+ - \rho_-}\dfrac{\rho_+ - \rho}{\rho}\dfrac{I}{\pi a^2}\boldsymbol{e}_z & (\rho_- < \rho < \rho_+) \\ \boldsymbol{0} & (\rho \geq \rho_+) \end{cases} \tag{A.70}$$

ここで，$\rho_- = a - \dfrac{1}{m}$，$\rho_+ = \dfrac{a^2}{\rho_-}$ とする．このとき，次のことを示せ．

(1)　S を $z =$ 一定 の平面における半径 $\rho > \rho_+$ の円とすると，

$$\iint_S \boldsymbol{j}_m \cdot \boldsymbol{n}\, dS = I$$

となることを示せ．ここで，$\boldsymbol{n} = \boldsymbol{e}_z$ である．

(2)　この電流密度について，次のマックスウェルの方程式をストークスの定理を用いて解け．

$$\mathrm{rot}\ \boldsymbol{H}_m = \boldsymbol{j}_m.$$

(3)　$\boldsymbol{H}_m$ が C^1 級であることを示せ．

(4)　$\boldsymbol{H}_m$ がマックスウェルの方程式を満たすことを示せ．

(5)　$\rho \neq a$ とすると，m が十分大きいとき，$\boldsymbol{H}_m = \boldsymbol{H}$ となることを示せ．ここで，$\boldsymbol{H}$ は (5.188), (5.189) である．このことより，$\rho \neq a$ で $\boldsymbol{H}$ がマックスウェルの方程式 (5.178) を満たすことを示せ．

発展問題 2　$m \to \infty$ で上の例の ρ に収束する次の連続な電荷密度の列 ρ_m を考える．ただし，$a - \dfrac{1}{m} > 0$ とする．

$$\rho_m = \begin{cases} \rho_0 & (r \leq r_-) \\ \rho_0 \dfrac{r_+ - r}{r_+ - r_-}\dfrac{r_-^2}{r^2} & (r_- < r < r_+) \\ 0 & (r \geq r_+) \end{cases} \tag{A.71}$$

ここで，$r_- = a - \dfrac{1}{m}$，$r_+ = \dfrac{1}{3}\left(r_- + \dfrac{2a^3}{r_-^2}\right)$ であり，$r_+ - r_- = \frac{2}{3r_-^2}(a^3 - r_-^3)$ となる．

(1)　V を $r =$ 一定 の球の内部とし，$r > r_+$ とすると，

$$\iiint_V \rho_m \, dV = Q$$

となることを示せ.

（2） この電荷密度について，次のマックスウェルの方程式をガウスの定理を用いて解け.

$$\mathrm{div}\, \boldsymbol{E}_m = \frac{\rho_m}{\varepsilon_0}.$$

（3） $\boldsymbol{E}_m$ が C^1 級であることを示せ.

（4） $\boldsymbol{E}_m$ がマックスウェルの方程式を満たすことを示せ.

（5） $r \neq a$ とすると，m が十分大きいとき，$\rho(\boldsymbol{r}) = \rho_m(\boldsymbol{r}), \boldsymbol{E}(\boldsymbol{r}) = \boldsymbol{E}_m(\boldsymbol{r})$ となることを示せ．ここで，$\rho(\boldsymbol{r})$ は (5.221) で定義されている電荷密度で，$\boldsymbol{E}$ は (5.227), (5.228) である．このことより，$\boldsymbol{E}$ がマックスウェルの方程式 (5.220) を満たすことが分かる.

発展問題 3 直交座標系において，次式が成立することを示せ.

$$\frac{\partial \boldsymbol{e}_i}{\partial q_j} = \frac{1}{h_i}\frac{\partial h_j}{\partial q_i}\boldsymbol{e}_i \qquad (i \neq j) \tag{A.72}$$

$$\frac{\partial \boldsymbol{e}_i}{\partial q_i} = -\sum_{j(\neq i)} \frac{1}{h_j}\frac{\partial h_i}{\partial q_j}\boldsymbol{e}_j \tag{A.73}$$

問題解答

問 2.1.1

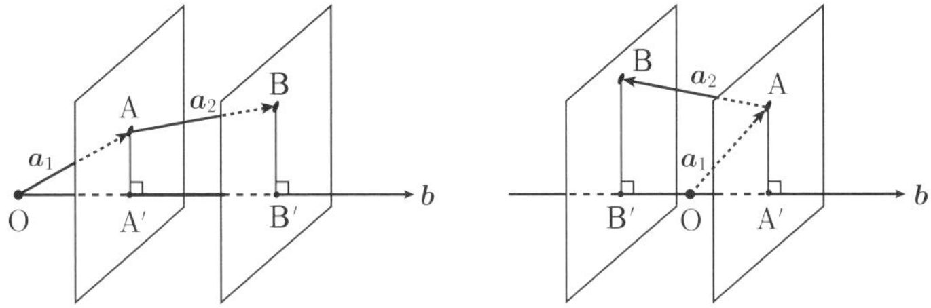

図 1

まず，図 1 の左図のような配置を考える．$(\boldsymbol{a}_1 + \boldsymbol{a}_1, \boldsymbol{b}) = \overline{\mathrm{OB}'}|\boldsymbol{b}|$，$(\boldsymbol{a}_1, \boldsymbol{b}) = \overline{\mathrm{OA}'}|\boldsymbol{b}|$，$(\boldsymbol{a}_2, \boldsymbol{b}) = \overline{\mathrm{A}'\mathrm{B}'}|\boldsymbol{b}|$ であるから，$\overline{\mathrm{OB}'} = \overline{\mathrm{OA}'} + \overline{\mathrm{A}'\mathrm{B}'}$ より従う．図 1 の右図のような配置の場合には，$(\boldsymbol{a}_1 + \boldsymbol{a}_2, \boldsymbol{b}) = -\overline{\mathrm{OB}'}|\boldsymbol{b}|$，$(\boldsymbol{a}_1, \boldsymbol{b}) = \overline{\mathrm{OA}'}|\boldsymbol{b}|$，$(\boldsymbol{a}_2, \boldsymbol{b}) = -\overline{\mathrm{A}'\mathrm{B}'}|\boldsymbol{b}|$ となり，$\overline{\mathrm{OB}'} = \overline{\mathrm{A}'\mathrm{B}'} - \overline{\mathrm{OA}'}$ より従う．

問 2.1.2　(ii), (iii), (iv) より

$$(\boldsymbol{a}, \boldsymbol{b}) = (a_x\boldsymbol{i} + a_y\boldsymbol{j} + a_z\boldsymbol{k}, \boldsymbol{b}) = a_x(\boldsymbol{i}, \boldsymbol{b}) + a_y(\boldsymbol{j}, \boldsymbol{b}) + a_z(\boldsymbol{k}, \boldsymbol{b})$$

$$(\boldsymbol{i}, \boldsymbol{b}) = (\boldsymbol{i}, b_x\boldsymbol{i} + b_y\boldsymbol{j} + b_z\boldsymbol{k}) = b_x,\ (\boldsymbol{j}, \boldsymbol{b}) = b_y,\ (\boldsymbol{k}, \boldsymbol{b}) = b_z$$

となり (2.2) が成り立つ．

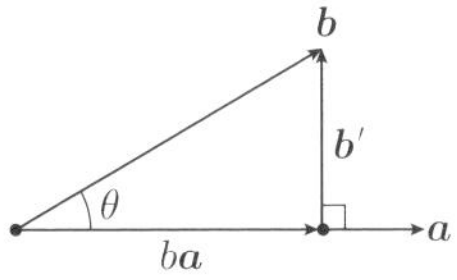

図 2

問 2.1.3　図 2 のように $\boldsymbol{a}, \boldsymbol{b}$ のなす角を θ とする．$\boldsymbol{a} \times \boldsymbol{b}$ と $\boldsymbol{a} \times \boldsymbol{b}'$ の向きは同じである．$|\boldsymbol{b}'| = |\boldsymbol{b}| \sin\theta$ であるから，$\boldsymbol{a} \times \boldsymbol{b}$ と $\boldsymbol{a} \times \boldsymbol{b}'$ の大きさも，

$$|\boldsymbol{a} \times \boldsymbol{b}| = |\boldsymbol{a}||\boldsymbol{b}| \sin\theta = |\boldsymbol{a}||\boldsymbol{b}'| = |\boldsymbol{a} \times \boldsymbol{b}'|$$

と等しくなる．したがって，(2.4) が成り立つ．

問 2.1.4　(ⅰ)　定義 1) より明らか.

(ⅱ)　$\boldsymbol{a}, \boldsymbol{b}$ のいずれかが $\boldsymbol{0}$ なら両辺ともに 0 であるから．ともに $\boldsymbol{0}$ でないとする．これらが平行なら明らかなので．平行でないとする．$|\boldsymbol{a} \times \boldsymbol{b}| = |\boldsymbol{b} \times \boldsymbol{a}|$ は定義より明らか．$\boldsymbol{a}$ から $\boldsymbol{b}$ に右ネジを回したときの右ネジの進む方きと，$\boldsymbol{b}$ から $\boldsymbol{a}$ に右ネジを回したときの右ネジの進む向きは逆であることより，(ii) が成り立つ．

(ⅲ)　$\lambda = 0$ のときは明らか．また，$\boldsymbol{a}, \boldsymbol{b}$ のいずれかが 0 のときも明らか．よって，$\lambda \neq 0$ で，$\boldsymbol{a}, \boldsymbol{b}$ がともに 0 でないとする．$\boldsymbol{a}$ と $\boldsymbol{b}$ のなす角を θ とすると，3 つのベクトルともに，大きさは，$|\lambda||\boldsymbol{a}||\boldsymbol{b}|\sin\theta$ となって等しい．向きは，$\lambda > 0$ のときは，いずれも $\boldsymbol{a} \times \boldsymbol{b}$ の向き，$\lambda < 0$ のときは，いずれも $-\boldsymbol{a} \times \boldsymbol{b}$ の向きであるから，(iii) が成り立つ．

(ⅳ)　$\boldsymbol{a} = \boldsymbol{0}$ または，$\boldsymbol{b} = \boldsymbol{0}$ なら明らかなので，$\boldsymbol{a}, \boldsymbol{b}$ ともに $\boldsymbol{0}$ でないとする．まず，$\boldsymbol{a}, \boldsymbol{b}, \boldsymbol{c}$ が図 3 のように同一平面内にある場合を考える．

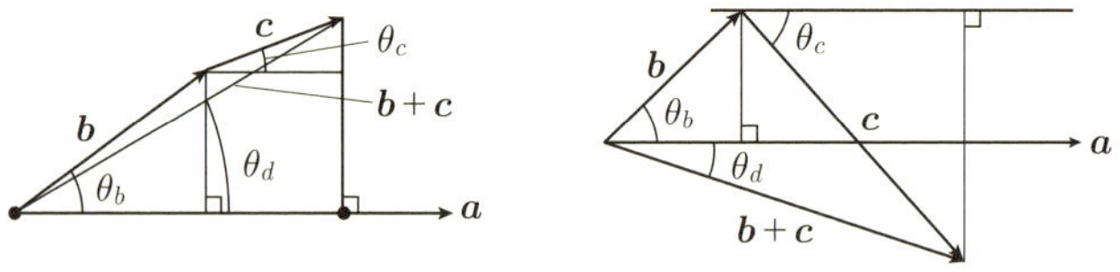

図 3

$\boldsymbol{b}, \boldsymbol{c}, \boldsymbol{b}+\boldsymbol{c}$ が $\boldsymbol{a}$ となす角を $\theta_b, \theta_c, \theta_d$ とする．左図の場合には，

$$|\boldsymbol{b}+\boldsymbol{c}|\sin\theta_d = |\boldsymbol{b}|\sin\theta_b + |\boldsymbol{c}|\sin\theta_c$$

となる．$\boldsymbol{a} \times (\boldsymbol{b}+\boldsymbol{c})$ の向きは，紙面の裏から表で，$\boldsymbol{a} \times \boldsymbol{b}$ と $\boldsymbol{a} \times \boldsymbol{c}$ の向きと同じである．したがって，

$$|\boldsymbol{a} \times (\boldsymbol{b}+\boldsymbol{c})| = |\boldsymbol{a}||\boldsymbol{b}+\boldsymbol{c}|\sin\theta_d = |\boldsymbol{a}|(|\boldsymbol{b}|\sin\theta_b + |\boldsymbol{c}|\sin\theta_c)$$
$$= |\boldsymbol{a} \times \boldsymbol{b}| + |\boldsymbol{a} \times \boldsymbol{c}| = |\boldsymbol{a} \times \boldsymbol{b} + \boldsymbol{a} \times \boldsymbol{c}|$$

となり，(iv) が成り立つ．右図の場合には，$\boldsymbol{a} \times \boldsymbol{b}$ の向きは紙面の裏から表で，$\boldsymbol{a} \times \boldsymbol{c}$ と $\boldsymbol{a} \times (\boldsymbol{b}+\boldsymbol{c})$ の向きは紙面の表から裏である．

$$|\boldsymbol{b}+\boldsymbol{c}|\sin\theta_d = |\boldsymbol{c}|\sin\theta_c - |\boldsymbol{b}|\sin\theta_b > 0$$

となるから，

$$|\boldsymbol{a} \times (\boldsymbol{b}+\boldsymbol{c})| = |\boldsymbol{a}||\boldsymbol{c}|\sin\theta_c - |\boldsymbol{a}||\boldsymbol{b}|\sin\theta_b = |\boldsymbol{a} \times \boldsymbol{c}| - |\boldsymbol{a} \times \boldsymbol{b}| > 0$$

となる．よって，$\boldsymbol{a}\times\boldsymbol{b}+\boldsymbol{a}\times\boldsymbol{c}$ の向きも紙面の表から裏である．したがって，$|\boldsymbol{a}\times(\boldsymbol{b}+\boldsymbol{c})|=|\boldsymbol{a}\times\boldsymbol{b}+\boldsymbol{a}\times\boldsymbol{c}|$ となり (iv) が成り立つ．次に，$\boldsymbol{a},\boldsymbol{b},\boldsymbol{c}$ が同一平面内にない場合を考える．$\boldsymbol{b},\boldsymbol{c},\boldsymbol{b}+\boldsymbol{c}$ を，$\boldsymbol{a}$ に平行な成分 $b\boldsymbol{a},c\boldsymbol{a},(b+c)\boldsymbol{a}$ と $\boldsymbol{a}$ に垂直な成分，$\boldsymbol{b}',\boldsymbol{c}',(\boldsymbol{b}+\boldsymbol{c})'=\boldsymbol{b}'+\boldsymbol{c}'$ に分解する．(2.4) より，$\boldsymbol{a}\times\boldsymbol{b}=\boldsymbol{a}\times\boldsymbol{b}',\boldsymbol{a}\times\boldsymbol{c}=\boldsymbol{a}\times\boldsymbol{c}',\boldsymbol{a}\times(\boldsymbol{b}+\boldsymbol{c})=\boldsymbol{a}\times(\boldsymbol{b}'+\boldsymbol{c}')$ となる．$\boldsymbol{b}',\boldsymbol{c}',\boldsymbol{a}\times\boldsymbol{b}',\boldsymbol{a}\times\boldsymbol{c}'$ は $\boldsymbol{a}$ に垂直な平面内にある．また，$\boldsymbol{a}\times\boldsymbol{b}',\boldsymbol{a}\times\boldsymbol{c}'$ はそれぞれ $\boldsymbol{b}',\boldsymbol{c}'$ に垂直である（図 4 を参照）．

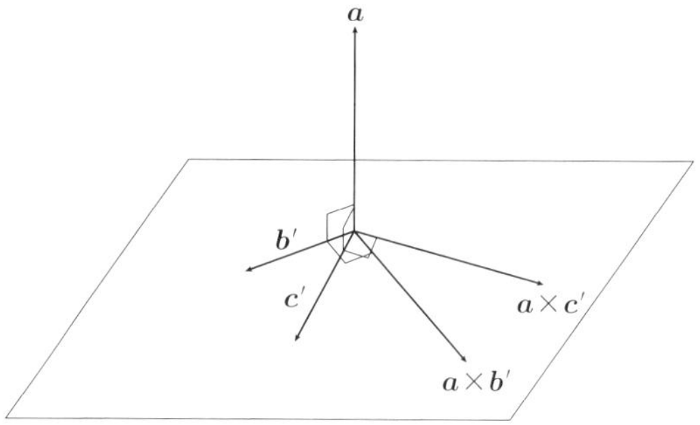

図 4

$|\boldsymbol{a}\times\boldsymbol{b}'|=|\boldsymbol{a}||\boldsymbol{b}'|,|\boldsymbol{a}\times\boldsymbol{c}'|=|\boldsymbol{a}||\boldsymbol{c}'|$ であるから，$\boldsymbol{b}'$ と $\boldsymbol{c}'$ がつくる平行四辺形は，$\boldsymbol{a}\times\boldsymbol{b}'$ と $\boldsymbol{a}\times\boldsymbol{c}'$ がつくる平行四辺形と相似である．したがって，前者の対角線を $\boldsymbol{a}$ に垂直な平面内で $\boldsymbol{a}$ のまわりに 90 度回転して $|\boldsymbol{a}|$ 倍すると，後者の対角線に一致する．したがって，$\boldsymbol{b}'+\boldsymbol{c}'$ を $\boldsymbol{a}$ の回りに 90 度回転して $|\boldsymbol{a}|$ 倍すると，$\boldsymbol{a}\times\boldsymbol{b}'+\boldsymbol{a}\times\boldsymbol{c}'$ に一致する．一方，$\boldsymbol{a}\times(\boldsymbol{b}'+\boldsymbol{c}')$ は，大きさが $|\boldsymbol{a}||\boldsymbol{b}'+\boldsymbol{c}'|$ に等しく，向きは，$\boldsymbol{b}'+\boldsymbol{c}'$ に垂直で，$\boldsymbol{b}'+\boldsymbol{c}'$ を $\boldsymbol{a}$ に垂直な平面内で $\boldsymbol{a}$ の回りに 90 度回転した向きを持つ．したがって，

$$\boldsymbol{a}\times(\boldsymbol{b}'+\boldsymbol{c}')=\boldsymbol{a}\times\boldsymbol{b}'+\boldsymbol{a}\times\boldsymbol{c}'$$

となる．上で示したように，$\boldsymbol{a}\times\boldsymbol{b}=\boldsymbol{a}\times\boldsymbol{b}'$ などとなるので，次式を得る．

$$\boldsymbol{a}\times(\boldsymbol{b}+\boldsymbol{c})=\boldsymbol{a}\times\boldsymbol{b}+\boldsymbol{a}\times\boldsymbol{c}$$

(v)　(ii), (iii), (iv) より次式が導かれる．

$$(\boldsymbol{b}+\boldsymbol{c})\times\boldsymbol{a}=-\boldsymbol{a}\times(\boldsymbol{b}+\boldsymbol{c})=-\boldsymbol{a}\times\boldsymbol{b}-\boldsymbol{a}\times\boldsymbol{c}=\boldsymbol{b}\times\boldsymbol{a}+\boldsymbol{c}\times\boldsymbol{a}$$

問 2.1.5　(2.9)　例えば，$\varepsilon_{123}=1$ で 1 と 2 を入れかえると $\varepsilon_{213}=-1$．さらに 1 と 3 を入れかえると $\varepsilon_{231}=1$ などとなる．各自確かめよ．

(2.10)　$i=j$ または $l=m$ のとき，左辺=0. 右辺は，$\delta_{il}\delta_{im}-\delta_{im}\delta_{il}=0$ または $\delta_{il}\delta_{jl}-\delta_{il}\delta_{jl}=0$ となるので成立．$i\neq j$ かつ $l\neq m$ のとき．左辺は，k_0 が i,j と異なるとして，$\varepsilon_{ijk_0}\varepsilon_{lmk_0}$ となる．l が i,j と異なれば，$l=k_0$ なので左辺は 0. 右辺も，$\delta_{il}\delta_{jm}-\delta_{im}\delta_{jl}=0$ となり左辺と一致する．同様に m が i,j と異なれば両辺とも 0 となる．残った可能性は，$l=i,m=j$ か $l=j,m=i$ である．$l=i,m=j$ なら，左辺は $\varepsilon_{ijk_0}\varepsilon_{ijk_0}=1$ となる．右辺は，$\delta_{ii}\delta_{jj}-\delta_{ij}\delta_{ij}=1$ となるので成立．$l=j,m=i$ なら，左辺は $\varepsilon_{ijk_0}\varepsilon_{jik_0}=-1$ となる．右辺は，$\delta_{ij}\delta_{ji}-\delta_{ii}\delta_{ij}=-1$ となるので成立.

(2.11)　第一成分を考える．左辺は

$$(\boldsymbol{A}\times\boldsymbol{B})_1=\begin{vmatrix}\boldsymbol{i} & \boldsymbol{j} & \boldsymbol{k}\\ A_1 & A_2 & A_3\\ B_1 & B_2 & B_3\end{vmatrix}=A_2B_3-A_3B_2$$

となる．右辺は,

$$\sum_{jk}\varepsilon_{1jk}A_jB_k=\varepsilon_{123}A_2B_3+\varepsilon_{132}A_3B_2=A_2B_3-A_3B_2$$

となり左辺と一致する．他の成分も同様である.

問 3.1.1　省略.

問 3.2.1

$$\begin{aligned}((AB)^{\mathrm{T}})_{ij}&=(AB)_{ji}=\sum_k A_{jk}B_{ki}=\sum_k B_{ki}A_{jk}\\&=\sum_k B^{\mathrm{T}}_{ik}A^{\mathrm{T}}_{kj}=(B^{\mathrm{T}}A^{\mathrm{T}})_{ij},\\((A\boldsymbol{a})^{\mathrm{T}})_i&=\sum_k A_{ik}a_k=\sum_k a_kA^{\mathrm{T}}_{ki}=\sum_k \boldsymbol{a}^{\mathrm{T}}_kA^{\mathrm{T}}_{ki}=(\boldsymbol{a}^{\mathrm{T}}A^{\mathrm{T}})_i,\\((\boldsymbol{b}A)^{\mathrm{T}})_i&=\sum_k b_kA_{ki}=\sum_k A^{\mathrm{T}}_{ik}b_k=\sum_k A^{\mathrm{T}}_{ik}\boldsymbol{b}^{\mathrm{T}}_k=(A^{\mathrm{T}}\boldsymbol{b}^{\mathrm{T}})_i.\end{aligned}$$

ここで，$\boldsymbol{a}^{\mathrm{T}}_k$ はベクトル $\boldsymbol{a}^{\mathrm{T}}$ の k 成分を表す．他も同様.

問 3.2.2　(3.4) の右辺の $a_{j_11}\cdot\cdots\cdot a_{j_nn}\cdot\mathrm{sgn}(j_1,\cdots,j_n)$ で，$a_{j_11},\cdots,a_{j_nn}$ を並べかえて $a_{1k_1},\cdots,a_{nk_n}$ とする．このとき a_{j_ii} の 2 つめの添字は，$(1,2,\cdots,n)\to(k_1,k_2,\cdots,k_n)$ となる．$(k_1,k_2,\cdots,k_n)$ は順列で $(j_1,j_2,\cdots,j_n)$ から一意的に決まる．$(j_1,j_2,\cdots,j_n)\to(1,2,\cdots,n)$ のとき，$(1,2,\cdots,n)\to(k_1,k_2,\cdots,k_n)$ となるので，$\mathrm{sgn}(j_1,\cdots,j_n)=\mathrm{sgn}(k_1,\cdots,k_n)$ となる．よって，(3.4) の右辺は，$\sum_{(j_1,\cdots,j_n)}a_{1k_1}\cdots a_{nk_n}\cdot\mathrm{sgn}(k_1,\cdots,k_n)$ となるが，$(j_1,j_2,\cdots,j_n)$ と $(k_1,k_2,\cdots,k_n)$

は 1 対 1 対応なので，$(j_1, j_2, \cdots, j_n)$ についての和を $(k_1, k_2, \cdots, k_n)$ についての和としてよい．したがって，次式を得る．

$$\det(\boldsymbol{a}_1, \cdots, \boldsymbol{a}_n) = \sum_{(k_1, \cdots, k_n)} a_{1k_1} \cdots a_{nk_n} \cdot \mathrm{sgn}(k_1, \cdots, k_n).$$

問 3.2.3　(3.4) で，行列 $A = (\boldsymbol{a}_1, \cdots, \boldsymbol{a}_n)$ のかわりに，A^{T} を代入すると，

$$\det(A^{\mathrm{T}}) = \sum_{(j_1, \cdots, j_n)} a_{1j_1} \cdot \cdots \cdot a_{nj_n} \cdot \mathrm{sgn}(j_1, \cdots, j_n)$$

となるが，これは (3.6) より，$\det A$ に等しい．

問 3.2.4　(v)．i 列めと j 列めが $\boldsymbol{a}_i + \boldsymbol{a}_j$ となる行列に対して，(iii) より，

$$\begin{aligned} 0 &= \det(\cdots, \boldsymbol{a}_i + \boldsymbol{a}_j, \cdots, \boldsymbol{a}_i + \boldsymbol{a}_j, \cdots) \\ &= \det(\cdots, \boldsymbol{a}_i, \cdots, \boldsymbol{a}_j, \cdots) + \det(\cdots, \boldsymbol{a}_j, \cdots, \boldsymbol{a}_i, \cdots) \end{aligned}$$

となる．2 つ目の等号では，(ii), (iii) を用いた．

(vi)．$\boldsymbol{a}_i = \boldsymbol{0}$ とすると，$\boldsymbol{a}_i = 0\boldsymbol{a}_i$ であるから，(i) より，次式を得る．

$$\det(\cdots, \boldsymbol{0}, \cdots) = 0 \det(\cdots, \boldsymbol{0}, \cdots) = 0.$$

問 3.2.5　省略．

問 3.2.6　3 行 3 列の行列で示す．1 行めを次のように変形する．

$$(a_{11}, a_{12}, a_{13}) = a_{11}(1, 0, 0) + a_{12}(0, 1, 0) + a_{13}(0, 0, 1).$$

したがって，

$$\det A = a_{11} \begin{vmatrix} 1 & 0 & 0 \\ a_{21} & a_{22} & a_{23} \\ a_{31} & a_{32} & a_{33} \end{vmatrix} + a_{12} \begin{vmatrix} 0 & 1 & 0 \\ a_{21} & a_{22} & a_{23} \\ a_{31} & a_{32} & a_{33} \end{vmatrix} + a_{13} \begin{vmatrix} 0 & 0 & 1 \\ a_{21} & a_{22} & a_{23} \\ a_{31} & a_{32} & a_{33} \end{vmatrix}$$

となる．第 1 項で第 1 列について同様な操作を行うと，

$$a_{11}\begin{vmatrix} 1 & 0 & 0 \\ a_{21} & a_{22} & a_{23} \\ a_{31} & a_{32} & a_{33} \end{vmatrix} = a_{11}\left(\begin{vmatrix} 1 & 0 & 0 \\ 0 & a_{22} & a_{23} \\ 0 & a_{32} & a_{33} \end{vmatrix} + a_{21}\begin{vmatrix} 0 & 0 & 0 \\ 1 & a_{22} & a_{23} \\ 0 & a_{32} & a_{33} \end{vmatrix}\right.$$

$$\left. + a_{31}\begin{vmatrix} 0 & 0 & 0 \\ 0 & a_{22} & a_{23} \\ 1 & a_{32} & a_{33} \end{vmatrix}\right)$$

$$= a_{11}\begin{vmatrix} 1 & 0 & 0 \\ 0 & a_{22} & a_{23} \\ 0 & a_{32} & a_{33} \end{vmatrix} = a_{11}\begin{vmatrix} a_{22} & a_{23} \\ a_{32} & a_{33} \end{vmatrix}$$

となる．第 2 項も第 2 列に対して同様にして，

$$a_{12}\begin{vmatrix} 0 & 1 & 0 \\ a_{21} & a_{22} & a_{23} \\ a_{31} & a_{32} & a_{33} \end{vmatrix} = a_{12}\begin{vmatrix} 0 & 1 & 0 \\ a_{21} & 0 & a_{23} \\ a_{31} & 0 & a_{33} \end{vmatrix} = -a_{12}\begin{vmatrix} 1 & 0 & 0 \\ 0 & a_{21} & a_{23} \\ 0 & a_{31} & a_{33} \end{vmatrix}$$

$$= -a_{12}\begin{vmatrix} a_{21} & a_{23} \\ a_{31} & a_{33} \end{vmatrix}$$

となる．2 つ目の等号で，1 列目と 2 列目を入れかえた．第 3 項も同様にして，

$$a_{13}\begin{vmatrix} 0 & 0 & 1 \\ a_{21} & a_{22} & a_{23} \\ a_{31} & a_{32} & a_{33} \end{vmatrix} = a_{13}\begin{vmatrix} 0 & 0 & 1 \\ a_{21} & a_{22} & 0 \\ a_{31} & a_{32} & 0 \end{vmatrix} = -a_{13}\begin{vmatrix} 0 & 1 & 0 \\ a_{21} & 0 & a_{22} \\ a_{31} & 0 & a_{32} \end{vmatrix}$$

$$= a_{13}\begin{vmatrix} 1 & 0 & 0 \\ 0 & a_{21} & a_{22} \\ 0 & a_{31} & a_{32} \end{vmatrix} = a_{13}\begin{vmatrix} a_{21} & a_{22} \\ a_{31} & a_{32} \end{vmatrix}$$

となる．したがって，次式を得る．

$$\det A = a_{11}\begin{vmatrix} a_{22} & a_{23} \\ a_{32} & a_{33} \end{vmatrix} - a_{12}\begin{vmatrix} a_{21} & a_{23} \\ a_{31} & a_{33} \end{vmatrix} + a_{13}\begin{vmatrix} a_{21} & a_{22} \\ a_{31} & a_{32} \end{vmatrix}$$

$$= \sum_j a_{1j}\Delta_{1j}.$$

他の行についても同様である．

問 3.4.1　$AB = E \Longleftrightarrow BA = E$

(⇒) $\det A \neq 0$ であるから，$CA = E$ となる行列 C が存在する．よって，

$$BA = EBA = (CA)BA = C(AB)A = CEA = CA = E.$$

(⇐) $\det B \neq 0$ であるから，$DB = E$ となる行列 D が存在する．よって，

$$AB = EAB = (DB)AB = D(BA)B = DEB = DB = E.$$

問 3.5.1 （1） $\begin{vmatrix} 1-\lambda & 2 \\ 3 & 2-\lambda \end{vmatrix} = (1-\lambda)(2-\lambda) - 6 = (\lambda - 4)(\lambda + 1) = 0,$

$\lambda = -1, 4.$

固有ベクトルを $(a, b)^{\mathrm{T}}$ とする．

$$\begin{pmatrix} 1 & 2 \\ 3 & 2 \end{pmatrix} \begin{pmatrix} a \\ b \end{pmatrix} = \lambda \begin{pmatrix} a \\ b \end{pmatrix}.$$

独立な方程式は 1 つのみ．

$$b = \frac{a}{2}(\lambda - 1)$$

より，規格化された固有ベクトルが，次のように求まる．

$$\lambda = -1 \text{ のとき，} b = -a, \ \boldsymbol{e}_1 = \frac{1}{\sqrt{2}} \begin{pmatrix} 1 \\ -1 \end{pmatrix},$$

$$\lambda = 4 \text{ のとき，} b = \frac{3}{2}a, \ \boldsymbol{e}_2 = \frac{1}{\sqrt{13}} \begin{pmatrix} 2 \\ 3 \end{pmatrix}.$$

（2） $\begin{vmatrix} 1-\lambda & 1 \\ 0 & 1-\lambda \end{vmatrix} = (1-\lambda)^2 = 0, \ \lambda = 1,$ (重根).

$$\begin{pmatrix} 1 & 1 \\ 0 & 1 \end{pmatrix} \begin{pmatrix} a \\ b \end{pmatrix} = \begin{pmatrix} a \\ b \end{pmatrix}.$$

$$a + b = a \text{ と } b = b \text{ となるので，} b = 0.$$

したがって，規格化された独立な固有ベクトルは，次のもののみである．

$$\boldsymbol{e} = \begin{pmatrix} 1 \\ 0 \end{pmatrix}.$$

問 3.5.2　省略.

問 3.5.3　(3.43) の左辺 $= ((A\boldsymbol{a})^{\mathrm{T}})^*\boldsymbol{b} = (\boldsymbol{a}^{\mathrm{T}}A^{\mathrm{T}})^*\boldsymbol{b} = (\boldsymbol{a}^{\mathrm{T}})^*(A^{\mathrm{T}})^*\boldsymbol{b}$

(3.43) の右辺 $= (\boldsymbol{a}^{\mathrm{T}})^*A^{\dagger}\boldsymbol{b}$.

$\boldsymbol{a}, \boldsymbol{b}$ は任意なので，$(A^{\mathrm{T}})^* = (A^*)^{\mathrm{T}} = A^{\dagger}$．ただし，転置して複素共役をとっても，複素共役をとって転置しても同じであることを用いた.

問 3.5.4　(3.47)　$\mathrm{Tr}\,(AB) = \sum_i\sum_j A_{ij}B_{ji} = \sum_j\sum_i B_{ji}A_{ij} = \sum_j (BA)_{jj} = \mathrm{Tr}(BA)$.

(3.48)　$\mathrm{Tr}\,(A_1A_2\cdots A_k) = \mathrm{Tr}\,(A_1(A_2A_3\cdots A_k)) = \mathrm{Tr}\,((A_2A_3A_4\cdots A_k)A_1)$.

これを繰り返せばよい.

問 4.1.1　$x'_i = \sum_j a_{ij}x_j$ を時間 t で 1 回および 2 回微分すると,

$$\frac{dx'_i}{dt} = \sum_j a_{ij}\frac{dx_j}{dt},\quad \frac{d^2x'_i}{dt^2} = \sum_j a_{ij}\frac{d^2x_j}{dt^2}$$

となるから，速度と加速度はベクトルである.

問 4.1.2 (1)　$V'_i = \sum_j a_{ij}V_j, W'_i = \sum_j a_{ij}W_j$ であるから,

$$(\boldsymbol{V}', \boldsymbol{W}') = \sum_i V'_iW'_i = \sum_i\sum_j a_{ij}V_j\sum_k a_{ik}W_k = \sum_j\sum_k V_jW_k\sum_i a_{ij}a_{ik}$$
$$= \sum_j\sum_k V_jW_k\delta_{jk} = \sum_j V_jW_j = (\boldsymbol{V}, \boldsymbol{W}).$$

(2)　(1) で，$\boldsymbol{W} = \boldsymbol{V}$ とおくことにより，ベクトルの大きさの 2 乗はスカラーであることが分かる．したがって，ベクトルの大きさもスカラーである.

問 4.1.3　$\boldsymbol{r}, \boldsymbol{p}$ はベクトルであるから，その外積は偽ベクトルである．あるいは，直接示すと，座標反転に対して,

$$L'_i = (\boldsymbol{r}'\times\boldsymbol{p}')_i = \sum_{jk}\varepsilon_{ijk}x'_jp'_k = m\sum_{jk}\varepsilon_{ijk}x'_j\frac{dx'_k}{dt} = m\sum_{jk}\varepsilon_{ijk}(-x_j)\left(-\frac{dx_k}{dt}\right)$$
$$= m\sum_{jk}\varepsilon_{ijk}x_j\frac{dx_k}{dt} = (\boldsymbol{r}\times\boldsymbol{p})_i = L_i$$

となり，符号が変わらないので，偽ベクトルである.

問 4.2.1　(1), (2) は省略.

(3)　$T'_{ij} = V'_iW'_j = \sum_k a_{ik}V_k\sum_l a_{jl}W_l = \sum_k\sum_l a_{ik}a_{jl}V_kW_l = \sum_k\sum_l a_{ik}a_{jl}T_{kl}$

となるので，2 階のテンソルである．

（4） $\sum_j T'_{ij}V'_j = \sum_j\sum_k\sum_l a_{ik}a_{jl}T_{kl}\sum_m a_{jm}V_m = \sum_k\sum_l a_{ik}T_{kl}\sum_m V_m \sum_j a_{jl}a_{jm}$
$= \sum_k\sum_l a_{ik}T_{kl}\sum_m V_m\delta_{lm} = \sum_k\sum_l a_{ik}T_{kl}V_l = \sum_k a_{ik}(\sum_l T_{kl}V_l)$,
$\sum_j T'_{ji}V'_j = \sum_j\sum_k\sum_l a_{jk}a_{il}T_{kl}\sum_m a_{jm}V_m = \sum_k\sum_l a_{il}T_{kl}\sum_m V_m \sum_j a_{jk}a_{jm}$
$= \sum_k\sum_l a_{il}T_{kl}\sum_m V_m\delta_{km} = \sum_k\sum_l a_{il}T_{kl}V_k = \sum_l a_{il}(\sum_k T_{kl}V_k)$
となるので，これらはベクトルである．

（5） $T_{ij} = 0$. $T'_{ij} = \sum_{kl} a_{ik}a_{jl}0 = 0$.

（6） $\sum_{kl} a_{ik}a_{jl}\delta_{kl} = \sum_k a_{ik}a_{jk} = \delta_{ij}$ となるので，どの座標系でも同じ値をとるテンソルとなる．

（7） $\sum_{j=1}^{3} T'_{ij}V'_j = \sum_j T'_{ij}\sum_m a_{jm}V_m$ がベクトルになるので，これは $\sum_l a_{il}\sum_m T_{lm}V_m$ に等しい．V_m は任意なので，$\sum_j T'_{ij}a_{jm} = \sum_l a_{il}T_{lm}$．すなわち，$T'A = AT, T' = ATA^{\mathrm{T}}$．これは，テンソルの変換則である．

同様にして，$\sum_{j=1}^{3} T'_{ji}V'_j = \sum_j T'_{ji}\sum_m a_{jm}V_m = \sum_l a_{il}\sum_m T_{ml}V_m$. V_m は任意なので，$\sum_j T'_{ji}a_{jm} = \sum_l a_{il}T_{ml}$．すなわち，$T'^{\mathrm{T}}A = AT^{\mathrm{T}}$，$T' = ATA^{\mathrm{T}}$．これは，テンソルの変換則である．

問 4.2.2　$\boldsymbol{a} = (a_1, a_2, a_3)^{\mathrm{T}}$ とする．$(\boldsymbol{u}, \boldsymbol{a}) = (\boldsymbol{u}, \boldsymbol{a}_\parallel)$ より，$(\boldsymbol{a}_\parallel)_i = (\boldsymbol{u}, \boldsymbol{a})u_i = \sum_j (u_iu_j)a_j$．よって，$(P)_{ij} = u_iu_j$ とすると，$\boldsymbol{a}_\parallel = P\boldsymbol{a}$，また $\boldsymbol{a}_\perp = \boldsymbol{a} - \boldsymbol{a}_\parallel = (E-P)\boldsymbol{a}$.

問 4.2.3　$T^{\mathrm{T}} = T$ とする．

$$T' = ATA^{\mathrm{T}},\ \text{転置をとると，}\ T'^{\mathrm{T}} = AT^{\mathrm{T}}A^{\mathrm{T}} = ATA^{\mathrm{T}} = T'.$$

$T^{\mathrm{T}} = -T$ とする．

$$T' = ATA^{\mathrm{T}},\ \text{転置をとると，}\ T'^{\mathrm{T}} = AT^{\mathrm{T}}A^{\mathrm{T}} = -ATA^{\mathrm{T}} = -T'.$$

問 4.2.4（1） $\sum_j \omega_{j1}x_j = -\omega_3x_2 + \omega_2x_3 = v_1$ となる．他も同様.

（2） $\boldsymbol{v}, \boldsymbol{r}$ はベクトルであるから，$v'_i = \sum_l a_{il}v_l, x_k = \sum_j a_{jk}x'_j$ となる．よって，

$$v'_i = \sum_l a_{il} v_l = \sum_l a_{il} \sum_k \omega_{kl} x_k = \sum_l a_{il} \sum_k \omega_{kl} \sum_j a_{jk} x'_j = \sum_j (\sum_l \sum_k a_{il} a_{jk} \omega_{kl}) x'_j$$

となる．(O, X′) 系での $\boldsymbol{\omega}$ の成分を $(\omega'_1, \omega'_2, \omega'_3)$ として (ω_{ij}) と同様に (ω'_{ij}) を定義すると，$v'_i = \sum_j \omega'_{ji} x'_j$ となるから，前の結果と比較して，

$$\omega'_{ji} = \sum_l \sum_k a_{il} a_{jk} \omega_{kl}$$

となり，また，$\omega_{ij} = -\omega_{ji}$ であるから，(ω_{ij}) は 2 階の反対称テンソルである．

（3） $\sum_{jk} \varepsilon_{1jk} \omega_{jk} = \varepsilon_{123} \omega_{23} + \varepsilon_{132} \omega_{32} = \omega_1 - (-\omega_1) = 2\omega_1$．他も同様．

（4） $\boldsymbol{\omega}$ が軸性ベクトルであることを示そう．$\omega_i = \dfrac{1}{2} \sum_{jk} \varepsilon_{ijk} \omega_{jk}$ より，

$$\begin{aligned}
\omega'_{i_1} &= \frac{1}{2} \sum_{i_2 i_3} \varepsilon'_{i_1 i_2 i_3} \omega'_{i_2 i_3} \\
&= \frac{1}{2} \sum_{i_2 i_3} |A| \sum_{j_1 j_2 j_3} a_{i_1 j_1} a_{i_2 j_2} a_{i_3 j_3} \varepsilon_{j_1 j_2 j_3} \sum_{k_2 k_3} a_{i_2 k_2} a_{i_3 k_3} \omega_{k_2 k_3} \\
&= \frac{|A|}{2} \sum_{j_1 j_2 j_3} \sum_{k_2 k_3} a_{i_1 j_1} \delta_{j_2 k_2} \delta_{j_3 k_3} \varepsilon_{j_1 j_2 j_3} \omega_{k_2 k_3} = \frac{|A|}{2} \sum_{j_1 j_2 j_3} a_{i_1 j_1} \varepsilon_{j_1 j_2 j_3} \omega_{j_2 j_3} \\
&= |A| \sum_{j_1} a_{i_1 j_1} \omega_{j_1}
\end{aligned}$$

となり，軸性ベクトルであることが分かる．

問 4.2.5

$$\begin{aligned}
\sum_{kl} a_{ik} a_{jl} I_{kl} &= \sum_{kl} a_{ik} a_{jl} \sum_n m_n (\boldsymbol{r}_n^2 \delta_{kl} - x_{n,k} x_{n,l}) \\
&= \sum_n m_n \sum_{kl} (a_{ik} a_{jl} {\boldsymbol{r}'_n}^2 \delta_{kl} - a_{ik} a_{jl} x_{n,k} x_{n,l}) \\
&= \sum_n m_n (\sum_k a_{ik} a_{jk} {\boldsymbol{r}'_n}^2 - x'_{n,i} x'_{n,j}) = \sum_n m_n (\delta_{ij} {\boldsymbol{r}'_n}^2 - x'_{n,i} x'_{n,j}) = I'_{ij}.
\end{aligned}$$

ここで，ベクトルの大きさがスカラーなので，${\boldsymbol{r}'_n}^2 = {\boldsymbol{r}_n}^2$ とした．

問 4.2.6

$$\begin{aligned}
K' &= \frac{1}{2} \sum_{i_1 i_2} I'_{i_1, i_2} \omega'_{i_1} \omega'_{i_2} \\
&= \frac{1}{2} \sum_{i_1 i_2} (\sum_{j_1 j_2} a_{i_1 j_1} a_{i_2 j_2} I_{j_1 j_2}) (|A| \sum_{j_3} a_{i_1 j_3} \omega_{j_3}) (|A| \sum_{j_4} a_{i_2 j_4} \omega_{j_4}) \\
&= \frac{1}{2} |A|^2 \sum_{j_1 j_2 j_3 j_4} \delta_{j_1 j_3} \delta_{j_2 j_4} I_{j_1 j_2} \omega_{j_3} \omega_{j_4} = \frac{1}{2} \sum_{j_1 j_2} I_{j_1 j_2} \omega_{j_1} \omega_{j_2} = K.
\end{aligned}$$

問 4.2.7 $(\boldsymbol{e}'_i, \boldsymbol{e}'_j) = (\sum_k u_{ki}\boldsymbol{e}_k, \sum_l u_{lj}\boldsymbol{e}_l) = \sum_k \sum_l u_{ki}u_{lj}(\boldsymbol{e}_k, \boldsymbol{e}_l)$

$$= \sum_k \sum_l u_{ki}u_{lj}\delta_{kl} = \sum_k u_{ki}u_{kj} = \sum_k (\boldsymbol{u}_i)_k(\boldsymbol{u}_j)_k = (\boldsymbol{u}_i, \boldsymbol{u}_j) = \delta_{ij}.$$

問 5.1.1 ヒント：各成分で成り立つことを示せばよい.

問 5.1.2 ヒント. (5.11) で $\boldsymbol{B}(t) = \boldsymbol{A}(t)$ とする.

問 5.2.1 （1） 座標変換を $x'_i = \sum_j a_{ij}x_j$ とする. このとき, $x_j = \sum_i a_{ij}x'_i$ となる. スカラー場なので, $\phi(\boldsymbol{x}') = \phi(\boldsymbol{x})$ となるので, 両辺を x'_i で偏微分すると, $\dfrac{\partial x_j}{\partial x'_i} = a_{ij}$ を用いて, 次式を得る.

$$\frac{\partial\phi(\boldsymbol{x}')}{\partial x'_i} = \frac{\partial\phi(\boldsymbol{x})}{\partial x'_i} = \sum_j \frac{\partial\phi(\boldsymbol{x})}{\partial x_j}\frac{\partial x_j}{\partial x'_i} = \sum_j a_{ij}\frac{\partial\phi(\boldsymbol{x})}{\partial x_j}.$$

（2） $\dfrac{\partial}{\partial x'_i} = \sum_j \dfrac{\partial}{\partial x_j}\dfrac{\partial x_j}{\partial x'_i} = \sum_j a_{ij}\dfrac{\partial}{\partial x_j}$ となる.

問 5.2.2 直交座標系から直交座標系への変換を $x'_i = \sum_j a_{ij}x_j$ とする. ベクトル $\boldsymbol{A}$ の成分を (A_1, A_2, A_3), 新しい座標系での成分を (A'_1, A'_2, A'_3) とする. $\boldsymbol{A}$ はベクトルなので, $A'_i = \sum_j a_{ij}A_j$ となるから, 次式を得る.

$$\begin{aligned}\mathrm{div}\boldsymbol{A}' &= \sum_i \frac{\partial A'_i}{\partial x'_i} = \sum_i \sum_l \frac{\partial}{\partial x'_i}(a_{il}A_l) = \sum_i \sum_l \sum_j \frac{\partial x_j}{\partial x'_i} a_{il}\frac{\partial A_l}{\partial x_j} \\ &= \sum_i \sum_l \sum_j a_{ij}a_{il}\frac{\partial A_l}{\partial x_j} = \sum_l \sum_j \delta_{jl}\frac{\partial A_l}{\partial x_j} = \sum_j \frac{\partial A_j}{\partial x_j} = \mathrm{div}\boldsymbol{A}.\end{aligned}$$

問 5.2.3 $\dfrac{\partial}{\partial x}|\boldsymbol{x}| = \dfrac{\partial}{\partial x}(x^2+y^2+z^2)^{\frac{1}{2}}$

$$= \frac{1}{2}(x^2+y^2+z^2)^{\frac{1}{2}-1}\frac{\partial}{\partial x}(x^2+y^2+z^2) = \frac{x}{|\boldsymbol{x}|},$$

同様にして,

$$\frac{\partial}{\partial y}|\boldsymbol{x}| = \frac{y}{|\boldsymbol{x}|}, \ \frac{\partial}{\partial z}|\boldsymbol{x}| = \frac{z}{|\boldsymbol{x}|}.$$

$$\nabla\cdot\frac{\boldsymbol{x}}{|\boldsymbol{x}|^3} = \frac{\partial}{\partial x}\frac{x}{|\boldsymbol{x}|^3} + \frac{\partial}{\partial y}\frac{y}{|\boldsymbol{x}|^3} + \frac{\partial}{\partial z}\frac{z}{|\boldsymbol{x}|^3} = \frac{3}{|\boldsymbol{x}|^3} - 3|\boldsymbol{x}|^{-4}\frac{x^2+y^2+z^2}{|\boldsymbol{x}|} = 0.$$

問 5.2.4 $\mathrm{div}\boldsymbol{E} = 0$ は $\boldsymbol{x} \neq \boldsymbol{0}$ のとき成り立つ. これは, $\boldsymbol{x} \neq \boldsymbol{0}$ のとき, $\boldsymbol{x}$ のまわ

りの微小領域からの湧き出しが 0 であることを意味する．今，原点を中心とする半径 r, r' $(r < r')$ の 2 つの球面を $S_r, S_{r'}$ とすると，S_r と $S_{r'}$ で囲まれた間の領域からの湧き出しは 0 となる．つまり，S_r からの湧き出しは，そのまま $S_{r'}$ から出て行き，間の領域では湧き出しが無い．一方，原点を含む領域からは，それがいかに小さい領域であろうと，湧き出しがある．これは，$\boldsymbol{x} = \boldsymbol{0}$ で湧き出しがあることを示している．

問 5.2.5　$\varepsilon'_{ijk} = \varepsilon_{ijk}$ を偽テンソルとして扱う．

$$\begin{aligned}
(\nabla' \times \boldsymbol{A}')_i &= \sum_{jk} \varepsilon_{ijk} \frac{\partial}{\partial x'_j} A'_k = \sum_{jk} \varepsilon'_{ijk} \frac{\partial}{\partial x'_j} A'_k \\
&= \sum_{jk} \varepsilon'_{ijk} \sum_l \frac{\partial x_l}{\partial x'_j} \frac{\partial}{\partial x_l} \sum_m a_{km} A_m \\
&= \sum_{jk} \sum_l \sum_m \varepsilon'_{ijk} a_{km} a_{jl} \frac{\partial A_m}{\partial x_l} \\
&= \sum_{jklm} |A| \sum_{i'j'k'} a_{ii'} a_{jj'} a_{kk'} \varepsilon_{i'j'k'} a_{km} a_{jl} \frac{\partial A_m}{\partial x_l} \\
&= |A| \sum_{lm} \delta_{lj'} \delta_{mk'} \sum_{i'j'k'} a_{ii'} \varepsilon_{i'j'k'} \frac{\partial A_m}{\partial x_l} = |A| \sum_{i'j'k'} a_{ii'} \varepsilon_{i'j'k'} \frac{\partial A_{k'}}{\partial x_{j'}} \\
&= |A| \sum_{i'} a_{ii'} (\nabla \times \boldsymbol{A})_{i'}
\end{aligned}$$

となる．これは，偽ベクトルの変換則である．

問 5.2.6

$$\begin{aligned}
(\nabla \times \frac{\hat{\boldsymbol{r}}}{r^2})_x &= \frac{\partial}{\partial y} \frac{z}{r^3} - \frac{\partial}{\partial z} \frac{y}{r^3} \\
&= z \frac{\partial}{\partial y} \frac{1}{r^3} - y \frac{\partial}{\partial z} \frac{1}{r^3} = -3zr^{-4} \frac{y}{r} + 3yr^{-4} \frac{z}{r} = 0.
\end{aligned}$$

他の成分も同様である．

問 5.2.7　(5.97), (5.98) 省略．

(5.99)
$$\begin{aligned}
(\nabla \times \nabla(\phi \boldsymbol{A}))_i &= \sum_{jk} \varepsilon_{ijk} \left(\frac{\partial \phi}{\partial x_j} A_k + \phi \frac{\partial A_k}{\partial x_j} \right) \\
&= ((\nabla \phi) \times \boldsymbol{A})_i + \phi (\nabla \times \boldsymbol{A})_i,
\end{aligned}$$

(5.100)
$$\begin{aligned}
\nabla \cdot (\boldsymbol{A} \times \boldsymbol{B}) &= \sum_i \frac{\partial}{\partial x_i} \sum_{jk} \varepsilon_{ijk} A_j B_k = \sum_{ijk} \varepsilon_{ijk} \left(\frac{\partial A_j}{\partial x_i} B_k + A_j \frac{\partial B_k}{\partial x_i} \right) \\
&= \sum_k \left(\sum_{ij} \varepsilon_{kij} \frac{\partial A_j}{\partial x_i} \right) B_k - \sum_j A_j \left(\sum_{ik} \varepsilon_{jik} \frac{\partial B_k}{\partial x_i} \right) \\
&= \sum_k (\mathrm{rot} \boldsymbol{A})_k B_k - \sum_j A_j (\mathrm{rot} \boldsymbol{B})_j
\end{aligned}$$

$$= (\nabla \times \boldsymbol{A}) \cdot \boldsymbol{B} - \boldsymbol{A} \cdot (\nabla \times \boldsymbol{B}),$$

(5.101) 右辺 (1 項 + 3 項) の i 成分 $= \{(\boldsymbol{B} \cdot \nabla)\boldsymbol{A}\}_i + \{\boldsymbol{B} \times (\nabla \times \boldsymbol{A})\}_i$

$$= \sum_j B_j \frac{\partial A_i}{\partial x_j} + \sum_{jk} \varepsilon_{ijk} B_j (\nabla \times \boldsymbol{A})_k$$

$$= \sum_j B_j \frac{\partial A_i}{\partial x_j} + \sum_{jk} \varepsilon_{ijk} B_j \sum_{lm} \varepsilon_{klm} \frac{\partial A_m}{\partial x_l}$$

$$= \sum_j B_j \frac{\partial A_i}{\partial x_j} - \sum_{jk} \varepsilon_{kji} \sum_{lm} \varepsilon_{klm} B_j \frac{\partial A_m}{\partial x_l}$$

$$= \sum_j B_j \frac{\partial A_i}{\partial x_j} - \sum_{jlm} (\delta_{jl}\delta_{im} - \delta_{jm}\delta_{il}) B_j \frac{\partial A_m}{\partial x_l}$$

$$= \sum_j B_j \frac{\partial A_i}{\partial x_j} - \sum_j \left(B_j \frac{\partial A_i}{\partial x_j} - B_j \frac{\partial A_j}{\partial x_i} \right) = \sum_j B_j \frac{\partial A_j}{\partial x_i}$$

$\boldsymbol{A}$ と $\boldsymbol{B}$ を入れ替えると,

$$右辺 (2 項 + 4 項) の i 成分 = \{(\boldsymbol{A} \cdot \nabla)\boldsymbol{B}\}_i + \{\boldsymbol{A} \times (\nabla \times \boldsymbol{B})\}_i = \sum_j A_j \frac{\partial B_j}{\partial x_i}$$

となる．したがって，次式を得る．

右辺の i 成分

$$= \sum_j \left(B_j \frac{\partial A_j}{\partial x_i} + A_j \frac{\partial B_j}{\partial x_i} \right) = \frac{\partial}{\partial x_i} \sum_j A_j B_j = \frac{\partial}{\partial x_i} (\boldsymbol{A} \cdot \boldsymbol{B})$$

$= (\nabla(\boldsymbol{A} \cdot \boldsymbol{B}))_i =$ 左辺の i 成分.

(5.102) $(\nabla \times (\boldsymbol{A} \times \boldsymbol{B}))_i = \sum_{jk} \varepsilon_{ijk} \frac{\partial}{\partial x_j} (\boldsymbol{A} \times \boldsymbol{B})_k$

$$= \sum_{jk} \varepsilon_{ijk} \frac{\partial}{\partial x_j} \sum_{lm} \varepsilon_{klm} A_l B_m$$

$$= \sum_{jk} \varepsilon_{ijk} \sum_{lm} \varepsilon_{klm} \left(\frac{\partial A_l}{\partial x_j} B_m + A_l \frac{\partial B_m}{\partial x_j} \right)$$

$$= \sum_{jlm} (\delta_{il}\delta_{jm} - \delta_{im}\delta_{jl}) \left(\frac{\partial A_l}{\partial x_j} B_m + A_l \frac{\partial B_m}{\partial x_j} \right)$$

$$= \sum_j \left(\frac{\partial A_i}{\partial x_j} B_j + A_i \frac{\partial B_j}{\partial x_j} \right) - \left(\frac{\partial A_j}{\partial x_j} B_i + A_j \frac{\partial B_i}{\partial x_j} \right)$$

$$= (\boldsymbol{B} \cdot \nabla) A_i + A_i (\nabla \cdot \boldsymbol{B}) - B_i (\nabla \cdot \boldsymbol{A}) - (\boldsymbol{A} \cdot \nabla) B_i.$$

問 5.3.1 曲線 C の別のパラメータ表示を

$$\overline{\boldsymbol{x}}(t) = (\overline{x}(s), \overline{y}(s), \overline{z}(s)),\ s \in I', I' = [\alpha', \beta']$$

とする．曲線上の同一の点を与えるパラメータは，1 対 1 対応であるから，$\boldsymbol{x}(t) = \overline{\boldsymbol{x}}(s)$ により，$t = f(s)$ を定義する．変数を t から s に変換すると，

$$\int_C \boldsymbol{A} \cdot d\boldsymbol{r} = \int_\alpha^\beta \left(A_x(\boldsymbol{x}(t)) \frac{dx}{dt} + A_y(\boldsymbol{x}(t)) \frac{dy}{dt} + A_z(\boldsymbol{x}(t)) \frac{dz}{dt} \right) dt$$

$$= \int_{\alpha'}^{\beta'} \left(A_x(\overline{\boldsymbol{x}}(s)) \frac{dx}{dt} + A_y(\overline{\boldsymbol{x}}(s)) \frac{dy}{dt} + A_z(\overline{\boldsymbol{x}}(s)) \frac{dz}{dt} \right) \frac{df}{ds} ds$$

となるが，$\dfrac{d}{ds}x(f(s)) = \dfrac{dx(t)}{dt}\dfrac{df}{ds} = \dfrac{d}{ds}\overline{x}(s)$ などの関係式より，次式を得る．

$$\int_C \boldsymbol{A} \cdot d\boldsymbol{r} = \int_{\alpha'}^{\beta'} \left(A_x(\overline{\boldsymbol{x}}(s)) \frac{d\overline{x}}{ds} + A_y(\overline{\boldsymbol{x}}(s)) \frac{d\overline{y}}{ds} + A_z(\overline{\boldsymbol{x}}(s)) \frac{d\overline{z}}{ds} \right) ds.$$

問 5.3.2 $C_{11} : x = t, y = 0, t \in [0,1],\ C_{12} : x = 1, y = t, t \in [0,1],$

$C_{21} : x = 0, y = t, t \in [0,1],\ C_{22} : x = t, y = 1, t \in [0,1],$

$C_3 : x = t, y = t, t \in [0,1]$

とする．$C_1 = C_{11} + C_{12}$，$C_2 = C_{21} + C_{22}$ である．

（1） $$\int_{C_1} (xydx + x^2dy) = \int_{C_{12}} x^2dy = \int_0^1 \frac{dy}{dt}dt = \int_0^1 dt = 1,$$

$$\int_{C_2} (xydx + x^2dy) = \int_{C_{22}} xydx = \int_0^1 tdt = \frac{1}{2},$$

$$\int_{C_3} (xy\,dx + x^2dy) = \int_0^1 (t^2 + t^2)dt = \frac{2}{3}.$$

（2） $$\int_{C_1} (xy^2dx + x^2ydy) = \int_{C_{12}} x^2ydy = \int_0^1 tdt = \frac{1}{2},$$

$$\int_{C_2} (xy^2dx + x^2ydy) = \int_{C_{22}} xy^2dx = \int_0^1 tdt = \frac{1}{2},$$

$$\int_{C_3} (xy^2dx + x^2ydy) = 2\int_0^1 t^3dt = \frac{1}{2}.$$

線積分の値は，$\boldsymbol{A}$ は経路に依存するが，$\boldsymbol{B}$ は経路に依存しない．p109 で示す判定条件から分かるように，$\boldsymbol{A}$ の場合，$xydx + x^2dy$ は全微分ではないが，$\boldsymbol{B}$ の場合，$xy^2dx + x^2ydy$ は全微分となる．したがって，$\boldsymbol{B}$ の線積分は始点と終点にのみ依存し，

経路には依存しない.

問 5.3.3 (3 行目の最初の等号で $x = a\sin\theta$ としている.)

$$I_{11} = \rho\int_{-a}^{a} dx\int_{-\sqrt{a^2-x^2}}^{\sqrt{a^2-x^2}} dy\, y^2 = 4\rho\int_0^a dx\int_0^{\sqrt{a^2-x^2}} dy\, y^2$$
$$= 4\rho\int_0^a dx\frac{1}{3}(a^2-x^2)^{\frac{3}{2}}$$
$$= \frac{4}{3}\rho a^4\int_0^{\frac{\pi}{2}}\cos^4\theta\, d\theta = \frac{4}{3}\rho a^4\frac{3\pi}{16} = \frac{M}{4}a^2.$$

問 5.3.4 (5.145) の左辺を計算する.

$$\frac{\partial \boldsymbol{r}}{\partial u}\times\frac{\partial \boldsymbol{r}}{\partial v} = \begin{vmatrix} \boldsymbol{i} & \boldsymbol{j} & \boldsymbol{k} \\ \varphi_u & \psi_u & \chi_u \\ \varphi_v & \psi_v & \chi_v \end{vmatrix} = \begin{vmatrix} \psi_u & \chi_u \\ \psi_v & \chi_v \end{vmatrix}\boldsymbol{i} - \begin{vmatrix} \varphi_u & \chi_u \\ \varphi_v & \chi_v \end{vmatrix}\boldsymbol{j} + \begin{vmatrix} \varphi_u & \psi_u \\ \varphi_v & \psi_v \end{vmatrix}\boldsymbol{k}$$
$$= \varDelta_1\boldsymbol{i} + \varDelta_2\boldsymbol{j} + \varDelta_3\boldsymbol{k}.$$

最後の等号では, 転置行列の行列式と, もとの行列の行列式の値が等しいことを用いた.

問 5.3.5 (5.152). 省略.

(5.158) $\frac{\partial \boldsymbol{r}}{\partial u}$ と $\frac{\partial \boldsymbol{r}}{\partial v}$ のなす角を θ とすると,

$$\left|\frac{\partial \boldsymbol{r}}{\partial u}\times\frac{\partial \boldsymbol{r}}{\partial v}\right|^2 = \left|\frac{\partial \boldsymbol{r}}{\partial u}\right|^2\left|\frac{\partial \boldsymbol{r}}{\partial v}\right|^2\sin^2\theta = \left|\frac{\partial \boldsymbol{r}}{\partial u}\right|^2\left|\frac{\partial \boldsymbol{r}}{\partial v}\right|^2 - \left|\frac{\partial \boldsymbol{r}}{\partial u}\right|^2\left|\frac{\partial \boldsymbol{r}}{\partial v}\right|^2\cos^2\theta$$
$$= EG - \left(\frac{\partial \boldsymbol{r}}{\partial u}\cdot\frac{\partial \boldsymbol{r}}{\partial v}\right)^2 = EG - F^2.$$

問 5.4.1 $C = C_1 + C_2$ となっている. C_2 については, 区分的に滑らかである. C_2 を図 5 の左図のように C_{21}, C_{22}, C_{23} に分割し, それらのパラメータ表示を, $(x, \varphi_i(x))$, $(i = 1, 2, 3)$ とする.

C_2 の内部を D_2 として, 累次積分を行う.

$$-\iint_{D_2}\frac{\partial P}{\partial y}dxdy = -\int_c^d dx\int_{\varphi_2(x)}^{\varphi_1(x)}\frac{\partial P}{\partial y}dy - \int_d^e dx\int_{\varphi_3(x)}^{\varphi_1(x)}\frac{\partial P}{\partial y}dy$$
$$= -\int_c^d dx\Big(P(x,\varphi_1(x)) - P(x,\varphi_2(x))\Big)$$
$$-\int_d^e dx\Big(P(x,\varphi_1(x)) - P(x,\varphi_3(x))\Big)$$
$$= \int_{C_{21}} Pdx + \int_{C_{22}} Pdx + \int_{C_{23}} Pdx = \int_{C_2} Pdx.$$

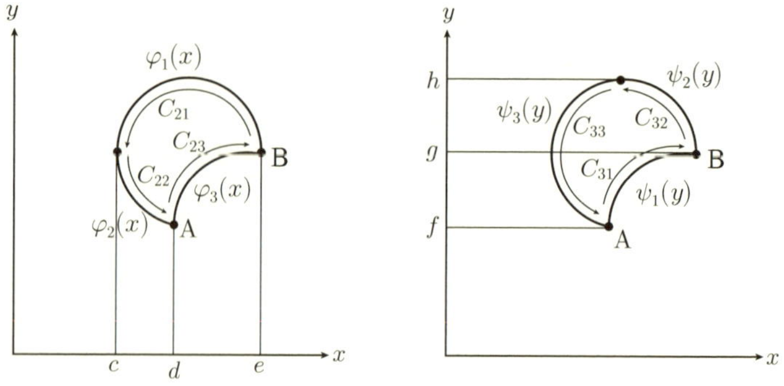

図 5

次に，C_2 を図 5 の右図のように C_{31}, C_{32}, C_{33} に分割し，それらのパラメータ表示を，$(\psi_i(y), y)$，$(i = 1, 2, 3)$ とする．累次積分を行うと，

$$\iint_{D_2} \frac{\partial Q}{\partial x} dxdy = \int_f^g dy \int_{\psi_3(y)}^{\psi_1(y)} \frac{\partial Q}{\partial x} dx + \int_g^h dy \int_{\psi_3(y)}^{\psi_2(y)} \frac{\partial Q}{\partial x} dx$$

$$= \int_f^g dy \Big(Q(\psi_1(y), y) - Q(\psi_3(y), y) \Big)$$

$$+ \int_g^h dy \Big(Q(\psi_2(y), y) - Q(\psi_3(y), y) \Big)$$

$$= \int_{C_{31}} Q\,dy + \int_{C_{32}} Q\,dy + \int_{C_{33}} Q\,dy = \int_{C_2} Q\,dy$$

となる．C_1 については，その内部を D_1 とすると，(5.161) より，

$$\int_{C_1} (P\,dx + Q\,dy) = \iint_{D_1} \left(\frac{\partial Q}{\partial x} - \frac{\partial P}{\partial y} \right) dxdy$$

となる．したがって，次式を得る．

$$\int_{C_1} (P\,dx + Q\,dy) + \int_{C_2} (P\,dx + Q\,dy) = \int_C (P\,dx + Q\,dy)$$

$$= \iint_D \left(\frac{\partial Q}{\partial x} - \frac{\partial P}{\partial y} \right) dxdy.$$

問 5.4.2　グリーンの定理 (5.161) で $P = -\dfrac{y}{2}$，$Q = \dfrac{x}{2}$ とおく．

$$\int_C (P\,dx + Q\,dy) = \frac{1}{2}\int_C (x\,dy - y\,dx) = \iint_D \left(\frac{1}{2} - (-\frac{1}{2})\right) dxdy = |D|.$$

問 5.5.1　$\phi(\boldsymbol{r})$ は (5.169) で与えられるが，道のとり方によらないので，C を基準点 $\boldsymbol{r}_0$ から $\boldsymbol{r}$ へ向かう直線とする．

$$C : \bar{\boldsymbol{r}}(t) = \boldsymbol{r}_0 + t(\boldsymbol{r} - \boldsymbol{r}_0).$$

よって，

$$\begin{aligned}\phi(\boldsymbol{r}) &= GMm\int_0^1 \frac{\bar{\boldsymbol{r}}}{\bar{r}^3}\cdot\frac{d\bar{\boldsymbol{r}}}{dt}dt = GMm\int_0^1 \frac{\boldsymbol{r}_0 + t(\boldsymbol{r} - \boldsymbol{r}_0)}{|\boldsymbol{r}_0 + t(\boldsymbol{r} - \boldsymbol{r}_0)|^3}\cdot(\boldsymbol{r} - \boldsymbol{r}_0)dt \\ &= -GMm\int_0^1 \frac{d}{dt}\frac{1}{|\boldsymbol{r}_0 + t(\boldsymbol{r} - \boldsymbol{r}_0)|}dt = -GMm(\frac{1}{|\boldsymbol{r}|} - \frac{1}{|\boldsymbol{r}_0|}).\end{aligned}$$

基準点を無限遠点にとると，$|\boldsymbol{r}_0| \to \infty$ として，次式を得る．

$$\phi(\boldsymbol{r}) = -GMm\frac{1}{|\boldsymbol{r}|}.$$

問 5.5.2　省略．

問 5.5.3　半径 $\rho\ (>0)$ の円周 C とその内部の円 S について，(5.178) にストークスの定理を '適用' すると，

$$2\rho\pi|\boldsymbol{H}| = I$$

となり，(5.173) と一致することが分かる．

問 5.6.1

$$\begin{aligned}&r < a \text{ のとき，} \mathrm{div}\boldsymbol{E} = \frac{1}{r^2}\frac{d}{dr}(r^2\frac{Q}{4\pi\varepsilon_0 a^3}r) = \frac{3Q}{4\pi\varepsilon_0 a^3}, \\ &r > a \text{ のとき，} \mathrm{div}\boldsymbol{E} = \frac{1}{r^2}\frac{d}{dr}(r^2\frac{Q}{4\pi\varepsilon_0 r^2}) = 0\end{aligned}$$

となり，いずれの場合も $\dfrac{\rho}{\varepsilon_0}$ と一致する．

問 5.6.2　対称性より，$\boldsymbol{r}$ での電場は，$\boldsymbol{E}(\boldsymbol{r}) = E(|\boldsymbol{r} - \boldsymbol{r}_i|)\frac{\boldsymbol{r}-\boldsymbol{r}_i}{|\boldsymbol{r}-\boldsymbol{r}_i|}$ と表すことができる．$\boldsymbol{r}_i$ を中心とする半径 $|\boldsymbol{r} - \boldsymbol{r}_i|$ の球 V で $\mathrm{div}\boldsymbol{E} = \dfrac{\rho}{\varepsilon_0}$ の両辺を体積積分し，ガウスの定理を '適用' すると，

$$4\pi|\boldsymbol{r} - \boldsymbol{r}_i|^2 E(|\boldsymbol{r} - \boldsymbol{r}_i|) = \iiint_V \frac{q_i\delta(\boldsymbol{r} - \boldsymbol{r}_i)}{\varepsilon_0}dV = \frac{q_i}{\varepsilon_0}$$

となる．したがって，次式を得る．

$$\boldsymbol{E}(\boldsymbol{r}) = \frac{q_i}{4\pi\varepsilon_0}\frac{\boldsymbol{r}-\boldsymbol{r}_i}{|\boldsymbol{r}-\boldsymbol{r}_i|^3}.$$

問 6.1.1　(6.13)．$(\boldsymbol{i},\boldsymbol{e}_r) = \cos\theta, (\boldsymbol{j},\boldsymbol{e}_r) = \sin\theta, (\boldsymbol{i},\boldsymbol{e}_\theta) = -\sin\theta, (\boldsymbol{j},\boldsymbol{e}_\theta) = \cos\theta$ であるから，

$$A_x = (\boldsymbol{i},\boldsymbol{e}_r)A_r + (\boldsymbol{i},\boldsymbol{e}_\theta)A_\theta,\ A_y = (\boldsymbol{j},\boldsymbol{e}_r)A_r + (\boldsymbol{j},\boldsymbol{e}_\theta)A_\theta$$

より従う．

(6.15), (6.16), (6.18)．ヒント．x, y 座標における $\mathrm{div}\boldsymbol{A}, \nabla^2\psi, (\mathrm{rot}\boldsymbol{A})_z$ の表式に，(6.5), (6.6), (6.13) を代入する．

問 6.1.2　後出 (6.2 節)．

問 6.1.3　ヒント．$(\boldsymbol{e}_i,\boldsymbol{e}_j) = \delta_{ij}, \boldsymbol{e}_1\times\boldsymbol{e}_2 = \boldsymbol{e}_3$ などを用いて計算する．

問 7.1.1　ヒント．(7.2), (7.6) は被積分関数が奇関数であることより従う．また，不定積分や加法定理を用いる．

$$\int dx\sin(mx) = -\frac{1}{m}\cos(mx), \int dx\cos(mx) = \frac{1}{m}\sin(mx) \qquad (m\neq 0),$$
$$\sin(mx)\sin(nx) = -\frac{1}{2}\{\cos((m+n)x) - \cos((m-n)x)\},$$
$$\cos(mx)\cos(nx) = \frac{1}{2}\{\cos((m+n)x) + \cos((m-n)x)\},$$
$$\sin(mx)\cos(nx) = \frac{1}{2}\{\sin((m+n)x) + \sin((m-n)x)\}.$$

問 7.1.2　ヒント．部分積分を行う．

（1）　$x=0$ または π を代入．$\dfrac{\pi^2}{8} = \displaystyle\sum_{n=1}^{\infty}\frac{1}{(2n-1)^2}$.

（2）　$x=\pi$ を代入．$\dfrac{\pi^2}{6} = \displaystyle\sum_{n=1}^{\infty}\frac{1}{n^2} = \zeta(2)$.

（3）　$x=\pi$ を代入．$\dfrac{\pi^4}{90} = \displaystyle\sum_{n=1}^{\infty}\frac{1}{n^4} = \zeta(4)$.

（4）　$x=\dfrac{\pi}{2}$ を代入．$\dfrac{\pi}{4} = \displaystyle\sum_{n=1}^{\infty}\frac{(-1)^{n-1}}{2n-1}$.

問 7.1.3　省略.

問 7.1.4　$f(x) = f_R(x) + if_I(x)$ とし，$f_R(x)$，$f_I(x)$ は実関数とする．これらは，

$[-L, L]$ で区分的に滑らかとする．$f_R(x)$，$f_I(x)$ をフーリエ展開すると，

$$\frac{1}{2}\{f_R(x+0)+f_R(x-0)\} = \frac{1}{2}a_0 + \sum_{n=1}^{\infty}\left\{a_n\cos\left(\frac{n\pi x}{L}\right) + b_n\sin\left(\frac{n\pi x}{L}\right)\right\}, \quad (1)$$

$$\frac{1}{2}\{f_I(x+0)+f_I(x-0)\} = \frac{1}{2}\tilde{a}_0 + \sum_{n=1}^{\infty}\left\{\tilde{a}_n\cos\left(\frac{n\pi x}{L}\right) + \tilde{b}_n\sin\left(\frac{n\pi x}{L}\right)\right\} \quad (2)$$

となる．ここで，$a_n, b_n, \tilde{a}_n, \tilde{b}_n$ は，次式で与えられる．

$$a_n = \frac{1}{L}\int_{-L}^{L} f_R(t)\cos\left(\frac{n\pi t}{L}\right)dt \qquad (n = 0, 1, 2, \cdots)$$

$$b_n = \frac{1}{L}\int_{-L}^{L} f_R(t)\sin\left(\frac{n\pi t}{L}\right)dt \qquad (n = 1, 2, \cdots)$$

$$\tilde{a}_n = \frac{1}{L}\int_{-L}^{L} f_I(t)\cos\left(\frac{n\pi t}{L}\right)dt \qquad (n = 0, 1, 2, \cdots)$$

$$\tilde{b}_n = \frac{1}{L}\int_{-L}^{L} f_I(t)\sin\left(\frac{n\pi t}{L}\right)dt \qquad (n = 1, 2, \cdots)$$

式 (1) $+ i \times$ 式 (2) より次式を得る．

$$\begin{aligned}\frac{1}{2}\{f(x+0)+f(x-0)\} &= \frac{1}{2}(a_0 + i\tilde{a}_0) + \sum_{n=1}^{\infty}\left\{(a_n + i\tilde{a}_n)\cos\left(\frac{n\pi x}{L}\right)\right. \\ &\qquad \left. + (b_n + i\tilde{b}_n)\sin\left(\frac{n\pi x}{L}\right)\right\} \\ &= c_0 + \sum_{n=1}^{\infty}\left(c_n e^{i\frac{n\pi x}{L}} + c_{-n}e^{-i\frac{n\pi x}{L}}\right)\end{aligned}$$

となる．ここで，

$$\begin{aligned}c_0 &= \frac{1}{2}(a_0 + i\tilde{a}_0), \\ c_n &= \frac{1}{2}(a_n + i\tilde{a}_n + \tilde{b}_n - ib_n) \qquad (n > 0) \\ c_{-n} &= \frac{1}{2}(a_n + i\tilde{a}_n - \tilde{b}_n + ib_n) \qquad (n > 0)\end{aligned}$$

とおいた．したがって，

$$\begin{aligned}c_0 &= \frac{1}{2L}\int_{-L}^{L}(f_R(t) + if_I(x))dt = \frac{1}{2L}\int_{-L}^{L} f(t)dt, \\ c_n &= \frac{1}{2}(a_n + i\tilde{a}_n + \tilde{b}_n - ib_n) = \frac{1}{2L}\int_{-L}^{L} f(t)e^{-i\frac{n\pi t}{L}}dt \qquad (n > 0) \\ c_{-n} &= \frac{1}{2}(a_n + i\tilde{a}_n - \tilde{b}_n + ib_n) = \frac{1}{2L}\int_{-L}^{L} f(t)e^{i\frac{n\pi t}{L}}dt \qquad (n > 0)\end{aligned}$$

となる．これらをまとめると，任意の n について

$$c_n = \frac{1}{2L}\int_{-L}^{L} f(t)e^{-i\frac{n\pi t}{L}}dt \tag{3}$$

となる．また，f が実関数のときには，$f^* = f$ と式 (3) より，$c_n^* = c_{-n}$ となる．また，$\tilde{a}_n = \tilde{b}_n = 0$ となるから，

$$\begin{aligned} c_0 &= \frac{1}{2}a_0, \\ c_n &= \frac{1}{2}(a_n - ib_n),\ c_{-n} = \frac{1}{2}(a_n + ib_n) \qquad (n > 0) \end{aligned}$$

となる．

問 7.1.5　ヒント．$\displaystyle\int dx\, e^{ax+inx} = \frac{1}{a+in}e^{ax+inx} \quad (a + in \neq 0)$.

問 7.2.1（1）被積分関数は偶関数なので，フーリエ余弦変換を行う．$\omega \neq 0$ として，

$$\hat{f}_c(\omega) = \sqrt{\frac{2}{\pi}}\int_0^1 \cos(\omega x)dx = \sqrt{\frac{2}{\pi}}\left[\frac{\sin(\omega x)}{\omega}\right]_0^1 = \sqrt{\frac{2}{\pi}}\frac{\sin\omega}{\omega}.$$

$\omega = 0$ のときは，

$$\hat{f}_c(0) = \sqrt{\frac{2}{\pi}}\int_0^1 dx = \sqrt{\frac{2}{\pi}}.$$

したがって，$\displaystyle\lim_{\omega\to 0}\hat{f}_c(\omega) = \sqrt{\frac{2}{\pi}} = \hat{f}_c(0)$ である．

（2）上の結果より，

$$\frac{1}{2}\{f(x+0) + f(x-0)\} = \frac{2}{\pi}\int_0^\infty d\omega \frac{\sin\omega\cos(\omega x)}{\omega}$$

となることより，示すべき等式が導かれる．また，(7.59) は $x = 0$ とおくことにより示される．

問 7.2.2　被積分関数は奇関数なので，フーリエ正弦変換を行う．$\omega \neq 0$ として，

$$\begin{aligned} \hat{f}_c(\omega) &= \sqrt{\frac{2}{\pi}}\int_0^1 x\sin(\omega x)dx = \sqrt{\frac{2}{\pi}}\left(-\left[x\frac{\cos(\omega x)}{\omega}\right]_0^1 + \int_0^1 dx\frac{\cos(\omega x)}{\omega}\right) \\ &= \sqrt{\frac{2}{\pi}}\left(-\frac{\cos\omega}{\omega} + \frac{\sin\omega}{\omega^2}\right) \end{aligned}$$

となる．また，$\lim_{\omega\to 0}\hat{f}_c(\omega)=0=\hat{f}_c(0)$ となる．

問 7.2.3　$\hat{g}(\omega)=\frac{1}{\sqrt{2\pi}}\int (f(-t))^* e^{-i\omega t}dt=\frac{1}{\sqrt{2\pi}}\int (f(t))^* e^{i\omega t}dt=(\hat{f}(\omega))^*$
より従う．

問 7.2.4　フーリエ正弦変換の場合．

$$\frac{1}{2}\int_{-\infty}^{\infty}dyg(y)f(x-y)=\frac{1}{2}\int_{-\infty}^{\infty}dyg(y)\sqrt{\frac{2}{\pi}}\int_0^{\infty}d\omega\hat{f}_s(\omega)\sin(\omega(x-y))$$
$$=\frac{1}{2}\sqrt{\frac{2}{\pi}}\int_0^{\infty}d\omega\hat{f}_s(\omega)\int_{-\infty}^{\infty}dyg(y)(\sin(\omega x)\cos(\omega y)-\cos(\omega x)\sin(\omega y))$$
$$=-\frac{1}{2}\sqrt{\frac{2}{\pi}}\int_0^{\infty}d\omega\hat{f}_s(\omega)\cos(\omega x)\int_{-\infty}^{\infty}dyg(y)\sin(\omega y)$$
$$=-\sqrt{\frac{2}{\pi}}\int_0^{\infty}d\omega\hat{f}_s(\omega)\cos(\omega x)\int_0^{\infty}dyg(y)\sin(\omega y)=-\int_0^{\infty}d\omega\hat{f}_s(\omega)\hat{g}_s(\omega)\cos(\omega x).$$

フーリエ余弦変換の場合．

$$\frac{1}{2}\int_{-\infty}^{\infty}dyg(y)f(x-y)=\frac{1}{2}\int_{-\infty}^{\infty}dyg(y)\sqrt{\frac{2}{\pi}}\int_0^{\infty}d\omega\hat{f}_c(\omega)\cos(\omega(x-y))$$
$$=\frac{1}{2}\sqrt{\frac{2}{\pi}}\int_0^{\infty}d\omega\hat{f}_c(\omega)\int_{-\infty}^{\infty}dyg(y)(\cos(\omega x)\cos(\omega y)+\sin(\omega x)\sin(\omega y))$$
$$=\frac{1}{2}\sqrt{\frac{2}{\pi}}\int_0^{\infty}d\omega\hat{f}_c(\omega)\cos(\omega x)\int_{-\infty}^{\infty}dyg(y)\cos(\omega y)$$
$$=\sqrt{\frac{2}{\pi}}\int_0^{\infty}d\omega\hat{f}_c(\omega)\cos(\omega x)\int_0^{\infty}dyg(y)\cos(\omega y)$$
$$=\int_0^{\infty}d\omega\hat{f}_c(\omega)\hat{g}_c(\omega)\cos(\omega x).$$

問 8.1.1　$u=X(x)Y(y)$ とおいて (8.51) に代入し，u で割ると，

$$\frac{1}{X}\frac{d^2X}{dx^2}=-\frac{1}{Y}\frac{d^2Y}{dy^2}$$

となる．両辺は定数となるべきなので，それを λ とおくと．

$$\frac{d^2X}{dx^2}=\lambda X,$$
$$\frac{d^2Y}{dy^2}=-\lambda Y$$

を得る．$u(0,y)=0$, $u(a,y)=0$ より，$X(x)$ についての境界条件は，$X(0)=0$, $X(a)=0$ となる．まず，最初の式を，境界条件 $X(0)=X(a)=0$ のもとで解く．固定端の弦の振動の場合と同様に，$\lambda<0$ が分かるので，一般解は

$$X=\alpha\sin(\sqrt{|\lambda|}x)+\beta\cos(\sqrt{|\lambda|}x)$$

である．境界条件より，

$$\sin(\sqrt{|\lambda|}a)=0,\ \beta=0$$

となる．したがって，

$$\sqrt{|\lambda|}a=n\pi \qquad (n=1,2,\cdots)$$

となり，

$$\lambda=-\left(\frac{n\pi}{a}\right)^2 \qquad (n=1,2,\cdots)$$

を得る．よって，解は，

$$X_n(x)=\sin\left(\frac{n\pi}{a}x\right)$$

となる．次に，$Y(y)$ を求める．微分方程式は，

$$\frac{d^2Y_n}{dy^2}=\left(\frac{n\pi}{a}\right)^2Y_n$$

であり，$e^{\frac{n\pi}{a}y}, e^{-\frac{n\pi}{a}y}$ が独立な解である．ここでは，その一次結合

$$\cosh\left(\frac{n\pi}{a}y\right),\ \sinh\left(\frac{n\pi}{a}y\right)$$

を用いて，一般解を

$$Y_n(y)=A_n\cosh\left(\frac{n\pi}{a}y\right)+B_n\sinh\left(\frac{n\pi}{a}y\right)$$

とおく．$u(x,b)=0$ より，$Y_n(y)$ についての境界条件は，$Y_n(b)=0$ であるから，

$$A_n=-\tanh\left(\frac{n\pi}{a}b\right)B_n$$

である．したがって，

$$Y_n(y)=B_n\left\{\cosh\left(\frac{n\pi}{a}y\right)\left(-\tanh\left(\frac{n\pi}{a}b\right)\right)+\sinh\left(\frac{n\pi}{a}y\right)\right\}$$

$$= \frac{B_n}{\cosh\left(\frac{n\pi}{a}b\right)}\left\{\sinh\left(\frac{n\pi}{a}y\right)\cosh\left(\frac{n\pi}{a}b\right) - \cosh\left(\frac{n\pi}{a}y\right)\sinh\left(\frac{n\pi}{a}b\right)\right\}$$
$$= -\frac{B_n}{\cosh\left(\frac{n\pi}{a}b\right)}\sinh\left(\frac{n\pi}{a}(b-y)\right)$$

となる．ここで，$\sinh(x-y) = \sinh x\cosh y - \cosh x\sinh y$ を用いた．$C_n = -\dfrac{B_n}{\cosh(\frac{n\pi}{a}b)}$ とすると，

$$X_n(x)Y_n(y) = C_n\sin\left(\frac{n\pi}{a}x\right)\sinh\left(\frac{n\pi}{a}(b-y)\right)$$

となる．これらの一次結合をとると，一般解は

$$u(x,y) = \sum_{n=1}^{\infty} C_n\sin\left(\frac{n\pi}{a}x\right)\sinh\left(\frac{n\pi}{a}(b-y)\right)$$

となる．次に境界条件 $u(x,0) = f(x)$ より，

$$f(x) = \sum_{n=1}^{\infty} C_n\sin\left(\frac{n\pi}{a}x\right)\sinh\left(\frac{n\pi}{a}b\right)$$

となる．これは，$[0,a]$ での $f(x)$ のフーリエサイン展開となっているから，係数は，

$$C_n\sinh\left(\frac{n\pi}{a}b\right) = \frac{2}{a}\int_0^a f(x)\sin\left(\frac{n\pi}{a}x\right)dx$$

で与えられる．よって，解は，次のようになる．

$$u(x,y) = \frac{2}{a}\sum_{n=1}^{\infty}\frac{\sinh\left(\frac{n\pi}{a}(b-y)\right)}{\sinh\left(\frac{n\pi}{a}b\right)}\sin\left(\frac{n\pi}{a}x\right)\int_0^a f(x')\sin\left(\frac{n\pi}{a}x'\right)dx'.$$

問 8.1.2　$u(x,t)$ を次のように $[0,2L]$ でフーリエ正弦展開して解き，解を $[0,L]$ に制限する．

$$u(x,t) = \sum_{n=1}^{\infty} b_n(t)\sin\left(\frac{n\pi x}{2L}\right). \tag{1}$$

式 (1) を (8.64) に代入すると，

$$\sum_{n=1}^{\infty}\frac{d^2b_n}{dt^2}\sin\left(\frac{n\pi x}{2L}\right) = -v^2\sum_{n=1}^{\infty} b_n(t)\left(\frac{n\pi}{2L}\right)^2\sin\left(\frac{n\pi x}{2L}\right)$$

となる．フーリエ展開の一意性により

$$\frac{d^2b_n}{dt^2}=-\left(\frac{n\pi v}{2L}\right)^2 b_n \qquad (n=1,2,\cdots)$$

が成り立つ．これより，

$$b_n=A_n\cos(\omega_n t)+B_n\sin(\omega_n t)$$

となる．ここで，$\omega_n=\dfrac{n\pi v}{2L}$ で，A_n, B_n $(n=1,2,\cdots)$ は定数である．境界条件，$u(0,t)=0$ は自動的に満たされていることが分かる．一方，$\dfrac{\partial u}{\partial x}(L,t)=0$ より

$$\sum_{n=1}^{\infty} b_n\frac{n\pi}{2L}\cos\left(\frac{n\pi}{2}\right)=0$$

であるから，$n=2,4,6,\cdots$，つまり n が偶数のときには，$b_n=0$ となる．したがって，

$$u(x,t)=\sum_{m=1}^{\infty} b_{2m-1}(t)\sin\left(\frac{(2m-1)\pi x}{2L}\right).$$

となる．次に，初期条件を考えよう．$u(x,0)=f(x)$，$x\in[0,L]$ であるが，上の式の右辺は $x=L$ に関して対称であるので，$f(x)$ を $x=L$ に関して対称に $[0,2L]$ に拡張する．つまり，$[L,2L]\ni x$ について，$f(x)=f(2L-x)$ とする．

$$f(x)=\sum_{m=1}^{\infty} A_{2m-1}\sin\left(\frac{(2m-1)\pi x}{2L}\right)$$

であるから，

$$\begin{aligned}A_{2m-1}&=\frac{1}{L}\int_0^{2L} f(x)\sin\left(\frac{(2m-1)\pi x}{2L}\right)dx\\&=\frac{2}{L}\int_0^{L} f(x)\sin\left(\frac{(2m-1)\pi x}{2L}\right)dx \qquad (m=1,2,\cdots)\end{aligned}$$

となる．また，$\dfrac{\partial u}{\partial t}(x,0)=g(x)$ において，$g(x)$ も $x=L$ に関して対称に $[0,2L]$ に拡張する．

$$g(x)=\sum_{m=1}^{\infty} B_{2m-1}\omega_{2m-1}\sin\left(\frac{(2m-1)\pi x}{2L}\right)$$

であるから，

$$B_{2m-1}=\frac{1}{L\omega_{2m-1}}\int_0^{2L} g(x)\sin\left(\frac{(2m-1)\pi x}{2L}\right)dx$$

$$= \frac{2}{L\omega_{2m-1}} \int_0^L g(x) \sin\left(\frac{(2m-1)\pi x}{2L}\right) dx \qquad (m = 1, 2, \cdots)$$

となる．したがって，解は，

$$u(x,t)$$
$$= \sum_{m=1}^{\infty} (A_{2m-1}\cos(\omega_{2m-1}t) + B_{2m-1}\sin(\omega_{2m-1}t)) \sin\left(\frac{(2m-1)\pi x}{2L}\right)$$

において，x を $[0, L]$ に制限したものとなる．$m = 1, 2, 3$ の場合の定常波は，図 6 のようになる．

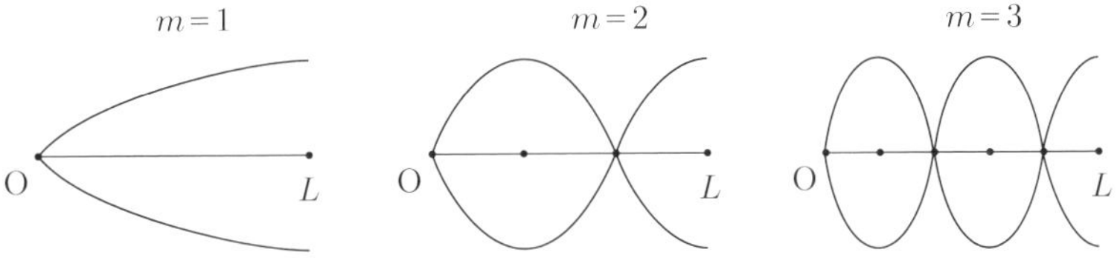

図 6

$m = 1,\ u \propto \sin\left(\frac{\pi x}{2L}\right),\ m = 2,\ u \propto \sin\left(\frac{3\pi x}{2L}\right),\ m = 3,\ u \propto \sin\left(\frac{5\pi x}{2L}\right).$

これは，片側のみが開いている管の気柱の共鳴の場合に相当する．

問 8.1.3 C_1 のパラメータ表示を，

$$C_1:\ z = Re^{i\theta} \qquad (\theta \in [0, \pi])$$

とする．積分を K_1 とおくと，$|\boldsymbol{x}| \neq 0,\ R^2 > \frac{1}{\lambda^2}$ として

$$\begin{aligned}
|K_1| &= \left| \int_{C_1} dz\ e^{iz|\boldsymbol{x}|} \frac{z}{z^2 + \frac{1}{\lambda^2}} \right| \\
&= \left| \int_0^{\pi} d\theta\ iRe^{i\theta}\ e^{iR(\cos\theta + i\sin\theta)|\boldsymbol{x}|} \frac{Re^{i\theta}}{R^2 e^{2i\theta} + \frac{1}{\lambda^2}} \right| \\
&\leqq \int_0^{\pi} d\theta\ e^{-R\sin\theta|\boldsymbol{x}|} \frac{R^2}{R^2 - \frac{1}{\lambda^2}}
\end{aligned}$$

となる．$0 < \theta < \frac{\pi}{2}$ で，$\frac{2}{\pi}\theta < \sin\theta$ となるので，

$$\int_0^{\pi} d\theta\ e^{-R\sin\theta|\boldsymbol{x}|} = 2\int_0^{\frac{\pi}{2}} d\theta\ e^{-R\sin\theta|\boldsymbol{x}|} < 2\int_0^{\frac{\pi}{2}} d\theta\ e^{-\frac{2}{\pi}\ R|\boldsymbol{x}|\theta}$$

$$= \frac{\pi}{R|\boldsymbol{x}|}(1 - e^{-R|\boldsymbol{x}|})$$

となる．よって，$|K_1| < \dfrac{\pi}{|\boldsymbol{x}|}(1 - e^{-R|\boldsymbol{x}|})\dfrac{R}{R^2 - \frac{1}{\lambda^2}}$ となり，$R \to \infty$ とすると，$K_1 \to 0$ となる．C_2 についても同様．

発展問題 1（1）

$$\iint_S \boldsymbol{j}_m \cdot \boldsymbol{n} dS = 2\pi \int_0^{\rho_-} \frac{I}{\pi a^2}\rho d\rho + 2\pi \int_{\rho_-}^{\rho_+} \frac{\rho_-}{\rho_+ - \rho_-}\frac{\rho_+ - \rho}{\rho}\frac{I}{\pi a^2}\rho d\rho$$

$$= \rho_-^2 \frac{I}{a^2} + 2\frac{I}{a^2}\frac{\rho_-}{\rho_+ - \rho_-}\int_{\rho_-}^{\rho_+}(\rho_+ - \rho)d\rho = \frac{I}{a^2}(\rho_-^2 + \rho_-(\rho_+ - \rho_-))$$

$$= \frac{I}{a^2}\rho_-\rho_+ = I.$$

（2） 対称性より，$\boldsymbol{H}_m$ は ρ のみに依存し，$\boldsymbol{e}_\phi$ 成分のみを持つ．$\boldsymbol{H}_m = H_m(\rho)\boldsymbol{e}_\phi$．半径 ρ の円とその周に対してストークスの定理を適用すると次のようになる．

$$H_m 2\pi\rho = \{S \text{ を通過する全電流 }\}.$$

$\rho < \rho_-$ のとき．$\{S$ を通過する全電流 $\} = \dfrac{\rho^2}{a^2}I$ であるから，$H_m = \dfrac{\rho}{2\pi a^2}I$．

$\rho_- \leq \rho < \rho_+$ のとき．

$$\{S \text{ を通過する全電流}\}$$
$$= 2\pi \int_0^{\rho_-} \frac{I}{\pi a^2}\rho' d\rho' + 2\pi \int_{\rho_-}^{\rho} \frac{\rho_-}{\rho_+ - \rho_-}\frac{\rho_+ - \rho'}{\rho'}\frac{I}{\pi a^2}\rho' d\rho'$$
$$= \rho_-^2 \frac{I}{a^2} + 2\frac{I}{a^2}\frac{\rho_-}{\rho_+ - \rho_-}\int_{\rho_-}^{\rho}(\rho_+ - \rho')d\rho'$$
$$= \frac{I}{a^2}(\rho_-^2 + \rho_-(\rho_+ - \rho_-) - \frac{\rho_-}{\rho_+ - \rho_-}(\rho_+ - \rho)^2)$$
$$= \frac{I}{a^2}\frac{\rho_-}{\rho_+ - \rho_-}(-\rho_+\rho_- + 2\rho_+\rho - \rho^2)$$

であるから，

$$H_m = \frac{I}{\pi a^2}\frac{\rho_-}{\rho_+ - \rho_-}\frac{1}{\rho}(\rho_+\rho - \frac{1}{2}\rho^2 - \frac{1}{2}\rho_+\rho_-).$$

$\rho \geq \rho_+$ のとき．$\{S$ を通過する全電流 $\} = I$ であるから，$H_m = \dfrac{I}{2\pi\rho}$．

（3） $H_m(\rho_- - 0) = \dfrac{\rho_- I}{2\pi a^2} = H_m(\rho_- + 0)$，$H_m(\rho_+ - 0) = \dfrac{I}{2\pi\rho_+} = H_m(\rho_+ +$

0) である．また，$H_m(\rho)$ は ρ のみの関数なので，ρ での微分は，

$$\rho < \rho_- \text{ のとき，} \frac{dH_m}{d\rho} = \frac{I}{2\pi a^2}$$

$$\rho_- \leq \rho < \rho_+ \text{ のとき．} \frac{dH_m}{d\rho} = \frac{I}{2\pi a^2}\frac{\rho_-}{\rho_+ - \rho_-}\frac{\rho_+\rho_- - \rho^2}{\rho^2},$$

$$\rho \geq \rho_+ \text{ のとき．} \frac{dH_m}{d\rho} = -\frac{I}{2\pi\rho^2}$$

となる．したがって，ρ_-, ρ_+ を含め，任意の ρ で $H_m(\rho)$ と $\dfrac{dH_m}{d\rho}(\rho)$ は連続であることが分かる．ここで，例えば $H_m(\rho_- - 0)$ は，ρ_- における $H_m(\rho)$ の左極限を表す．

（4） $\mathrm{rot}\boldsymbol{H}_m = \dfrac{1}{\rho}\left(\dfrac{d}{d\rho}(\rho H_m)\right)\boldsymbol{e}_z$ であるから，

$$\rho < \rho_- \text{ のとき，} \mathrm{rot}\boldsymbol{H}_m = \frac{I}{\pi a^2}\boldsymbol{e}_z,$$

$$\rho_- \leq \rho < \rho_+ \text{ のとき，} \mathrm{rot}\boldsymbol{H}_m = \frac{I}{\pi a^2}\frac{\rho_-}{\rho_+ - \rho_-}\frac{\rho_+ - \rho}{\rho}\boldsymbol{e}_z,$$

$$\rho \geq \rho_+ \text{ のとき，} \mathrm{rot}\boldsymbol{H}_m = \boldsymbol{0}$$

となり，いずれの場合も $\boldsymbol{j}_m$ と一致する．

（5） $\rho \neq a$ とする．$\rho < a$ とすると，m が十分大きいとき，$\rho < \rho_-$ となるから，電流密度は $\rho' \leq \rho$ で $\dfrac{I}{\pi a^2}$ となる．したがって，$\boldsymbol{H}_m$ についてストークスの定理を用いると，$|\boldsymbol{H}_m| = \dfrac{I}{2\pi a^2}\rho = H$ となる．$\rho > a$ とすると，m が十分大きいとき，$\rho > \rho_+$ となるから，電流密度は $\rho' > \rho$ で $\boldsymbol{0}$ となる．したがって，ストークスの定理を用いると $|\boldsymbol{H}_m| = \dfrac{I}{2\pi\rho} = H$ となる．したがって，いずれの場合にも $\boldsymbol{H} = \boldsymbol{H}_m, \boldsymbol{j} = \boldsymbol{j}_m$ となり，$\boldsymbol{H}_m$ がマックスウェルの方程式を満たすので，$\boldsymbol{H}$ もマックスウェルの方程式 (5.178) を満たすことが分かる．

発展問題 2（1）

$$\iiint_V \rho_m \, dV = \frac{4\pi}{3}r_-^3\rho_0 + 4\pi\int_{r_-}^{r_+}\rho_0\frac{r_+ - r}{r_+ - r_-}\frac{r_-^2}{r^2}r^2 dr$$

$$= \frac{4\pi}{3}r_-^3\rho_0 + 2\pi\rho_0(r_+ - r_-)r_-^2 = \frac{2\pi}{3}r_-^2\rho_0(3r_+ - r_-) = \frac{4\pi}{3}a^3\rho_0 = Q$$

（2） 対称性より，$\boldsymbol{E} = E_m(r)\boldsymbol{e}_r$ となる．半径 r の球面 S_r とその内部 V_r とする．マックスウェルの方程式を V_r で体積積分し，ガウスの定理を適用すると，

$$E_m = \frac{Q_r}{4\pi\varepsilon_0 r^2}$$

となる．ここで，Q_r は S_r 内の電荷．したがって，

$r \leq r_-$ のとき．$Q_r = \dfrac{r^3}{a^3}Q$，$E_m = \dfrac{rQ}{4\pi\varepsilon_0 a^3}$，

$r_- < r \leq r_+$ のとき．$Q_r = Q_{r_-} + Q'$，$Q_{r_-} = \dfrac{r_-^3}{a^3}Q = \dfrac{4\pi}{3}\rho_0 r_-^3$，

$$Q' = 4\pi \int_{r_-}^{r} \rho_m r^2 dr = 4\pi\rho_0 r_-^2 \frac{r - r_-}{r_+ - r_-}\frac{2r_+ - r - r_-}{2},$$

$$Q_r = \frac{4\pi r_-^2}{3}\rho_0\{r_- + 3\frac{r - r_-}{r_+ - r_-}\frac{2r_+ - r - r_-}{2}\},$$

$$E_m = \frac{r_-^2}{3r^2}\frac{\rho_0}{\varepsilon_0}\{r_- + 3\frac{r - r_-}{r_+ - r_-}\frac{2r_+ - r - r_-}{2}\}.$$

$r \geq r_+$ のとき．$Q_r = Q$，$E_m = \dfrac{Q}{4\pi\varepsilon_0 r^2}$.

（3） E_m に $r = r_\pm$ を代入すると連続となることが分かる．導関数の連続性については，E_m は r のみの関数なので球座標系で動径方向の微分，$\dfrac{d}{dr}$ を調べればよい．

$$\frac{d}{dr}E_m|_{r_- -0} = \frac{Q}{4\pi\varepsilon_0 a^3},$$

$$\frac{d}{dr}E_m|_{r_- +0} = -2\frac{1}{3r_-}\frac{\rho_0}{\varepsilon_0}r_- + \frac{\rho_0}{3\varepsilon_0}3\frac{1}{r_+ - r_-}\frac{2(r_+ - r_-)}{2}$$

$$= -\frac{2\rho_0}{3\varepsilon_0} + \frac{\rho_0}{\varepsilon_0} = \frac{\rho_0}{3\varepsilon_0} = \frac{Q}{4\pi\varepsilon_0 a^3},$$

$$\frac{d}{dr}E_m|_{r_+ -0} = -\frac{r_-^2\rho_0}{3r_+^3\varepsilon_0}(3r_+ - r_-) = -\frac{Q}{2\pi\varepsilon_0 r_+^3},$$

$$\frac{d}{dr}E_m|_{r_+ +0} = -2\frac{Q}{4\pi\varepsilon_0 r_+^3} = -\frac{Q}{2\pi\varepsilon_0 r_+^3}$$

となり，連続であることが分かる．ここで，例えば $\dfrac{d}{dr}E_m|_{r_- -0}$ は，r_- における $E_m(r)$ の左微分係数を表す．

（4） $\mathrm{div}\boldsymbol{E}_m = \dfrac{1}{r^2}\dfrac{d}{dr}(r^2 E_m)$ であるから，

$r \leq r_-$ のとき，$\mathrm{div}\boldsymbol{E}_m = \dfrac{3Q}{4\pi\varepsilon_0 a^3} = \dfrac{\rho_0}{\varepsilon_0}$，

$r_- < r \leq r_+$ のとき，$\mathrm{div}\boldsymbol{E}_m = \dfrac{r_-^2}{r^2}\dfrac{\rho_0}{\varepsilon_0}\dfrac{r_+ - r}{r_+ - r_-}$，

$$r \geq r_+ \text{ のとき, } \operatorname{div}\boldsymbol{E}_m = 0$$

となり，いずれも $\dfrac{\rho_m}{\varepsilon_0}$ に一致する．

（5） $r > a$ とする．$m \to \infty$ で，$r_- \to a, r_+ - r_- \to 0$ であるから，十分大きい m をとると，$r > r_+$ となる．よって，$\rho_m = 0 = \rho$．また，$r > r_+$ なので，$E_m = \dfrac{Q}{4\pi\varepsilon_0 r^2} = E$．$r < a$ のときも同様で，十分大きい m をとると，$r < r_-$ となる．よって，$\rho_m = \rho_0 = \rho$．また，$r < r_-$ なので，$E_m = \dfrac{rQ}{4\pi\varepsilon_0 a^3} = E$．$\boldsymbol{E}_m$ がマックスウェルの方程式を満たし，$\boldsymbol{E}_m = \boldsymbol{E}$，$\rho_m = \rho$ であるから，$\operatorname{div}\boldsymbol{E} = \dfrac{\rho}{\varepsilon_0}$ となる．

発展問題 3 (6.24) を q_j で微分すると

$$\frac{\partial \boldsymbol{e}_i}{\partial q_j} = -\frac{1}{h_i^2}\frac{\partial h_i}{\partial q_j}\frac{\partial \boldsymbol{r}}{\partial q_i} + \frac{1}{h_i}\frac{\partial^2 \boldsymbol{r}}{\partial q_i \partial q_j} = -\frac{1}{h_i}\frac{\partial h_i}{\partial q_j}\boldsymbol{e}_i + \frac{1}{h_i}\frac{\partial^2 \boldsymbol{r}}{\partial q_i \partial q_j} \tag{2}$$

一方，$h_i^2 = \left(\dfrac{\partial \boldsymbol{r}}{\partial q_i}\right)^2$ を q_j で微分して

$$\frac{\partial h_i}{\partial q_j} = \left(\boldsymbol{e}_i, \frac{\partial^2 \boldsymbol{r}}{\partial q_i \partial q_j}\right) \tag{3}$$

を得る．ただし，$\dfrac{\partial^2 \boldsymbol{r}}{\partial q_i \partial q_j} = \dfrac{\partial^2 \boldsymbol{r}}{\partial q_j \partial q_i}$ とする[1)]．

$$\frac{\partial \boldsymbol{e}_i}{\partial q_j} = \sum_k a_k^{(ij)} \boldsymbol{e}_k \tag{4}$$

と展開すると，式 (2) より

$$a_k^{(ij)} = \left(\boldsymbol{e}_k, \frac{\partial \boldsymbol{e}_i}{\partial q_j}\right) = -\frac{1}{h_i}\frac{\partial h_i}{\partial q_j}\delta_{ik} + \frac{1}{h_i}\left(\boldsymbol{e}_k, \frac{\partial^2 \boldsymbol{r}}{\partial q_i \partial q_j}\right) \tag{5}$$

となる．$k = j, i \neq j$ のときは，式 (3) を用いて，

$$a_j^{(ij)} = \frac{1}{h_i}\frac{\partial h_j}{\partial q_i} \qquad (i \neq j) \tag{6}$$

を得る．また，規格直交系なので，$(\boldsymbol{e}_i, \boldsymbol{e}_j) = \delta_{ij}$ であるが，これを q_k で微分すると

---

1) 以下でも，2 階偏微分は順序によらないと仮定する．

$$\left(\frac{\partial \boldsymbol{e}_i}{\partial q_k}, \boldsymbol{e}_j\right) + \left(\boldsymbol{e}_i, \frac{\partial \boldsymbol{e}_j}{\partial q_k}\right) = 0$$

となり，これより

$$a_j^{(ik)} = -a_i^{(jk)} \qquad (i,j,k \text{ は任意}) \tag{7}$$

が得られる．$i=j$ とおくことにより

$$a_i^{(ik)} = 0 \qquad (i,k \text{ は任意}) \tag{8}$$

となる．式 (5) で，$i \neq k$ とすると，

$$a_k^{(ij)} = \frac{1}{h_i}(\boldsymbol{e}_k, \frac{\partial^2 \boldsymbol{r}}{\partial q_i \partial q_j}) \qquad (i \neq k) \tag{9}$$

となる．(9) で i と j を入れかえると，$j \neq k$ のとき，

$$a_k^{(ji)} = \frac{1}{h_j}\left(\boldsymbol{e}_k, \frac{\partial^2 \boldsymbol{r}}{\partial q_j \partial q_i}\right) \qquad (j \neq k) \tag{10}$$

となる．2 階偏微分が微分の順序によらないとしているので，i, j が k と異なるとき，式 (9), (10) より

$$a_k^{(ij)} = \frac{h_j}{h_i} a_k^{(ji)} \qquad (i \neq k,\ j \neq k) \tag{11}$$

が得られる．i, j, k がすべて異なるときには，式 (7) と (11) を交互に 3 回ずつ用いて変形すると，

$$\begin{aligned} a_k^{(ij)} &= \frac{h_j}{h_i} a_k^{(ji)} = -\frac{h_j}{h_i} a_j^{(ki)} = -\frac{h_j}{h_i}\frac{h_i}{h_k} a_j^{(ik)} \\ &= -\frac{h_j}{h_k} a_j^{(ik)} = \frac{h_j}{h_k} a_i^{(jk)} = \frac{h_j}{h_k}\frac{h_k}{h_j} a_i^{(kj)} = a_i^{(kj)} = -a_k^{(ij)} \end{aligned}$$

となる．すなわち，

$$a_k^{(ij)} = 0, \qquad ((i,j,k) \text{ はすべて異なる}) \tag{12}$$

を得る．式 (4), (8), (12) より，$i \neq j$ のとき，

$$\frac{\partial \boldsymbol{e}_i}{\partial q_j} = \frac{1}{h_i}\frac{\partial h_j}{\partial q_i} \boldsymbol{e}_j \qquad (i \neq j)$$

となり，(6.32) が示された．

次に，(6.33) を示す．式 (4), (8) より，

$$\frac{\partial \boldsymbol{e}_i}{\partial q_i} = \sum_{k(\neq i)} a_k^{(ii)} \boldsymbol{e}_k$$

である．$i \neq k$ のとき，a_k^{ii} を求める．式 (5) より，

$$a_k^{(ii)} = \frac{1}{h_i}\left(\boldsymbol{e}_k, \frac{\partial^2 \boldsymbol{r}}{\partial q_i^2}\right) \qquad (i \neq k)$$

である．直交系なので，

$$\left(\frac{\partial \boldsymbol{r}}{\partial q_i}, \frac{\partial \boldsymbol{r}}{\partial q_k}\right) = 0$$

である．これを q_i で微分すると，

$$\left(\frac{\partial^2 \boldsymbol{r}}{\partial q_i^2}, \frac{\partial \boldsymbol{r}}{\partial q_k}\right) + \left(\frac{\partial \boldsymbol{r}}{\partial q_i}, \frac{\partial^2 \boldsymbol{r}}{\partial q_k \partial q_i}\right) = 0,$$
$$h_k\left(\frac{\partial^2 \boldsymbol{r}}{\partial q_i^2}, \boldsymbol{e}_k\right) + h_i\left(\boldsymbol{e}_i, \frac{\partial^2 \boldsymbol{r}}{\partial q_k \partial q_i}\right) = 0$$

となる．式 (9) を用いると，

$$h_k h_i a_k^{(ii)} + h_i h_k a_i^{(ki)} = 0, \tag{13}$$

$$a_k^{(ii)} = -a_i^{(ki)} = -\frac{1}{h_k}\frac{\partial h_i}{\partial q_k} \tag{14}$$

ここで，式 (5) を用いた．よって，

$$\frac{\partial \boldsymbol{e}_i}{\partial q_i} = -\sum_{j(\neq i)} \frac{1}{h_j}\frac{\partial h_i}{\partial q_j}\boldsymbol{e}_j \tag{15}$$

となり，(6.33) が示された．

文　献

物理数学の参考書は，和書，洋書，翻訳書など多数ある．ここでは，本書の執筆の際に参考にしたものを中心に，読者のさらなる学習のための参考書をあげる．

[リメディアル]

(1)　泉屋周一・上江洌達也・小池茂昭・重本和泰・徳永浩雄『リメディアル数学』数学書房．

[全般]

(1)　吉田耕作・加藤敏夫『大学演習　応用数学 I』裳華房．

(2)　寺沢寛一『自然科学者のための数学概論 [増訂判]』岩波書店．

[微分積分学]

(1)　小池茂昭『微分積分』数学書房．

(2)　三村征雄『微分積分学 I, II』岩波全書．

(3)　高木貞治『解析概論』岩波書店．

[線形代数]

(1)　海老原円『線形代数』数学書房．

(2)　アルフケン・ウェーバー『ベクトル・テンソルと行列』講談社．

(3)　佐武一郎『線型代数学』裳華房．

(4)　山内恭彦『回転群とその表現』岩波書店．

[ベクトル解析]

(1)　岩堀長慶『ベクトル解析』裳華房．

(2)　千葉逸人『ベクトル解析からの幾何学入門』現代数学社．

[フーリエ解析]

(1)　アルフケン・ウェーバー『フーリエ変換と変分法』講談社．

[複素関数論]

(1) 田村二郎『解析函数』裳華房.

(2) 上江洌達也・吉岡英生・椎野正寿『関数論』数学書房 (近刊).

[電磁気学]

(1) 砂川重信『理論電磁気学』紀伊國屋書店.

[量子力学]

(1) ディラック『量子力学』岩波書店.

(2) メシア『量子力学 1, 2, 3』東京図書.

(3) シッフ『新判 量子力学 上, 下』吉岡書店.

索　引

さ　行

た 行

な 行

や 行

ら 行

わ 行

上江洌 達也

うえず・たつや

略 歴

1955年　沖縄県生まれ

1983年　京都大学大学院理学研究科単位取得退学

現　在　奈良女子大学研究院自然科学系教授

専門　統計力学・物性基礎論

主な著書 『複雑系の事典』(共著，朝倉書店)

『リメディアル数学』(共著，数学書房)

テキスト理系の数学 4

ぶつりすうがく

物理数学

2013年 4月 15日　第1版第1刷発行

著者　上江洌達也

発行者　横山 伸

発行　有限会社　数学書房

〒101-0051　東京都千代田区神田神保町 1-32-2

TEL　03-5281-1777

FAX　03-5281-1778

mathmath@sugakushobo.co.jp

http://www.sugakushobo.co.jp

振替口座　00100-0-372475

印刷 製本　モリモト印刷

組版　アベリー

装幀　岩崎寿文

ISBN 978-4-903342-34-4